人 生 的 十 字 路 口 ， 没 有 红 绿 灯

心若没有栖息地
青春只有迷茫

赵铭磊／编著

泪水的斑驳，咖啡的泡沫。
很多梦都在寻找结果，
但心还在寻找寄托。

青春苦涩，太过脆弱，
没有反复，没有重播。
再好的剧本，终究是戏，
别让青春错过太多太多。

中国纺织出版社

内 容 提 要

给心找个归宿，做内心强大且成熟的人，会让自己的青春不再迷茫。阅读本书后，你会领悟到生活越接近平淡，内心就越接近绚烂，不张扬、不过分、不形式主义。因为太过用力、太过张扬的东西，一定是虚张声势的。而内心安宁才是真正的归宿，它更干净、更纯粹、更饱满，更接近那个叫灵魂的地方。

图书在版编目(CIP)数据

心若没有栖息地，青春只有迷茫/赵铭磊编著.—
北京：中国纺织出版社，2015.1（2023.5重印）
ISBN 978-7-5180-1150-6

Ⅰ.①心… Ⅱ.①赵… Ⅲ.①成功心理—青少年读物
Ⅳ.①B848.4-49

中国版本图书馆 CIP 数据核字(2014)第 242335 号

责任编辑：闫 星　　　　责任印制：储志伟

中国纺织出版社出版发行
地址：北京市朝阳区百子湾东里 A407 号楼　邮政编码：100124
销售电话：010—67004422　传真：010—87155801
http://www.c-textilep.com
E-mail：faxing@c-textilep.com
中国纺织出版社天猫旗舰店
官方微博 http://weibo.com/2119887771
永清县晔盛亚胶印有限公司印刷　各地新华书店经销
2015年1月第1版　2023年5月第4次印刷
开本：710×1000　1/16　印张：19
字数：226千字　定价：78.00元

序言

谁的青春不迷茫，因为年轻，我们拥有无限可能；因为迷茫，也可能让我们一事无成。人生的十字路口，没有红绿灯。在诸多人生的重要时候，谁能以更加成熟的心态做出明智的选择，谁就有可能尽早地实现目标。

有人说“变老是人生的必修课，变成熟是人生的选修课”，我要说成功也是人生的选修课，成功需要很多条件的支撑，最重要的就是不要迷茫，心智要成熟。

成熟是什么呢？余秋雨在他的著作《山居笔记》中写道：“成熟是一种明亮而不刺目的光辉，一种圆润而不腻耳的音乐，一种不再需要对别人察言观色的从容，一种终于停止向四周申诉求告的大气，一种不理会喧闹的微笑，一种洗刷了偏激的淡泊，一种无需声张的厚实，一种并不陡峭的高度。”大概归结为两个字就是“自然”，自然地付出，不求回报；自然地努力，就会有进步；客观地看待世态人情，不诉炎凉；自然地追求就会有成长。真正的成熟可谓是理性、智慧、纯真与道德的统一。

这样成熟的性情，成熟的心境，会使你的精神更加丰厚，自然会把你的事业和家庭带向一个新的高度。对于自己清醒明确地把握，对于世事人情客观、理性地认知，会得到更多的称赞和肯定。一个人心智成熟，不任性而为，处理事务圆通周到，坚持原则而又宽于待人，谦恭有礼而又不媚俗，自然表现出一种高雅的气质，一种迷人的人格魅力，人们自然更愿意亲近你、帮助你，这本身就是一种成功。

年轻人要怎样达到这样一种成熟的境界呢？古人有几句话说得非常

好:“骨宜刚,气宜柔;志宜大,胆宜小;心宜虚,言宜实;慧宜境,福宜惜;虑不远,忧亦近。”就是要我们从一个人的意志、骨气等方面开始修炼,不断地对这个世界进行客观地考量,对自己的意志进行磨炼,不断独立思考,不断反省自身的德行,增长自己的实力,做一个成熟的人。

一个心智成熟的人,不仅自己是人性魅力的化身,还会把爱、信念、美好和热情等积极的力量传递给他人,让他所处的社会环境因为他的存在而更加健康、洁净、温馨、自由。这就是成熟的力量。

年轻的我们,也许不能够真正理解成熟的精髓,因为成熟毕竟是一种过程,但是我们能够让自己不断地认识到真正的成熟是什么,让自己不断从精神上和观念上接近成熟的境界。有了成熟的境界,才可能有成功的人生;对于财富、人生、信念、正义都有成熟、客观的观点,我们才能在追求成功的过程中不丢失自己,不轻视心灵的需求,最终才能达到成功与心灵平静的平衡。才能在追求成功后,不仅仅收获财富,同时收获灵魂的丰满。

成熟是一种明亮的色彩,可以让我们的人生中充满乐观的光辉。年轻人喜欢追求成熟,却难免会掉进庸俗与市侩的泥淖。因为很多披着成熟外衣的精神风貌,他们的核心却是妥协、顺服、苟且偷生、趋炎附势、唯利是从,这种庸俗而奴性的成熟是不值得我们模仿和追求的。

本书就一个人应该怎样追求心智成熟,追求怎样的成熟,进行了深刻地分析和阐述。希望广大的年轻人能够尽快摆脱幼稚、浅薄和轻狂,领悟成熟的真谛,让自己的青春不迷茫。

编著者

2014 年 8 月

上篇

未曾走过，怎会懂得

第1章

年轻时总有一些东西让你迷茫，关键是要做怎样的自己

这个世界有那么多的诱惑，只有保持自己独特的信念，你才不会迷茫。成熟的人懂得哪些是自己应该坚持的，对于成功他们总是有自己的一套想法，而从来不会被繁华和诱惑俘虏。因此，无论是否成功，他们总是最阳光、最乐观的人。只要有思路，相信命运掌握在自己手里，并为此而拼搏，那么是否成功，以及怎样看待成功，就不再是一个问题，而是一个答案、一种信念。

＊世事浮华，你要有自己的主见

年轻人生活在浮华的尘世之中，难免会被一些尘世中的俗事和杂念影响自己的思想和观念，难免会感到迷茫。目前这个时代，是一个各种价值观念充斥耳边，各种思想并存的时代。面对这一切，我们极容易对自己从小树立起来的价值观产生动摇，也极容易感到茫然无措。这一切并不是年轻惹的祸，也不是年龄可以解决的问题，一个人是否清醒取决于他的信念和意志，取决于他是否有主见。面对浮华的尘世，有自己的主见，不人云亦云，不盲目攀比，才能够更成熟，从而更容易成功。

30岁以前，很多年轻人往往被短期利益蒙蔽了自己的视线，做出一些错误的，对自己人生有害的判断。只有坚定的信念才能让年轻人避免短期利益的诱惑，从而看得更高、更远。在这个世界上，总有这样或那样的诱惑，而又总有各种荒谬的、不堪一击的理由来支撑这样或那样的诱惑，使它外表上变得无懈可击。事实上，难道人们真的不知道它是错误的吗？难道不知道这些会造成严重的后果吗？答案是否定的，但人们却总是心存侥幸。比如贪污受贿，再比如前些年甚嚣尘上的一些传销活动。人们一开始可能真受了蒙蔽，那是因为唾手可得的短期利益蒙蔽了他们的眼睛；也可能是那些狂轰滥炸的“金钱至上论”、“只要你成功了，谁管你的钱是怎么来的”等，让人们觉得那可能就是真的，觉得可以侥幸成功。

面对让人眼花缭乱的各种诱惑，现在的年轻人也有着自己的优势。他们有学问、学历及能力，可以凭着自己的真本事闯出一番事业。但同时，年轻人也有着自己的迷惑，为什么别人年纪轻轻就自己创业，而我却要忍受领导的脾气和别人的嘲笑？为什么别人可以拥有那么好的职位，而我却得在这个破公司里窝着？为什么别人可以买房、买车，而我却必须忍受拮据的生活？为什么别人不过每天盯盯股市，就可以潇洒度假，而我却要拼死拼活地工作？为什么别人凭着与领导的私交就可以升职，而我却要忍受窝囊气？

人和人是不一样的，你在羡慕他的同时，别人也在羡慕你。你只了解自己受的气，只觉得自己委屈，可却没尝过别人担惊受怕，或者背后挨骂的滋味。每个人都有两面，有的人表面看起来风光无限，可背后却充满着泪水；有的人表面看上去含辛茹苦，可他却乐在其中。如果只看到事物的表面，对尘世的浮华表面就羡慕、嫉妒了，那你遭遇痛苦的可能性就会非常大。

不要迷失自己，可能你对这个世界有太多不确定，但至少有一件事是可以确定的，即付出多少就会收获多少。只要你做的事是人们所承认的，对于人们有正面的价值，你就会受到人们的尊重；只要你足够地努力，最终就能收获成功。不管社会上信奉怎样的价值观，不管那些价值观看起来有多诱人，年轻人都应该有自己的思想和主见。

两个人凭什么不同？是凭着他们的思想。对于各种事情有自己的主见，有自己的一套见解，往往会使一个人变得与众不同。不同的观念就是一个人胜出的关键，股市上为什么大多数人都在赔钱，而只有少数人能够一夜暴富？因为，大多数人都在跟风，都在听所谓专家的话，对于自己选的股票没有自己的见解，而只有少数的人会有自己的见解，对于股票的价值有自己的衡量，所以他们自然会“稳赢”。

对于任何事，都要有自己的主见。30岁以前，大多数人往往是不成熟的，容易模仿别人，也容易受到周围人的影响，从而变得爱攀比、爱炫耀以及爱追逐一些所谓的时尚。现在的年轻人，一般不太可能真正达到心智成熟，毕竟二三十岁还有很多待改变的地方，因此要根据自己的特质，跟优秀的人在一起，并不断坚定自己的信念，从而免除因为幼稚而犯下荒唐的错误，也可以避免迷失自己。

有自己的主见，有自己的追求，不轻易被迷惑，不摇摆不定，并且保持头脑清醒，坚持自己的信念，你才可能更快地走向成熟。

✻还没找到出路，因为缺少明确的思路

年轻时找不到人生的出路，并不是一件可怕的事。要求30岁时，就拥有怎样辉煌的成就、怎样令人羡慕的地位，是不现实的。

人们都说苦难使人早熟，而现在二三十岁的年轻人都是80后，他们中的不少人从小在蜜罐里长大。一个总是在幸福呵护中长大的年轻人，迷茫、缺乏方向感以及不懂得怎样实现自己的价值是必然的。目前，社会正处在一个转型期，各种价值观念发生着碰撞，就连四五十岁的人都可能会有迷茫感，更何况是二三十岁的年轻人呢？

不过迷茫、找不到出路并不可怕，只要你有着自己的信念，有着明确的思路，迟早会找到自己人生的出路。可以说，现在的大部分年轻人是比较清醒的，对自己的前途也有着自己的期待和规划，尽管这种规划还处在相当模糊的阶段。想一想以前未受教育的年轻人，他们二十几岁的时候只不过是懵懵懂懂地过日子，谁懂得去规划自己的未来呢？

有人说80后是“失梦的一代”，失去梦想，满眼现实。有梦想是好事，但重视现实又有什么不对呢？为自己的将来规划一个可期的、现实的、明确的目标，不是比梦想更重要的一件事吗？为自己的将来寻找一条出路，不是每个人必须要有的意识吗？现在开始，年轻人就可以思考自己将怎样成功，因为只有个人有明确的思路，个人才能成功，集体也才能壮大。

年轻时，你一定要弄清楚自己可以做什么，很多年轻人之所以一事无成，是因为他们有着太多的选择，有着太多的目标，太贪心，反而一无所成。想做什么是一回事，能做什么是另一回事。一个人能做的事情，能在哪个领域获得成功，其实是非常有限的。看看你的父母是做什么的，看看你受过的教育是哪方面的，看看你的兴趣、天赋在哪儿，这些就是你可能做的事情。

比尔·盖茨从小就对计算机软件感兴趣，大学就读于哈佛大学的计算机专业，最终他的出路就在计算机领域；毛泽东的父母都是农民，但他遇到

了陈独秀，因此走上了革命的道路；李嘉诚他从成年开始就处在受雇和雇用别人的环境中，因此他成为了一个商人；杨振宁的父亲就是物理学家，因此他从小耳濡目染，自然选择了物理学领域……

你在一个怎样的家庭中成长？你最熟悉哪个领域？你在学校受到了怎样的专业教育？你的天赋在哪里？你工作后遇到了哪些贵人？从这些因素中就能够找到你最终的出路，找到你最适合在哪个领域工作。成熟的人懂得用最短的时间弄清楚自己可以做哪些事，最擅长做哪些事，然后从这方面寻找契机，然后不断努力。

找到适合自己的路，就在这条路上走下去。在不同的行业或完全不交叉的职业中，转来转去，跳来跳去，是对人生最大的浪费。在自己选定的领域中坚持下去，你最终就能走到事业的顶点。

现在就想一想，你事业的顶点在哪里？你可能达到吗？对于你来说自己的人生顶点在那里，你是否满意？如果答案是否定的，那你必须对自己的职业再考量，或者寻找自己比较熟悉的交叉领域作为人生的顶点。

阿西莫夫是一位科普作家，也是一位自然科学家。他的成功就得益于对自己的再认识，想清楚了自己可能达到的事业顶点。一天上午，当他坐在打字机前打字的时候，突然意识到："我不能成为第一流的科学家，却能够成为第一流的科普作家。"于是，他把自己的全部精力都放在了科普创作上，终于使自己成为当代世界最著名的科普作家。

海岩曾经是个警察，也是个商人，然而令他达到事业顶点的却是他的文学作品。为自己的职业谋划一个可能的开阔前景，会对你的人生有更大的帮助。

一个人，只有对自己的人生有明确的规划，才有可能成就伟大的事业。那些今天想这样做，明天想那样做的人，他们的思想都是非常幼稚和混乱的。清楚自己可以做什么，清楚自己人生可以达到的高度，才是一个人成熟的表现。如果鲁迅没有写文章，那么世上就少了一个伟大的作家；如果达尔文没有进入生物界，那么进化论就要晚上几十年甚至几百年；如果爱因斯坦

致力于做一个小职员，那么物理学就要落后几百年。

清晰的人生思路，比现实的出路更重要。清楚自己能够做什么，将要怎样实现自己的人生价值，一个人才能变得成熟。

＊处在事业的起点，要寻找命运的拐点

30岁以前，年轻人总会有很多改变自己命运的机会。也许是一次不经意的交谈，也许是一次进修，也许是一次研究生考试，也许是自己一个微不足道的想法。总之，有那么一次偶然，也许命运的轨迹就会向着完全不同的方向划去。很多人都管这些叫做命运，其实，除了偶然的因素之外，人根本的命运在于自己的努力。机遇会在每个人面前出现，然而只有勇气与眼光兼备，才华与能力都积累到一定程度的人，才能够抓住它。

年轻人处在事业的起点，但要积极地寻找人生的拐点。人生就像一座迷宫，只有找到属于自己的那个拐点，你才可能走出迷茫，到达生命中的成熟境界。

很多时候，人们总是在众多的拐点处迷失自己，以为前面有一条笔直的大道等着自己。实际上，这条路没有多长，还是个死胡同。不过，要相信自己以前走过的那些并不是冤枉路，如果没有试验过那些路能不能走通，那你怎么知道哪一条才是属于自己的路呢？人生最可悲的是在重复的道路上绕来绕去，以为自己走过了很长的路，其实不过是在原地绕圈子。

不少人，一直都在人生的迷宫中兜兜转转，到生命的终点都没有弄明白自己到底迷失在哪里，自己到底错过了什么。寻找自己人生的拐点，并不是一件简单的事，它需要足够的勇气和经验，需要高明的眼光和果断的判断力，需要果断地拒绝一些不适合自己的诱惑。当人们选择了一些东西时，就拒绝了一些看起来同样美好的东西，也许会因此而惋惜，却不用后悔。

哪些才是适合我们的命运的拐点？机会时时处处都会出现，但显然有一些机会并不属于我们。就像在迷宫里，处处都会出现拐点，可那些并不都

是通向出口。当我们和众人挤破了头，抢到了一个机会的时候，也许会突然发现，那不是命运的拐点，而是一个陷阱。比如，一个人和三个同龄人一起进入了一个日企，可是注定要淘汰两个竞争对手。于是，平时懒散的他破天荒努力起来，当然，最终他胜出了，可就在同时，他却陷入了两难境地：一是，他的性格与那家企业的文化格格不入，他总是要非常谨慎、高度紧张，才能不犯错误，因此对他而言，几乎每天的工作都变成了一种煎熬；二是，那份好不容易争取来的工作，对于他就像块鸡肋，待遇还可以，但发展前景并不好。退出吧，觉得是自己好不容易才争取来的；继续吧，实在没有多大价值。

很多时候，年轻人常常因为一时的冲动，或者因为有竞争，才觉得某个位置无限美好。事实上，仔细观察清楚，才能发现它并不是那么诱人。比如，一位老农把喂牛的草料铲到一间小茅屋的屋檐上，看到的人不免感到奇怪，于是就问他："为什么不把草放在地上让牛吃？"老农却回答说："这种草草质不好，我要是把草放在地上，牛就会不屑一顾；但是我把草放到让牛勉强能够得着的屋檐上，它就会努力去吃，直到把全部草料吃个精光。"不可否认，很多时候，我们就像那些牛，总觉得自己努力争取到的才是最好的。

很多时候，面对外界那么多的诱惑，要学会分辨，哪些才是适合自己的人生机遇，哪些不过是人为伪装出来的陷阱。要知道，在很多情况下，表面风光无限的东西，都可能是炒作出来的，其原料也许只是一堆垃圾。

年轻人处在事业的起点，连做梦都会想一个好机遇突然降临在自己身上，但当你突然遇到这样的机会时，希望你睁大眼睛，看清楚那是一个肥差，还是一根鸡肋，而不要盲目地去争取。但是，当遇到真正适合自己的人生机遇时，希望你果断地抓住它。抓住机遇其实很简单，当你的努力到了一定程度的时候，自然就有适合你的机会降临在你身上，但是在这之前，你只要具备足够的能力就好了。当然，展示自己的能力，让关键人看到你的才华也是积极创造机遇的方式之一，但年轻人千万不要忘记，你最重要的任务，其实就是做好自己应该做的事。

在现实生活中，很多事例都会告诉人们抓住机遇，但很多人却忘了在抓住机遇的同时，还要躲避诱惑和陷阱。很多年轻人都在东张西望中错过了适合自己的机会，如果一个人整天忙着捕捉机遇的话，常常会忘了自己的正事。因此，大家在人生的迷宫中，不要逢弯就拐，而要在找到真正属于自己的命运的拐点后，再去做转弯的尝试，只有这样才能让自己的命运走上一条上升的道路。

＊要有职业定位，但别让工作把你定型

年轻时，人们总是希望自己找到一条可以迅速到达理想境界的道路。于是，人们不断地给自己做人生规划，做职业定位。然而，“欲速则不达”，大家常常会发现自己的职业定位往往固定了自己的思想和发展方向，使自己的人生进入了一个僵局。这就像下棋，每个人都有自己的套路，有人喜欢第一步拱卒，有人喜欢首先飞象，然而面对不同的对手，如果使用同样的套路，那你只能输棋。

人生就像棋局，形势时时刻刻都在变化，如果不能随时调整自己的前进方向和前进速度，你的人生就有可能出现偏差。年轻人一定要有自己的职业定位，以确保一个正确的前进方向。对于人生来说，最大的悲剧就在于没有方向感，茫然地前进，即使到了自己的生命终点，也不知道自己想达到一个什么目标。

不管对自己的职业定位是否正确，是否准确，你都应该有一个职业定位。因为，这是你前进的动力，会让你对自己的人生有方向感，有种自己的人生尽在掌握之中的感觉；这决定了你此刻有着清晰的思路，无论对错；这可以帮你养成一个良好的习惯，即先计划再做事，并在实施过程中一阶段一阶段地完成任务；同时，这可以带给你一种成就感，会使你有一种成功的愉悦，促使你不断进步。并且，如果在既定好的职业定位中感到吃力，或者发展到了尽头，或者你所从事的职业注定要被历史所淘汰，或者你有一个更好的机遇并且更适合自己，那么对自己的人生进行再规划也是必要的。对自

己有更清醒的认识，随时调整自己的前进方向，能够帮助你达到更高的人生境界，帮助你看得更广阔，发展得更快。

杨澜在自己的成功史上，常常谈到这样一件事情。当时，杨澜是《正大综艺》的主持人，获得了非常大的成功，可以这样说，如果一直定位在主持人这个角色上，她的职业人生也算是成功了。就在这时，她遇到了人生中的转折——正大集团的总裁谢国民从泰国来到中国，并在吃饭时与杨澜进行了一次沟通。他觉得杨澜应该去国外，进行学习和深造，开阔自己的眼界，并且获得必需的知识。这样的话，她的人生会有更好的发展。正是这一次谈话，使杨澜进一步认识到了自己，并在谢国民的帮助下，到国外留学去了。从此，她在传媒业走到了更远、更广阔的地方。后来，每当她谈到自己的人生选择时，都会重复这样一句话，“我始终觉得一个节目没有一个人重要。”

职业定位不是静态的，而是动态的，如果自己的能力已经发生了重大变化，有了很大的发展和进步，或者工作生活环境发生了重大变化，就需要重新定位自己。时时刻刻审视自己取得了哪些进步，看看自己目前的定位是否已经不适合自己了，是否需要一个更高远的目标……这些对于我们实现自我价值都是很重要的。

定位并不是确定一个固定的位置，而是确定一个或多个目标。当然，这些目标最好在一个方向上，然后用最简洁的方式去接近这些目标。职业定位，定位的是接近路线，而不是你的人生，被工作束缚住，被自己的定位束缚住，不能自主，则是定位的最大误区。这就像你要去远方摘一个苹果，结果千里而来发现树上结的是桃子，难道你要空手而返，而不是顺手摘一个桃子吗？

时刻以自我价值的实现去衡量你的那些职业定位，可以让自己不被职业规划所误导，把握住更多的机会。

＊你或许还不是金子，但要成为发光的种子

不少年轻人总喜欢说：“是金子在哪里都会发光。”可是，大家也要承认，大多数的年轻人都不认为自己是“金子”。大多数的年轻人并不是生下来就具有某种天赋，但只要通过自己的勤奋，就可以发挥出最大的能量。这就像种子，只要有合适的土壤，它们就能够生根发芽，开花结果。

一个人如果总抱着“是金子在哪里都会发光”的心态，就难免会骄傲自大，不屑于那些平凡的工作，抱怨没有伯乐来赏识自己这匹“千里马”，觉得自己怀才不遇，渐渐地就会变得消沉，这时候就算你真的是一块金子，也会蒙尘，从而更加不会被人发现和重视了。现在的一些年轻人往往心高气傲，总有一种优越感，而且越是学历高、学习成绩好的往往越是骄傲。其实，如今，不用说受过高等教育的人越来越多，就算是“海归”也随便就能碰到，因此一个人过去所受过的教育并不能说明他就是“一匹千里马”。

就业就像将一盘原本下到输赢已定的棋局一下搅散，重新开局。这时，决定胜负的并不是你原来取得的成绩，而是你以后需要做的努力。

你的社会地位和原来的成绩可能在就业之路上起到一定的作用，但它们的作用是有限的，最终只能取决于自己的努力。把自己当成一块等待发现的金子，等于把自己的命运交到了别人的手里，把自己的前途寄托于一双能够发现你的眼睛，这样的心态，你觉得有可靠的前途吗？

年轻人应该安下心来，把自己当成一粒未发芽的种子，只要有适合自己的土壤就能够长得枝繁叶茂。著名的杂交水稻之父袁隆平有一句名言，“人就像一粒种子，健康的种子，身体、精神、情感都要健康。我愿做一粒健康的种子！”金子有再多的光芒，价值终究有限，而健康的种子则代表了无限的可能。这个世界上不可能到处是金子，然而每个人都能通过自身的努力当好一颗能够生根发芽的种子，从而为这个世界增添价值。

金子的高明在于它的价值，种子的高明在于它的潜力。金子之所以有

价值，之所以昂贵，完全是它的自身条件决定的。金子承担的是交换价值的角色，它本身没有任何价值，因为它储量少、体积小、密度高、难分割，才能够担当交换价值这一角色。这就像某些天才，因为天生拥有异于常人的天赋，比如对数字、语言或其他方面有非常高的敏感度。可是，这个世界上天才毕竟是少数，即使天才也需要勤奋努力，才能取得一定的成就。

微软公司曾有一个非常有名的应聘故事。说一个人学历并不高，心血来潮之下去微软应聘。人事部主任问了他几个有关软件方面的问题，这个应聘者对此一无所知。对此，人事部主任摇了摇头。第二天，他又去应聘，回答了昨天的几个问题，但这次，人事部主任又问了几个更深层次的问题，他又无法回答。不过，第三天，他又来了，回答了这几个问题。如此反复几次，招聘人觉得非常奇怪，问他为什么不现场回答问题呢，他说自己对这些并不熟悉，都是临时学习的。微软公司最后通过会议，决定录取这个应聘者，理由是“IT业是一个变化非常迅速的行业，需要非常高的学习能力。而这个人的学习能力非常强，因此他的潜力是无限的”。

年轻人谁都无法确定自己是一个天才，但只要足够用心，你会发现自己的潜力是无限的。

种子心态比金子更重要。美国通用汽车公司的一位人力资源负责人曾经这样说：“我们在分析应征者能不能适合某项工作时，经常要关注他对目前工作的态度。如果他认为自己的工作很重要，对工作很认真负责，就会给我们留下很深的印象。即使他对目前的工作不满意也没有关系。为什么呢？因为，如果他认为目前的工作很重要，那他对下一份工作也会抱着认真负责的态度。我们发现，一个人的工作态度跟他的工作效率有着很密切的联系。”

如果一个年轻人，对环境和薪金不能使自己满意的工作，都十分地负责任，丝毫不会马虎，那么对于各方面都满意的工作，他就会更加用心。这就是种子心态，“人就像一粒种子，无论环境好不好，土壤是否适宜，他都会发芽，都会更茁壮地成长，这就是种子的价值所在。”如果年轻人都抱着

这种态度做事的话，那么他就能很快被生命中的伯乐所发现，从而实现他的价值。

＊即使屡遭打击，也要不断鼓励自己

挫折对于每个年轻人来说，都是必经的阶段。在30岁以前经历挫折，总比在30岁以后摔跤要好得多，要知道人的年龄越大，就越不经摔。人们常常说："小孩子要摔一百次跤才能长大。"大家不妨把平日里自己遭到的打击，当成人生必须的一种历练吧。遭受几次挫折，吸取几次经验，挫折受够了，成功也就来了。

能够为自己加油喝彩，无论是取得成就还是遭受挫折都会自我鼓励和自我安慰的人，是最乐观的人，这样的人能够最快地从逆境中爬起来，最快地吸收经验，最快地成长。成熟的人要知道必须自己爬起来，擦干眼泪，才能够更快地成长。

跌倒之后哭泣并不能改变什么，但能够宣泄自己的不良情绪，而学会宣泄也是一种成熟。有些时候，对于年轻人来说，立刻站起来真的是强人所难，那么哭一哭吧。每个人的人生都有低谷，遭到打击的任何人都不可能高兴。但是，我们要做到以下三个方面。

(1)把自己的情绪宣泄出去，无论是伤心、愤怒、失望，还是消沉、无助。把这些讲给你最亲近的朋友听，甚至是找个隐秘的地方大哭一场，或者找个不介意自己脾气的人发泄一通。只有懂得合理发泄的人才不会真正受伤，而懂得发泄则是一种自我保护。玻璃为什么容易碎，因为它总是自己承受力量；皮球为什么总是那么坚韧，因为它会把受到的力传给地面。

(2)当你的不良情绪宣泄完了，心中空空的时候，找点令自己高兴的事来做；或者冷静下来，思考一下自己到底犯了什么样的致命错误。人不会无缘无故受挫，只有违背了自然规律或社会规律的时候，才会受挫，才会遭受打击。总结经验对你来说是必需的，因为只有从打击中获得经验的人，才能

够不断进步。只有这样，你才有能力迎接更大的挑战，才会在以后的工作中少遭遇挫折。

(3)为自己加油鼓劲。一个人跌倒后能不能站起来，取决于他自己的愿望。因此，无论有多少人鼓励你，你都必须先从内心深处鼓励自己，给自己加油打气，这样你才可能振作起来。阳光、乐观的心态对于每一个年轻人都至关重要。只有把挫折当成一种必不可少的人生经历，你才能够真正成熟起来。

无论遭受多少打击，一个人都必须再次站起来，才能实现自己的价值。但不同的是，有的人站起来了，却因为害怕再次遭受打击而止步不前了；而有的人，虽然同样害怕痛苦，害怕打击，但是他们能够自我激励，他们相信自己是绝对不会被打倒、打败、打碎的。就算在这里跌倒了，他们会在别的地方站起来，最终走向卓越。

一个农民，只读了两年初中，17岁辍学回家照顾家人。20世纪80年代，农田承包到户，他把一块水洼挖成池塘想养鱼，但干部告诉他水田不能养鱼只能种庄稼，他只好又把水塘填平。这件事使他在别人眼里成了一个想发财但却非常愚蠢的人。后来，他听说养鸡能赚钱，便借了500元钱养起了鸡，但一场洪水后，鸡得了瘟疫，几天内全死光了。当时的500元就像个天文数字，他的母亲竟然受不了这个刺激忧郁而死。他后来酿过酒，捕过鱼，但没有一样能成功。35岁的时候，他还想着搏一搏，就四处借钱买一辆手扶拖拉机。不料，上路不到半个月，这辆拖拉机就载着他冲入一条河里。他断了一条腿，成了瘸子。而那拖拉机，被人捞起来，已经支离破碎，他只能拆开它，当做废铁卖。

几乎所有人都说他这辈子算完了，可是后来他却成了那个城市一家大公司的老总，掌握着十几亿元的资产。很多媒体报道过他，记者们带着不解问他："在苦难的日子里，是什么支撑着您一次又一次地创业，毫不退缩？"

他喝完了手里的一杯水。然后，把玻璃杯子握在手里，反问记者说："如果我松手，这只杯子会怎样？"

记者回答说："摔在地上，碎了。""那我们试试看。"他说。他手一松，杯子掉到地上发出清脆的声音，但并没有破碎，而是完好无损。他说："即使有10个人在场，他们都会认为这只杯子必碎无疑。但是，这只杯子不是普通的玻璃杯，它是用玻璃钢制作的。"

这样一个自诩为玻璃钢的男人，是不会被任何打击而粉碎掉的。现在，大多数年轻人有着比他更好的条件，难道不应该比他有着更坚强的意志？有着更乐观的精神？我们不可能被击败，打败我们的只能是自己。无论何时，用阳光的心态来安慰、激励自己吧，乐观和成功的信念将会击败一切生活中的阴霾。

*或许你现在有求于人，但要相信掌握命运的还是自己

每个人的命运都掌握在自己手里，只要你有这样的信念，就能够主宰自己的人生。你现在所拥有的一切，你现在所做的努力，都是为了能够让自己主宰命运。不少年轻人常常觉得，只有自己创业，拥有自己的事业，才能够掌握自己的命运。其实，并非如此。

其实，自己创业的人有求于他人的地方更多。打工，你得遵照老板的指示；创业，你得遵照所有客户的意见。在这个世界上，没有谁能够实现真正的自由，完全凭自己的喜好做事。除非你真的安贫乐道，或者思想达到了一定的境界。

有句俗话说得好，"那些当'爷'的人，也曾向人低过头。"年轻的时候，你不想有求于人，不想向别人低头，在以后的岁月里，你会发现自己年龄一大把的时候，还要舍出老脸，给别人弯腰鞠躬。成熟的人都懂得这个世界上没有谁不需要帮助，只有互相帮助，才能实现双赢。

"命运掌握在自己手里。"这句话包含两层意思。一层，靠的是个人的努力和意志；另一层，靠的是别人的帮助。不要因为现在你有求于人而觉得羞

耻，只有幼稚的小孩子，才会觉得只靠自己就能够成功。有求于人并不是什么丢人的事，因为求助带来的同样是进步，只要有进步，你就会慢慢变得成熟，变得成功起来。

坚持相信命运并不是上天的赐予，而是自己选择、自己努力以及大家帮助的结果，这一点有助于你更快成熟起来。怎样把命运掌握在自己手里？怎样才能不必做自己不情愿做的事？怎样才能让自己觉得自己的一切都在“掌握之中”？年轻人，有时会感到茫然，觉得“工作很痛苦但是还必须忍受，因为我需要生存”是一件很悲惨的事；有时也会觉得没有时间做自己喜欢的事，没有资本按照自己的喜好做事，觉得非常痛苦。的确是这样，如果你没有办法把握自己的生活，那就会像歌里唱的“有时间的时候，我却没钱；有钱的时候，我却没时间”一样，你的生活会充满遗憾。

命运的第一步就是“选择”，这个词看起来很简单，但做起来却很难。就拿娱乐来说吧，你是想赚更多的钱，或者取得更大的成就，还是想快快乐乐享受自己的青春？每个人的想法是不一样的。如果你想的是功成名就，想的是要获得成功，或者成为一个卓越的人，那么势必要舍弃一些玩乐的时间，比如别人工作8小时，而你要工作12小时。如果想的是人生苦短，那你最想要的就是让自己的生命都享受掉，只要获取了足够的生存资本，其他的时间就都随便自己，比如为了度假、游玩而去请假也是一件很平常的事。

人生没有两全，只要你觉得自己所选的是对自己最好的，最有价值的，就是一种成熟。因此，人不必活在两难之中，不必勉强自己做不喜欢的事，这也是对自己命运的一种掌握。

为自己的选择努力拼搏，能够把命运掌握在自己手中，这对于很多人都是适用的。一个人的努力，可以改变因为家庭，环境而造成的不利现状。命运一半是上天的赐予；另一半是个人努力的结果。你生长在一个什么样的家庭，受到了什么样的教育，谁都无法改变，可以改变的只有你自己。通过个人的拼搏，完全可以改变周围的环境和自己的境遇，这样你就可以把命运

掌握到了自己的手中。土地贫瘠还是肥沃，谁都无法改变，可是只要有足够的努力，种上适合的作物，每一块土地都能有不错的收获。

自己制订计划，并按照自己的计划做事，这是把命运掌握到自己手中的具体方式。如果发现事情的发展是在自己的意料之中，你就会意识到，原来自己也可以掌握事物的发展，原来自己也可以掌握自己的人生。这种感觉是非常美妙的，而只有按计划行事的人，才能体会这种感觉。

把命运掌握在自己手里，不仅是说说而已，还必须有自己的一套实施方案，比如按计划进修，按计划请客交友、寻找贵人、谋划升职……当完成人生中的一个阶段，回顾时，你就会感叹原来人真的可以掌握自己的命运。

＊别担心被人利用，更害怕自己没用

年轻人做事常常思前想后，怕自己涉世未深，一不小心就遭人利用。这种谨慎的本意是好的，但是却常常使大家陷入进退维谷的境地。积极前进吧，怕遭人利用；不积极吧，就只能待在原位做自己分内的事。年轻人不要怕被利用，因为被利用说明你有价值。如果你没有价值的话，那结果就会更糟糕了。

成熟的人懂得这个世界上没有所谓的应该，而都是等价交换的结果。那些所谓走好运的人，其实他们不但不担心被利用，而且还拼命地增加自己被利用的价值。因为，他们知道如此才能够引起有心人的注意，在帮助别人实现价值的同时，也实现了自己的人生价值。

在日常工作中，很多人会问：“那个人为什么会被领导欣赏？机会怎么会降临在他的头上？”事实上，机遇使他实现了自己的人生价值，但同时肯定也为他的贵人创造了一定的价值。要么，那些“伯乐”为什么会平白无故地欣赏器重一个人？那些成功者为什么要与人合作？当然是自己看中的人能够为自己做事，实现更大的价值，即使在当时没有价值，也会在日后的某个场合有价值。

当然，这是一桩双赢的生意，因为在被伯乐相中的同时，伯乐会先帮助你，也就是先给你一点甜头吃，从而使你更好地帮助他。当然，你也可以从中得到好处，并利用这个机会实现自己的价值，扩大自己的知名度。不管谁最终获益多些，反正对于双方都是有好处的。

年轻人做事，往往不能够做到不计回报的努力。希望得到更高的薪水，或者希望得到更高的职位，再或者希望得到某些人的注意、欣赏，从而做出一番大事业。这些都无可厚非，因为每个人都希望实现自己的价值。可是，就怕你没有足够的耐心，还没有等到回报来临，就觉得自己的努力成为了一场空，就觉得寒心，因此对工作也就怠惰了，也不那么用心了。尤其当自己的努力被否定，或者功绩被别人夺取的时候更是如此。

对此，心态应该平和一点。首先，回报具有滞后性。你不能奢望自己一付出努力，马上就会有回报。这是不可能的，如果你现在怠惰了，那么之前的努力真的就付之东流了。其次，如果别人利用了你，夺取了你的功绩，那你也一定要不动声色。因为，你的回报始终会来的。某个人做了对不起别人的事，一定心中很愧疚，希望补偿对方，如果你此时发脾气，就等于抵消了他心中的愧疚，而你肯定也得不到什么。不如让他把这份愧疚留在心底，以便日后给你更多的帮助。就算他真的是一个没有廉耻心的人，大家也不可能一直受他蒙蔽，谁有多大的能力，大家心知肚明。做事的是你，得到经验、增长能力的也是你，终有一天，你会出头的。

年轻人不要怕面前的机会是帮助别人增长功绩的陷阱。这种陷阱并不可怕，重要的是通过这次机会，你能够锻炼自己，并证明自己的价值。今天你能够帮别人增加价值，明天你也能为自己增加价值。年轻人做事一定不要过于计较，趁着年轻锻炼自己最重要，做点分外之事刚好可以锻炼自己的能力。多加两个班刚好可以让自己认识一下最晚下班的高管。职业的报酬不仅仅是薪水那么简单，还应该包括你因此取得的实践经验，你因此结交的人脉，你增长的能力，以及你心中得到的充实感。那种“领一分薪水做一分事”的想法是最要不得的，因为这个想法会使你的价值增长缓慢，甚至还会

贬值。没有使用价值的人，公司是不会留下的，到时候恐怕那份微薄的薪水都岌岌可危了，更不要说实现自己的人生价值。因此，年轻人不要怕被利用，一定要处处都表现出自己更多的使用价值，增加自己价值的曝光率，这才是对你最有利的事情。

第2章

还没有成功别心急，关键是要有自己的想法

三十岁之前，你可能还没有取得成功，不过这并不重要。对于一个年轻人来说，想要马上就有什么样的成就是不现实的，重要的是你有什么样的想法。想法和观念决定了你会有什么样的行动，最终会有什么收获。重视自己拥有的，并不断为自己的人生寻找出路，才会取得非凡的成就。重视成长的过程，重视其中自己的收获和经验，才可以把自己的人生带向自己希望的地方。

＊别担心自己会失败，成功需要积极力量

一个成熟的人总是会拉近自己与成功的距离。当他想要获得成功的时候，他的想法和情绪都会帮他积攒正面的力量。因此，成熟的人不会让失败的挫败感长时间影响自己，而会让自己的目光尽快地回到失败带来的积极力量上面。

想要成功就不能总盯着阴暗面，成熟的人无论在任何情况下都会一分为二地看待问题，从而把更多的精力放在一件事情积极的、有建设意义的一面。此观点可以让我们永远为事情找到出路，找有利于成功的因素。走在迷宫中，如果一条路没有走通，变成了死胡同，你在此嗟叹伤心，恐怕既浪费了时间，又让自己心生沮丧；如果能够从好的方面想，这未尝不是一个机会，又检验出一条路不通，那么可以通向外面的路的选择范围又缩小了很多，这就是一件振奋人心的好事。

看事情的角度不同，往往我们面前的世界就会不一样，我们能够走出的人生之路也不一样。如果总盯着人生中那些阴暗面，总盯着那些挫折，我们就会变得颓废，得过且过，只要不摔跤就好了，那么我们离成功就更远了。要知道成功是一条布满荆棘的路，路上的荆棘扎疼了你，是因为你走对了大方向；如果自己走的是一条坦途，那么路上没有失败，但最终也没有山峰，更没有成功。很多一生平顺，但没有大成就的人走的就是这条路；而那些最终成就大业的人，注定要磕磕绊绊。因为要求完美，所以遭受痛苦；因为痛苦，所以最终完美。

想要成功，你就不能总盯着阴暗面，无论是自己情绪的阴暗面，还是这个社会的阴暗面。失败的原因固然有自己的，也有社会的，但总之还是自己的，如果自己对社会的某些潜规则不知情，无意中触犯了某些规则，那么就算自己失败，也是注定的，而你不能因此就怨天尤人，抱怨社会的不公平。你应该找出合理处世的规则，设法把那些阴暗面为我所用，只有这样才会对

你的事业有所帮助。

社会对于每个人都是公平的。当你摔了跤，就知道人生路上的陷阱在哪里，从而使自己的人生有了很大的进步。摔跤是一种经验，不仅能够让你在这条路上避开类似的陷阱，还会在未来的道路上帮助你甄别那些机遇和陷阱，让你变得更加谨慎、理智。学会寻找事物的规律和处世的规则，并使这些成为自己的收获，将在未来的考验面前帮助自己。

我们应该趁着年轻，多多进行各种各样的尝试，不要害怕摔跤、失败，因为失败不过是人生之路上的一段低谷。经过这个阶段，我们就可以到达自己想到的地方，然后继续前进。当你度过这个阶段，就知道它没有什么了不起，只是一个让你增长才干的机会。人生只有失败过才懂得成功的真正意义。从失败中爬起来的人，才能够真正屹立不倒。

网易公司的总裁丁磊说过一句话，“人生是个积累的过程，你总会有摔倒。即使跌倒了，你也要懂得抓一把沙子在手里。”正是抱着这样的态度，他在2001年9月因误报2000年收入，违反美国证券法而涉嫌财务欺诈，被纳斯达克股市宣布暂停交易，而又出现人事震荡后，才能够不被变故击倒，硬是挺了过去。作为一个转折点，他将网易公司的三大业务重点锁定为在线广告、无线互联及在线娱乐。2002年是中国短信“爆炸”的一年，丁磊恰巧因此抓住了这个机会。2002年8月后，网易公司的利润成倍增长。美国纳斯达克股票交易市场很快恢复了网易公司的股票交易，不久丁磊被胡润财富榜和《福布斯》杂志双双评为“中国首富”。

失败中蕴藏着巨大的机遇。如果你能够从正面看待失败，不被打倒，说不定就会“柳暗花明又一村”。我国古代的哲人很早就提出“祸福相倚”的说法，并认为“塞翁失马，焉知非福”，而外国也有“上帝为你关闭了一扇门，必定会为你在别处开一扇窗”的谚语。由此可见，失败并不都是坏事，如果能够挺过去，接受教训，并因此到别处寻找机遇，说不定又会另有一番局面。

年轻人不要悲观，年轻时总是失败并不可怕，因为你还有“翻本”的机会。不要总看着阴暗面，而要努力拼搏、接受教训、总结经验，也许成功就在前面等你。

＊别担心自己没本事，最优秀的人就是你

一个人有没有本事是怎样界定的呢？无非就是他手中掌握着什么。每个人都有自己的特长，只不过自己没有发现而已。年轻人说自己没有本事，无非是认为自己年轻没有历练过，学历低，甚至比别人的头脑慢一点等，除此之外还有别的吗？要知道本事这种东西所包含的意义是极广的。

也许你并不聪明，但你确定自己的运动细胞也不好吗，还是动手能力也比别人差，还是不会与人交往，没有专注力？一个人不可能一无是处，当你觉得自己一无是处，是因为你还没有发现自己的特长在哪里，而并不说明你没有特长。正如一句格言所说的那样，“这个世界并不缺乏美丽，而是缺少发现美丽的眼睛。”一个人一定要仔细寻找自己的特长在哪儿，哪怕是一个小小的特长。

大仲马在成名之前，穷困潦倒。有一次，他跑到父亲的老朋友那里，请他帮忙找工作。父亲的朋友问他：“你能做什么？”

“没有什么了不起的本事。”

“数学精通吗？”

“不行。”

“懂物理吗？或者历史？”

“什么都不知道，老伯。”

“会计呢？法律如何？”

大仲马满脸通红地说：“我很惭愧，不过现在我一定要努力补救自己的这些缺点。相信不久之后，我一定会给老伯一个满意的答复。”

可是，他父亲的朋友对他说：“可是你要生活啊。将你的住处留在这张纸上吧。”大仲马无可奈何地写下了他的住址。他父亲的朋友见了大仲马的

字后，高兴地说："你的字写得很好啊！"大仲马备受鼓舞，从此以后就坚定地踏上了文学之路，并最终成为一代文豪。

人一定要努力寻找自己的特长，哪怕这个特长是微不足道的。因为，它是你信心的源泉，是你走向成功所握有的唯一武器。不要说自己没有本事，那是因为你还没有找到，在这个世界上，谁都不会一无是处，只有善于挖掘自己的"宝藏"，才能创造奇迹。

不但如此，本事这件事并不是固定的。现在的你一无所长，并不等于将来的你也会一无是处。只要有足够的努力，每个人都可以拥有自己的一技之长，现在也许你不如别人，但只要你每天都能进步一点点，很快你就可以超越别人，甚至成为一个很优秀的人。

不少有大成就的科学家，在小时候都因为笨而被别人嘲笑过。比如，爱因斯坦小时候动手能力很差，一个小板凳都能做三遍还非常粗陋；诺贝尔化学奖得主奥托·瓦拉赫曾被老师评为"不可能有前途"，大多数人都觉得他成才无望；卡耐基也曾被评为"公认的坏男孩"，连父亲都评价他是"全郡最坏的男孩"。可是，最终这些人都通过自己的努力而成为世界上的顶尖人物。

所以，没本事、没优势，代表的仅仅是过去。只要相信自己，不断奋进，不断进步，终有一天，你也能够闪烁出耀眼的光芒。不要纠缠于自己没有出人头地，或者自己没本事的念头。本事都是学出来的，积累出来的，只要你相信自己，就一定会有出路。自信对于成功的作用至关重要，就算有再多的人否定你，你也不要否定自己，因为人生的成败最终还是握在你自己手中的，如果你自己放弃，那就真的无法挽救了。

年轻人不要轻易否定自己，觉得自己不够聪明，就要不断努力充实自己，增加自己的经验；觉得自己眼界不够广博，就要增加自己的阅历，并且不断学习和阅读。每个人都有缺点，如果能够弥补或避开，那你就是完美的。由于上天公平地赋予了每个人一项特长，所以不要说自己没有本事，而要善于发掘自己的特长，并善于培养自己的优势。

一个成熟的人懂得如何让自己拥有信心。他们不会轻易否定自己，放弃成功，而会召唤自己的努力和热情，发掘出自己的优势，从而一步步走向成功。

＊别担心自己经验少，要学会经营你的优势

经验固然能够使你走向成功的步伐更快一点，但是经验并不是全部，它也不能代替能力、信念等。一个年轻人想要走向成功，不能仅仅靠经验，因为这不是你的强项。和那些已经工作几十年的人相比，你所具有的一点经验不占一点优势。不过，这不等于你就没有成功的机会，经验是优势，同样也是桎梏。一个人如果经验丰富，就有可能会总凭经验做事，忘了创新，思想也会陷入某些条条框框而无法摆脱，解决起事情来也总会受“思维定式”的束缚。这样看来有经验本来是好事，但如果一个人因为经验陷入直觉和习惯，那就是一件可怕的事情了。经验确实能教给我们很多东西，只是这需要花费太长的时间。等到人们获得智慧的时候，其价值已经随着时间的消逝而减少了。经验和时尚有关，适合某一时代的行为，并不意味着今天仍然行得通。

那么年轻人的优势到底在哪里呢？怎样去努力才可能更出色？年轻人想要获得成功，一定要在以下几个方面下工夫。

(1)用知识武装自己的头脑。有句话说得好，“你可以白手起家，却不可以赤手空拳。”这是一个信息大爆炸的社会，知识作为一种资本，将成为你取得成功的最基本手段。一个人没有学历不重要，但是如果没有头脑，那么他将一事无成。无论是从做事过程中吸取经验，还是通过学习、深造来获得知识，都必须要保证自己有一个“一流的头脑”。专业知识是优势，头脑灵活也是一个优势。

尽可能在工作之余多看看专业书籍，多了解社会动向，每天都要学习，每天都增加一点知识，每天都进步一点点。投资于自己的头脑，将是这个世

界上最合算的投资,它会在日后的事业中让你受益无穷。年轻人一定要勤于学习,提高自己的学习力,经营自己的头脑。

(2)人际交往。这一点大家都很明白,很多年轻人现在都特别重视在工作中的人际交往和培养自己的人脉关系。但需要提醒大家注意的是,不要过于功利,而要重情义。“朋友是人生的一大笔财富。”但是,并非所有的人脉关系都属于“朋友”这一种,要能够分清楚。

(3)经营自己的信念。这一点不好理解,但是人生是需要规划的,这一点想必大家都清楚,能够出色规划自己的职业人生或事业人生,一个人才可能走向成功。如果你自己对未来的事情没有一个计划,既没有目标梦想,又没有具体的计划,那么成功只会离你越来越远?所以,经营自己的人生绝对要包括逐渐在头脑中清醒构建出自己的未来,规划出自己的每一个步骤。

(4)经营自己的习惯。一个人有着怎样的习惯,对于他的人生影响巨大。好的习惯能够带他走向人生的辉煌;不好的习惯则会让他受到失败的反复煎熬。想要成功就必须从现在开始培养自己良好的习惯,包括积极正确的金钱观念、处世观念及成功观念以及细小的习惯性动作。

一个毫无特色的年轻人凭什么能够脱颖而出,超越他的同龄人和比他成熟的那些人。答案就是对自己人生的成功把握,成功经营,只有这样才能够真正成功。经营使你进步,优化你的生活和事业,使你有目标、清醒地活着,只有这样的生活状态,才能使你超越那些迷茫而浑浑噩噩的人。

成熟就是懂得让自己的生活更清醒一些,更理智一些,并且有明确的目标,明白地过日子,而不要得过且过。

＊别担心自己没机遇,创造财富需要慧眼

年轻人不要抱怨自己没有机会,其实机会就在自己的身边,而赚钱需要有能够发现财富的眼光。只要有了这种眼光,你会发现到处都有成功的机会,到处都有财富。因此,年轻人不要抱怨,从现在开始就锻炼自己发现财

富的眼光才是最重要的。

世界上成功的机会多的是，就看你能不能用自己独到的眼光发现它。世界上有着无数的财富，可是财富的分配却并不公平。财富的聚集遵循什么样的规律呢？拥有怎样的眼光才能发现它呢？这与一个人是否在生活中仔细观察、处处用心有关，同样也与一个人的财商有关。一个善于观察的人往往能够看到别人看不到的商机。

一位对植物有很深研究的旅行者来到一个十分偏僻的地方观察植物，偶然间，他发现一大片兰草。经过仔细确认以后，他认定这是兰花中的极品——佛兰。旅行者觉得这是上天给他的机会，因为佛兰是很有价值的观赏植物，极罕见，而且价格不菲。不久，旅行者回到了城里，带回的几十株佛兰让赏花的专家眼前一亮，那些卖花的钱便让他成为了远近闻名的富翁。

知道这位旅行者为什么能够获得巨大的成功吗？首先，他善于观察。即使在极平常的地方也能够观察到财富，想象一下，如果他是一个对什么都视而不见的人，想必兰草早就与他擦身而过了。其次，他在自己熟悉的领域有着丰富的知识和信息。如果他不是一个对植物有很深研究的人，那么大概只会把这些极品佛兰当成普通的小草而已。最后，他不是一个书呆子，是有着极高财商的人，一个植物学专家，就算认出佛兰，大概也只懂得它的稀有，好好考察一番，看看它的属性，它的特质，而不一定知道它的市场价值。即使知道，也不一定认为应该把它从山中带到城里。如果是那样的话，他肯定也会与巨大的财富擦肩而过。

因此，想要获得成功，就应该有这些特质。这些与眼光有关的东西，是我们获取财富的首要条件。如果没有的话，就算把黄金摆在面前，我们大概也只认为是一块颜色鲜艳的石头而已。

年轻人要懂得自己真正需要什么。当你真心在追求财富的时候，就应该知道，哪些东西和信息在自己这里意味着财富。有时候，即使看到满眼的财富，它不是属于你的，挖掘它也不过是浪费时间而已。曾有这样一个小故事，在淘金的年代，一对父子听说一座山上有着金矿，就把那座山买了下来，

自己进行掘金。但是，他们花费了十几年时间却没有任何收获，便把这座山卖了。买这座荒山的人是一个地质学家，他通过自己的勘探，认为这座山的确蕴藏着黄金，于是请人帮他在藏金的矿脉间挖掘，果真开采出了不少金子，只不过距离那对父子挖的地方有十几米而已。

这个世界上虽然遍地黄金，但并不是任何人都适合赚，且都能赚到。比如，比尔·盖茨只能赚计算机软件的钱，如果让他在船舶业赚钱，可能就赔惨了。能够在自己熟悉的领域，拥有自己独特的眼光和赚钱的财商，你才可能获得成功。

时刻注意周围的信息，因为只有足够的信息，才能为自己发掘财富的道路。一个人如果闭门造车，天天坐在家里等待机遇，大概馅饼是不会掉在他头上的。一个信息灵通的人，会在平淡中发现神奇，在普通中发现特殊，在别人看不见的领域发现获取财富的机遇。一定要不断扩展自己获取信息的渠道，因为那很可能意味着获取财富的机遇。

年轻人不要再抱怨自己没有机会，睁大眼睛寻找自己身边的机遇吧。

＊别担心自己没人脉，贵人要靠自己寻找

涉世之初的年轻人，如果仅凭着一己之力，那是很难有什么大的成就的。那些登上成功顶峰的人，大多数都接受过“贵人”的帮助。贵人不可能无缘无故的来到我们身边，更不可能无缘无故地帮助我们，人生中的机会和贵人都需要我们自己去寻找。

可能有很多凭着自己能力工作的年轻人，都会觉得不平衡，为什么别人在社会上有那么多人脉，而自己却只能靠自己在最底层拼搏？很多人都希望能遇到赏识自己的人，把自己带到一个能够展示自己能力的位置上。其实，这样的机会并不是没有，但却不会无缘无故被你碰到。

千里马之所以能被“伯乐”寻找到，是因为它的奔跑本领和稀有程度。这个世界上千里马稀少，而有才华的人却是比比皆是。一个人想要被自己

的贵人找到或找到自己的贵人，就必须有与众不同的地方，就必须有吸引人眼球的能力。自己一生之中的贵人，需要我们自己去寻找，甚至需要我们自己去培养，这不是朝夕之功，因为想要成功，就必须付出巨大的努力。

“唐宋八大家”之一的韩愈在成名之前，曾寻找过很多出仕的机会。他写信拜会宰相，写信给襄阳大都督请求引荐。而他的不少干谒之词，最终成为千古名篇。每个希望在某个领域有所成就的人，都应该积极寻找成功的办法，而寻找自己的贵人，无疑是快速获得成功的一种方法。贵人不会时刻在我们身边等待着发现我们，而要靠我们自己去寻找，自己去接近。

贵人凭什么要帮助你？一个人怎么会无缘无故地帮助另一个人呢？有些人有人脉，是因为有交情，或者是希望建立互惠的关系。贵人不会无缘无故地赏识和重用你，必须让自己身边的贵人看到自己的能力，他才可能赏识、器重、帮助你。想要得到贵人的帮助，就要证明自己的价值，证明自己值得被帮助。

当然，可能有一些人能够遇到贵人完全是因为“机缘”。如果我们能够秉着善良的原则做事，说不定在帮助别人的同时，别人也会心存感激，而成为我们的贵人，来帮助我们。

寻找自己人生的贵人是一个不容易的过程。表现自我，在公众场合表现自己与众不同的能力，让贵人能够看到你，认识到你的与众不同，知道你的存在，意识到你可以帮助他。现实中，有很多适合年轻人表现自己的机会。比如，公开演讲的机会；自己可以在某个项目中建立功勋；当公司遇到瓶颈问题的时候，你能够想到很好的解决方式；当决策者有一个巨大错误的决定时，你能够坚决阻止等。这些统统是表现自己的极好机会，不要错过，也许因此你就能获得贵人的赏识和重用。

要积极去寻找贵人。对于那些可能帮助你，可能成为你贵人的人，要积极与他取得联系，向他讲述你的志向和想法，让他承认你，并认可你的才干，从而愿意帮助你。MySee 网站总裁高燃曾拿着电子商务的计划书在电梯中“堵过”杨致远。虽然他当时没有成功，但是他这种积极寻找“贵人”的行为，

是值得效仿的。后来，高燃还通过采访远东集团董事长蒋锡培的机会，向他讲过自己的请求。并且，最终在蒋锡培的资助之下，创立了MySee网站。你一定要有自己的想法，如果觉得身边的哪个人能够成为你的贵人，那么就一定要积极想办法接近这个人，找机会向他讲述你的想法，这样才可能找到属于自己的机会和贵人。

要培养自己的贵人。贵人不单单可以通过寻找获得，也可以培养对于自己有帮助的人。比如，某些人虽然目前处在落魄阶段，但他的能力和魄力注定了他能够大有作为。这时，我们不妨帮助他摆脱困境，那他自然就会成为我们登上人生顶峰的"贵人"。

历史上著名的红顶商人胡雪岩，他的发迹正是从他资助友人王有龄开始的。起初，王有龄虽然已捐了个浙江盐运使，但无钱进京。胡雪岩慧眼识珠，认定其前途不凡，便资助给王有龄五百两银子，让他速速进京，混个官职。后来，王有龄在天津遇到故交侍郎何桂清，经其推荐到浙江巡抚门下，当了粮台总办。王有龄发迹后，并未忘记当年胡雪岩的知遇之恩，于是资助胡雪岩自开钱庄，号为"阜康"。之后，随着王有龄的不断高升，胡雪岩的生意也越做越大，除钱庄外，还开起了许多的店铺。"士为知己者死"，如果在别人落魄阶段培养自己的"贵人"，那么当他功成名就之后，帮助起你来自然不遗余力。

想要有所发展，想要获得贵人的帮助，当然就要从自己的手边做起，不能一心想着别人无缘无故就帮助你，你首先要证明自己的实力，善于帮助别人，才有可能使别人愿意帮助你。

＊别担心自己没创意，勇于尝试就有机会

每个人都有自己不同的赚钱方式，而每种方式赚到多少钱却是不一样的。有的人一天到晚忙忙碌碌辛辛苦苦，可赚到的钱却只够自己的生活所需；有的人并不那么忙碌，可他一天赚到的财富却非常多。这是为什么呢？

只不过是因为赚钱的方式不同罢了。

有的人靠体力赚钱,靠的仅仅是劳动的双手,如果他一天没有劳动,那就没有收入;而有的人靠自己建造的某个系统赚钱,就算他某天没有工作,可还是有财富滚滚而来。一个人赚钱能力的高低,用什么方式来积累财富,是与他的工作方式有关的。

有这样一个小故事,美国一个摄制组,找到一位柿农,表示要买他们的柿子。于是,柿农找来了自己的邻居,自己用带弯钩的长竿将柿子钩下来,邻居在下面用蒲团接住,一钩一接,配合默契,大家还相互谈笑风生,唱歌助兴。美国人把这些有趣的场景都拍了下来。临走的时候,那些美国人付了钱,却并没有拿走那些柿子。柿农们都感到很奇怪。其实这并不奇怪,因为那些美国人就是靠他们所拍摄的这些影片来赚钱的,他们的目的并不是柿子,而是由柿子产生的信息产品,那才是真正值钱的东西。

农民们忙了一年所带来的财富,却远远不及这一段小小的纪录片。由此可见,人不要仅仅凭着体力劳动或技术来赚钱,还要学会思考,学会用自己的创意来赚钱。很多年轻人可能会认为自己没有创意,没有创造新事物的能力。其实,创意不仅仅是创造新事物那么简单,它可以是一个新鲜的想法,也可以是一种稍稍改良的做法。不要轻视这些微小的创意,也许它们就可以给你带来巨大的财富。

就算再好的想法、创意,也是需要尝试的。在尝试一件事情之前,不要急着去否定它,只要有了新想法,就应该去试一试,因为只有行动才能带给我们足够的财富。如果像人们说的那样,“晚上想了千条路,早上还是沿着老路走。”那就不可能有任何的进步,更不可能奢望积累更多的财富。

创造财富一定要勇于尝试,不断找出自己可以改变的地方,找出目前做事方法的缺点和不足,然后试着进行改造,也许因此就可能产生新的创意。

美国摩根财团的创始人摩根,原来并不富有,夫妻二人仅仅靠卖鸡蛋维持生计。但聪明的摩根善于观察和思考,他看到人们总是喜欢买妻子的鸡

蛋,弄明白了原来是人们眼睛的视觉误差,使自己大掌中的鸡蛋变得小了。于是,他立即改变了自己卖鸡蛋的方式:用浅而小的托盘盛鸡蛋。果然,他的销售情况有所好转。但他并没有因此而停止思考研究,既然视觉误差能够影响销售,那经营的学问就更大了。于是,他对心理学、经营学、管理学等进行了研究和探讨,最后便创建了摩根财团。

对于成功来说,创意固然重要,然而敢于尝试的心则是更重要的。年轻人如果怕这怕那,总是困于自己原有的知识水平,不敢冲出自己的圈子,并且害怕自己的生活会因此变得更苦,那么他永远都不会与财富有缘。那些成功的人士都曾经冒过一定的风险,当过第一个吃螃蟹的人。正如俗话说的那样"富贵险中求。"安安稳稳的生活,注定是不可能与财富结缘的。

只有善于思考,对自己的想法勇于尝试的人,才可能取得成功。就算你的想法并不是那么完善,不是那么成熟,你也可以进行尝试,然后在实践中去完善自己的想法,没有任何一件事情,是在一开始就非常顺利的。但是,如果不进行尝试,那么你将与成功无缘。

"超人"牌剃须刀在中国的电动剃须刀市场中占到了21%的份额,但是他们的创业之路却是非常坎坷的。开始的时候,应家兄弟是做电器配件的。有一次,大哥到山西出差,看到人们在排着队买电动剃须刀,于是就特意买了一个回来。大家都觉得这个东西很好,很有市场,于是决定做电动剃须刀。

几个兄弟开始了繁忙的联系业务,但是订单有了,生产的事情却让他们大伤脑筋:当地的塑料加工工艺没有优势,很多零件要到全国各地去采购,增加了成本,不但如此,因为没有经验,剃须刀还出现了质量问题。但是,失败并没有击败他们,他们一次又一次地从市场、技术、销售等方面做了详细的调查和分析。最终,他们决定从刀片上打开市场,开始了自己的事业。而今,"超人"牌剃须刀已经与飞利浦、博朗、松下三家著名厂商所生产的剃须刀并列为全球四强。

由此可见,创意对于创业固然重要,但是最重要的还是尝试的勇气,只要有勇气进行尝试,就有可能用自己的方式创造财富。勇气是年轻人最大的财富和力量,大家要谨记此点,要用勇气来开创自己全新的人生。

*别担心自己没帮手,共赢才会有发展

记得霍英东曾经说过,“我的人生之所以成功,不仅是因为我自己赚到了钱,还因为我帮助所有和我合作的人一起赚到了钱。从朝鲜战争时的那一批人开始,所有帮过我,或者与我合作过的人,个个都赚钱、发达……”在成功人士的眼中,只有帮助别人成功过的人生,才是真正有价值的人生。

回过头来反观现实中那些成功的优秀人物,他们无一例外地让他们的合作伙伴,甚至他们的客户都成功赚到了钱。所以,一个人想要成功,就要有共赢思维,有合作的意识。想要别人帮助你,你就要首先帮助别人,成就别人,然后才可能成就自己。不要说没有人帮你,你没有合作伙伴,没有帮手,只要你愿意寻找,那些与你有共同志向、共同利益的人都可以成为你的合作伙伴。

只要是相互合作,追求的就是一起成功,而不是自己成功,别人却在原地踏步。所以,合作的双方不应该是对手,而应该是朋友,是伙伴,是双赢的关系。这样就算为了他们自己,也会拼命地帮你。如果你决定一件事,只对自己有利,而对别人是无利甚至微利的,那么别人帮助你的意愿就降低了很多,做起事来自然也就没有干劲,你的事业也就会受到影响。

那么什么是真正的共赢思维,怎样才能实现共赢呢?共赢是双赢的一种拓展,也就是在处理各个方面的关系时,能够实现大家都能盈利,共同把蛋糕做大,实现“1 +1 >2”的结果。比如,有 A,B,C,三个国家,A 盛产石油,但是缺少船舶;B 国盛产牛肉,但是缺少石油;C 国盛产船舶,但牛肉是日常用品。最佳途径就是把 A 国过剩的石油,销售给 B 国,把 B 国过剩的牛肉销售给 C 国,把 C 国过剩的船舶销售给 A 国,弥补各自的所失,然后从交换之间获取利润。其实,这就是商业的本质,只不过人们通常看得不那么清楚、

明确而已，以致出现了多次交换，从而抬高了成本。

有时，人们在做事的时候把自己的情绪掺入其中，于是出现了“两败俱伤”的局面，这是不成功的合作方式。一个人想要获得巨大的成功，就不仅仅要考虑自己的利益，而要综合考虑各方的利益，让大家都受益。

在这个知识经济的时代，战略资源已经变成了知识和信息，这些资源都是可以共享的，共享它们不会给任何人带来任何损失，却会让每个人都更加受益。有这样的共赢思维，大家都会更加乐意帮助你，因为与此同时他们也帮助了自己。

怎样建立共赢思维？怎样才能实现共赢呢？首先，要主动考虑别人的利益。共赢不可能自然地实现，只能是人们刻意追求的结果。追求共赢的前提，是清楚地认识共赢的好处，并站在对方的角度考虑问题，主动考虑别人的利益。这就要我们做事前，先要做人，做一个为别人着想、乐于助人、品德高尚的人。其次，各自提供自己的长处，并取得共同的利益，就像“各尽其能，各取所需”所说的那样。整合你与别人之间的一切资源，让各自都实现最优化，用彼此的长处来经营事业，最终实现共同成长、利益共得，让大家都实现自己的人生价值。

这样的共赢思维，必然会为大家的人生都带来最大的利益。比如，携程和如家两家企业就是由一个“共赢团队”组成的，在这个队伍里，梁建章是技术神童，沈南鹏是投资银行家，季琦被誉为“永不停息的创业者”，范敏是国营旅游业的老手。当资本与技术，创业热情与实践经验结合在一起，他们能够发挥的能力是无穷的。当然这四个人都很有远见地选择了向前，追寻前面更大的成功，他们依靠彼此实现了各自的人生价值，取得了共赢。

年轻人想要自己在事业上有更大的发展，就要有共赢思维，不要有“吃独食”的心态，否则就会引起别人的反感，从而影响自己的事业。

＊别担心自己不够专业，有想法就有成功的可能

只要一个人有眼光，有想法，很多问题就不再是问题。资金可以采取银行贷款，专家当然也可以聘请，甚至于和有专业素质的人合作。阿里巴巴的马云曾说过这样一句经典的话，“我为什么能活下来？第一是由于我没有钱，第二是由于我对互联网一点不懂，第三是由于我想得像傻瓜一样。”

一个人不可能在每个行业都非常精通，可是一个公司要经营下去要用到很多专业，而你不可能同时精通这些专业相关的知识，怎么办？当然要请人替你打理。如果这样讲的话，每个人都可以创业，都可能成功。但事实并非是这样，成功忠于那些有头脑、有想法的人，一个想法可以价值百万。

怎样的想法才可能帮助自己取得成功呢？答案就是寻找大家都需要的东西，然后让专业人员帮你打造这种东西，实实在在地创造价值。在日常生活中，我们永远都会有感觉麻烦，不方便的地方，永远都会有需求。然而，找到这种需求，并找到解决的办法，就是一个人的创意，也就是成功的基础。

一个人一定要每天坚持思考，一定要真正弄懂自己想要做什么。如果你还没有弄明白的话，那么就一定要积极地寻找一条途径，一条可以帮你带来财富的途径。

霍英东在做房地产以前，从来没有涉足过这个行业，他一直是从事海上航运业务的。可在那时，他就预料到我国香港航运事业的繁荣必将带来金融贸易的发展，从而又促进房地产的开发。于是，他抢先把经营重点转向了房地产开发。开始，他也和别人一样，自己花钱买旧楼，拆了后建成新楼出售。可是由于资金少，发展比较慢。后来，他想出了自己的办法，采取房产预售的方法，利用购房者的定金来盖新房。这就是所谓的“卖楼花”，这一创举使霍英东的房地产生意大大兴隆起来，一举打破了我国香港房地产生意的最高纪录。

他原本不是房地产方面的大鳄，但是因为他有想法，有眼光，创造了“卖

楼花”这种崭新的方式,使他的资金周转一下子快了很多,最终获得了巨大的成就。因此,大家也要有自己的想法,旧的行业可以有新的发展模式,新行业更是如雨后春笋、层出不穷。大家面对如此多的机会,一定要有自己独特的眼光和思维方式。

一旦你决定自己要成功,就要不断地为自己寻找道路和方法。想法怎样来？就是不断地想着自己怎样才能成功,事事留心、处处观察,这样自然能够找到一条道路。有想法就要做下去,这就是成功的秘诀,专业让你对某个领域更精专,也许能够帮助你更快得到发展,但它却并不是成功的唯一出路。

成功需要专业人员的帮助,但并不是所有专业人员都能够成功。专业是技术,但是仅依靠技术却绝不足以获得成功,获得财富。现在很多加盟企业,都是把自己的技术专利转让给其他人,让更多的人用他们手中的钱帮你赚钱。因此,只要你有好的想法,不仅可以让专业人员帮助你,还可以借助别人的专业技术。

关键是你能够创造一个好的盈利模式,有好的想法,有创造性的思维,并且敢想敢做,才有可能成功。很多人都觉得任何事情自己解决了才能够显示出自己的智慧,因此不惜花费更多的精力,浪费更多的时间,来钻研自己丝毫不熟悉的领域。然而,这样的人就算自己再聪明,也不可能有多大的成就。

你应该把思想集中到那些可以为自己带来收益,带来财富,带来成功的地方。如果你是一个点子特别多的人,就应该整合自己的想法和别人的专业技术,即别人的技术资源加上自己的创意和计划,那么才有可能获得成功。

永远不要为自己没有的东西懊恼,要为自己拥有的东西想出路,想方法,这样就算本身只拥有一项本领,你也可以出人头地。

第 3 章

比他人学历低别心慌，关键是要有某方面的突出能力

一个人只有用自己的突出能力为自己的人生创造价值，他的价值才能够最大化。学历只代表着过去，而学习能力才代表将来。年轻人一定要让自己在每天都取得进步，让不断增长的才干为自己打开成功的大门。看看哪些突出能力能够为自己的人生创造奇迹吧。如果没有，就让我们培养其中几项，并让这些突出能力成为自己的核心竞争力，从而在人生的比赛中胜出。

＊判断力：理性地选择你的人生

人生就是不断选择的结果，判断力对于一个人至关重要。能够根据自己目前的状况，选择对自己的将来最有利的生活，人才可能活得越来越轻松；能够根据自己对未来形势的判断，选择自己的职业，选择自己要走的人生道路，一个人才可能越来越成功。

以前的判断和选择造成了你今天的生活和局面，今天的判断和选择则会造就你明天的生活，很多人往往会后悔“如果我当初选择了……”再多的如果也不可能变成现实，珍惜现在是最重要的。但是，仅仅珍惜现在就好了吗？如果现在没有培养自己判断力的意识，那么在将来的很长一段时间里，你还会一次又一次的想起“如果我当初选择了……”不断后悔。因此，年轻人应该从现在开始就培养自己的判断力。

比尔·盖茨在接触到计算机的那一刻就意识到将来的世界，即每个家庭都会拥有至少一台计算机，它会像家用电器一样普及。因此，他把自己的公司称为“微软”，也就是公司所设计的软件是给微型计算机使用的。可以说，他在创业之初就把自己的目光放在了“为家用计算机设计软件”这一选择上。现在看起来，比尔·盖茨的眼光无比准确，他的判断力造就了他个人的巨大成功。我们是否也拥有要这样的判断力，这样的眼光？

不要以为这样的眼光是天生的，其实判断力本身并不神秘，每件事情都是不断发展的结果。有后果，必有前因。如果我们在事情发生的第一时间，就捕捉到可能产生的后果，那么我们的判断力就会渐趋正确。

判断力是否准确对于一个人的未来发展至关重要，怎样让自己拥有准确的判断力，选择对于自己更好的未来，我觉得应该从以下四个方面做起。

(1)对于行业的熟悉程度。一个人只有对自己所处的行业有一定的熟悉程度，才可能有敏锐的眼光，才会有准确的判断力。当你面临眼前的选择的时候，你必须对所选择的项目或人有一定的了解、熟悉，才可能做出对自

己最有利的选择。因此，在面临选择的时候，我们最先要做的就是了解目前这两个或多个项目的形势，并且尽量多地掌握这些方面的信息，了解得越多，就会越清醒，也就会做出越正确的判断。

（2）对于自己和形势的清醒认识。除了了解目前状况以外，你还应该对形势的发展有一定的认识，对自己是否适合有清醒的认识。这个行业或领域是夕阳产业，还是朝阳产业？行业将向着哪个方向发展？自己是否适合这个行业，是否有这方面的天赋？是推理、分析能力强，还是阅读、理解能力强，抑或是创造能力、执行能力强？自己能够在这种趋势下扮演一个什么样的角色？

（3）不要看一时一事，而要把握住整体的发展方向。光看一时一事，容易被眼前的东西所迷惑，要站得高一些，看得远一些，才能综观全局，统筹把握事物的大方向，也才不至于发生以偏概全、以点代面的错误，而这样判断出的结果才能更准确。事情向着哪个方向发展？大趋势是怎样的？不要听信别人的话，要做出自己的判断，并要看得远一些。

（4）在平时，就要从小事开始，锻炼自己的判断力。尤其是对事情将朝着哪个方向发展之类的趋势性问题，先要不断地分析，并预测出一个可能的结果。然后，看事情是否按照自己的预期在发展。如果不是的话，那么就要仔细分析自己在哪个环节，漏掉了哪个因素。只有这样，通过不断地锻炼，我们的判断力才会逐渐提高，从而使我们在遇到人生的岔路口的时候，能够根据自己多年的经验，做出自己的判断，选择对自己最有利的形势。

由于人生就是一连串果断的选择，因此判断力对于我们的选择起着举足轻重的作用。如果你有着很突出的判断力，那么就算没有很高的学历，只凭着自己对未来趋势的判断和预测，也能够在社会上占有一席之地。

要想自己的未来更加光明，就要不断地锻炼自己的判断力，不断做出有利于自己人生的选择。

＊竞争力：让自己无所畏惧地直面挑战

目前的这个社会充满了竞争，一个人是否有竞争力将决定着他在这个社会上处于什么样的位置。一个人是否有竞争力是由他自身的勤奋程度、危机意识、本能的好奇心以及他的定力来决定的。如果不注意这些，那么一个人即使现在能力很强大，将来也会变得毫无价值，毫无竞争力。

一个年轻人在他的同龄人之间是否有竞争力，一部分取决于他的学历——这不可否认，因为学历代表着你过去付出了多少努力，学历也代表着你的理解能力；另一部分则取决于自身的努力，自身的努力能够改变很多事情。只有明白自己的核心竞争力在哪里，你才可能取得事业上的成功。

怎样加强一个人的竞争力？这是因人而异的。每一个人都有不同的天赋，这是人为训练所不能改变的，就像有的人天生免疫力强一样，而最重要的就是找出自己的那项天赋，并加强训练它，才能塑造出自己的核心竞争力。怎样寻找出自己的天赋呢？通常我们觉得一个人特别容易和人交往，交际能力特别好，可是他自己却不觉得自己有异于他人的天赋，只觉得很平常。由此可见，一个人的优点往往是别人才能察觉到的。因此，你就需要征求周围人的意见，并特别注意自己适合做哪方面的事。

通常情况下，大家要注意自己在以下几个方面的能力。

(1)学习力：学历代表过去，而学习力则代表将来。将来这个社会的信息更替速度会非常快，如果学习力非常强，那就代表你的头脑能够非常快地整理和接收信息，并迅速形成印象。这样的头脑更适合于在信息高速更替的行业发展，比如IT业。

(2)创造力：不可否认，一个人的创造力很大一部分是天生的，因此有的人天生就富有创意，能够把所有的想法整合在一起，创造出新的事物。当然，这和想象力有关，但绝不是单纯的想象力。如果一个人总对事物有新的想法和新的观点，有很多“鬼点子”，那就说明他的创造力很不错，这样的人

适合在广告业等行业生存。

（3）分析推理能力：思维严谨，分析推理能力和逻辑能力强的人，适合在数学、物理、化学等自然科学研究方面发展。

（4）财商和情商：这两者不可分割，人际交往能力尤其是到了人生的后半段，几乎是人脉决定着你的事业。同时，在现实社会中，赚钱已经不只是拥有赚钱的眼光和技巧那么简单，有丰富的人脉则可以让资本运转得更快。

（5）影响力：一个人有怎样的影响力，常取决于他的自信、自强和挑战精神以及高度地社会责任感。有些人天生就具有领袖素质，他们能够通过自己的气质最快地获得别人的认同和敬畏，从而对别人的思想和行为产生影响。

当你明确了自己在哪些方面有优势，就应该不断在自己的优势方面加以训练，并把它变成自己的核心竞争力，只有这样你才能在自己所在的领域保持更强的优势和更强的竞争力。

保持竞争力的方法可以有很多种，勤奋训练只不过是其中的一种。如果想一直在某个领域处于领先地位，就要有一定的好奇心和危机意识。好奇心可以促使我们探索更多解决事情的方法，让我们对新方法、新事物及新信息保持最敏锐的触感，让我们不断探索钻研。危机意识，则可以促使我们对自己所处的位置时刻保持警惕，以保持自己竞争的状态，从而不会落在别人的后面。

对于30岁以前的年轻人来说，青春就是资本，只要敢于挑战，就能拥有最强的竞争力，从而在社会中拥有自己的一席之地。

＊沟通力：慧心去听、诚心去讲，与人愉悦交往

沟通力是我们和其他人合作或交往愉快的基础。一个人如果沟通力很好，大家就很容易明白他的意思，明白他需要什么，他希望得到什么，能够付出什么。他也很容易清楚别人的意愿，满足别人的需求，这样双方都能够得到满足。然而，有的人沟通力不好，和他说话就很费力，他不明白别人所说

的，也不能让别人明白他的要求。形成了一种“鸡同鸭讲”的尴尬局面，让双方都不能得到满足，甚至产生误会。

其实，沟通是一件很简单的事情，两个人互相沟通，说白了就是让双方都弄清彼此的意图，然后满足双方的要求。所以，沟通就是弄明白对方需要什么，你能够提供什么，你能够提供的和他所需要的有哪些差距，以及双方能够在哪些方面达成共识，在哪些方面有异议，怎样才能拿出一个折中方案，从而达成共识。

沟通主要包括三个方面：弄清楚别人的需求，了解别人的意图；懂得自己的需要，清楚自己的心理底线；沟通方式正确。

(1)沟通方式。如果沟通方式不正确、混乱，那么别人就会听不懂，沟通就会堵塞。这就像两个国家的人都听不懂对方的语言，中间又没有翻译，他们是不可能坐下来好好聊一番的。所以，说话要让听的人能够听明白，听懂。现在，有很多业务员都陷入了一个误区，他们讲话都讲些“术语”，业内的人很容易就明白，可大多数消费者却弄不懂产品究竟对自己有什么好处？比如，一个人去商场买空调，业务员一上来就讲：“我们的空调是铜管的，别人家的都是铝管的。这台虽然贵，但它是变频的……”然而，这个人不懂得铝管和铜管有什么分别，也不懂得变频有什么好处。结果，业务员说了半天，也没有做成生意。

(2)不要自说自话。在心底弄清楚对方到底想干什么，想要什么。这一点很重要，如果你一直在自说自话，那么你的想法就不可能得到对方的认同，你与对方的沟通也就无效。

很多时候，不少人都会做无效沟通。然而，并非大家的脑袋不清楚，而是弄错了对方所说的意思。比如，老板说：“这个月，公司效益不好。”实际上指的是员工工作不够用心。然而，员工们却可能理解为：不会是这个月的奖金没了吧；自己的薪水会不会受影响。

(3)正确理解别人的意图。能够做到这一点是很不容易的。因为，大家的意图都藏在话里面，而不是那么直白。这时，一定要清楚这句话意味着什

么意思，而不要用自己的意识去理解。

有这样一个小故事。一天，公主病了，她娇憨地告诉国王，如果她能拥有月亮，病就会好。于是，国王立刻召集全国的聪明人，要他们想办法拿到月亮。

不少人都向国王说："月亮远在三万里外，又圆又平像个钱币，有半个王国大，还被粘在天上，不可能有人能把它拿下来的……"然而，有一个小丑听说了这件事后，却认为：当务之急是要弄清楚公主心目中的月亮到底有多大、多远。于是，他来到公主房里探望公主，并顺口问公主，她心目中的月亮是怎样的。结果，公主回答他说："月亮大概比我的拇指指甲要小一点，比树梢还要矮，是用金子做成的。"

比拇指指甲还要小、比树还要矮，用金子做的月亮当然容易拿啦！小丑知道公主的心意后，便立刻找金匠为公主打了个金制的月亮项链。公主非常高兴，第二天病就好了。

人们常常很少关注说话者的真实需求，而完全按照自己的意愿做事情，结果费了很大劲，效果却并不好。年轻人尤其应该注意，当上司交代给你一件事情或一项任务时，你应该先弄清楚上司的要求，然后再去执行。事前的沟通很重要，否则任务进行完了，上司却不满意，更浪费精力和时间。

虽然，沟通力只是交际能力的一部分，但却绝对是最重要的一部分。想要和一个人愉快有效地沟通，就要说对方想听的，听对方想说的，即先通过赞美、认同、询问等方式弄清楚对方想听什么，然后以对方感兴趣的方式表达出来。

能够有效地与人沟通，就会节省很多时间和精力，避免很多误会，并让人觉得你是一个善解人意、值得信赖的人。沟通力能够为一个人的成功节约很多成本，并建立起很多信息渠道。因此，年轻人一定要学会愉快有效地沟通。

＊专注力：平和心境，排除烦扰效率高

一个人如果没有专心致志地做过一件事情，那么他的人生就不是完美的。事实上，在某些领域，如果我们能够维持三五年的专注力，那就可能小有所成；而如果一生都花费在某个领域，那我们的成就将无可限量。

大多数人为什么不容易成功，那是因为他们的杂念太多，他们中的哪个人在做事之前不是千般计较？哪个人不是一边做事，心里一边转着其他念头？因为，他们想得太多，做得太少，计较得又多。当别人做同样多的事可以和他们有同样的薪水时，他们就想做更少的事得到同样的报酬；当别人和他们做同样多的事，却拿比他们高的报酬时，他们就设法拿更高的报酬或跳槽。

好多人的一生中都把精力浪费在了和别人比较，和别人竞争，算计付出与回报是否成正比之上，而很少好好地用心工作，所以他们不但不容易得到成功，也不容易得到快乐。如果他们能够达到一个境界，完全让自己沉浸在工作本身所带来的乐趣当中，不为外界的各种诱惑所动，完全不去和别人比较，眼中只看得见自己的工作，只看得见自己的生活，以及自己能够享受到的乐趣，那么就算不那么成功，也会比较快乐。因为，这个世界上的一切痛苦都来自于比较，来自于别人的眼光。

其实，成功与专注力是分不开的。专注力并不是指十几年甚至几十年地从事某一种工作，而是当你从事某种工作的时候，能够心无旁骛地把注意力全部放在上面，能够在很长时间内集中精力，不被打扰。如果能够做到这点，就能在考虑问题的时候，考虑得更深入，更缜密，在处理事情的时候，也能够处理得更完美，更周密。

当一个人把所有的注意力都放在一件事情上的时候，甚至连睡眠都在帮助他。比如，德国化学家凯库勒就在梦中发现了苯的结构。当时人们发现了苯属于不饱和状态，可是化学性质又非常稳定，这样的存在非常矛盾，

说明苯有一个非常奇特和所有不饱和有机物不同的结构，这个结构是怎样的？问题把所有的化学家都难住了。

凯库勒对此也百思不得其解，因此他总是处在思索这个问题的状态中，就连吃饭睡眠也不停地思考。一天晚上，凯库勒坐马车回家，在车上昏昏欲睡。在半梦半醒之间，他看到碳链似乎活了起来，变成了一条蛇，在他眼前不断翻腾，突然咬住了自己的尾巴，形成了一个环……凯库勒猛然惊醒，立刻在纸上把苯的化学结构以六角形环状的方式写出来，证明这个结果的确就是苯的结构。1865年，凯库勒发表了有关苯结构的论文，解决了化学上的这一难题。

专注力对于一个人的成功是非常重要的。那么怎样加强专注力呢？每个人的专注力都是不同的，有的人能够在思考的时候浑然忘我，连自己正在做的事都会忘掉；而有的人则是很不容易集中注意力，连三分钟都不能聚精会神。可见，专注力并不是每个人都一样的，想要加强一个人的专注力，就要不断地进行训练。具体方法有以下三种。

（1）空间清净，当决定做某件事时，把与此无关的其他东西都收走。比如，当你在计算机上工作的时候，把你的宽带关掉，因为如果一直处在联网状态的话，你会忍不住想玩一会游戏，或者读一读新闻等，从而把自己原本要做的工作都耽误了。在做这件事之前最好就找好自己所需要的资料，存在计算机硬盘上，一旦需要就可以轻易翻找出来，如果在做事情的过程中需要补充资料，那就把这段工作翻过去，先做下面的，做完整个项目以后，再查找那些需要补充的资料。

（2）张弛有道，节奏分明地处理做事和休息的时间。在做事之前，最好让自己处在一个长时间不需要做其他事情的状态，比如喝点水，上好厕所，清理好自己心中的杂念。然后，坚持几个小时做事，一直不要分心。不要熬时间，而要高效地做事，把自己的全部精力和脑力都放在眼前的事情上，脑筋高速运转，手快速行动，心无杂念。等到事情做完，再去休息，去玩乐，痛痛快快地彻底地丢掉事情，整副心思放在玩乐上。当节奏分明地处理了一段工作与休息的关系之后，你就会发现自己很容易快乐，也很容易出成果。

(3)除去内心的干扰。在做事之前，就要把心中那些浮光掠影的各种念头抛去。很多时候，我们是自己在骚扰自己。比如，一边做事一边想着快中午了，喝水休息一会儿吧；或者一边传着昨天看到的有趣的事情；或者气愤、烦恼等情绪不能平息。这些干扰对我们的事业来说都是致命的。其实，每个人在做事之前，都要在内心冥想三分钟，把内心的杂念清除出去，然后再安心做事。

训练一段时间，你会发现专心做事的感觉特别好，效率也特别高，自己也很容易有成就感和满足感。年轻人一定要在专注力方面对自己有切实地训练，只有这样才能迈向成功。

＊模仿力：永远向成功者吸取成败经验

别人的成功方式是可以复制的。如果仔细观察那些成功人士，就会发现他们在某些方面是非常相像的，如某些手势，某些行为举止，某些姿势，甚至某些想法也能够不谋而合，观点更是惊人的一致。

这说明无论在哪个领域，到了成功的顶点，道理都是相通的，托尔斯泰曾说过，“幸福的家庭都是相同的，不幸的家庭则各有各的不幸。”这句话可以引申为：“成功的人都是相同的，失败的人各有各的失败之处。”如果我们能够找到一些成功人士的相似之处，并对此进行模仿，那么终有一天，我们也将成为成功者的一员。

在平时与人相处时，要多注意别人的长处，多注意自己缺乏的那些特质，然后学习它，拥有它，采撷众人的优点，从而使自己拥有更多的优势。在这一点上，松下幸之助先生是当之无愧的成功者。他信奉“用七分工夫去注意一个人的长处，用三分工夫去注意一个人的短处”的原则，不但可以让自己看到别人的长处，也容易让自己得到提升。

让自己提升的办法有很多，看到别人的长处，并模仿学习，这是提升自

己最快的方法。有一种观点认为:“在模仿中成长,在创新中成功。”也就是说,大多数工作都是重复,强调的是效率而不是创新。当然成功模式更是如此,不仅仅在普通工作上,就算在那些要求创新力很高的文学方面,也是“千古文章一大抄”,“抄”得好就是大师。比如,王勃的“落霞与孤鹜齐飞,秋水共长天一色。”就抄袭模仿了庾信的“落花与芝盖齐飞,杨柳共春旗一色。”当然,有此“化用”的诗词文章不在少数,而化用得好就是成功者。人们也常说:“熟读唐诗三百首,不会做诗也会吟。”这句话就是希望人们在熟练格式的基础上进行创新。

在成功一事上也是一样,必须有模仿的过程,才会有创新的可能,最终才能够成功。模仿是第一步,如果连这点都做不好,那么想要通过自己的一套方法来成功是不可能的。成功往往有着一定的模式,在你没有明确它之前,任何的自我创新都可能是在浪费精力,因为自己发明出来的方法大多数效果都非常有限。

唐骏曾经在他的自传《我的成功可以复制》中写道:“世间万事万物的运转,都遵循非常简明的规则。只要掌握这些规则,就能够成功。”由此可见,那些成功人士之所以有今天的成就,都是因为掌握了成功规则的缘故。如果我们能够模仿他们,并从中找到这些规则,遵从这些规则,那么成功也许离我们就真的不远了。

当然,成功并不是简单的模仿和复制,需要人们更多的思考,但是模仿能够快速提高人们的能力却是毋庸置疑的。人们提高自己的方法有很多种,比如在工作方面,一个人想要提高,可以通过实践锻炼自己的能力,也可以通过深造提升自己,但让工作上手最快的方法,却是请教做过这类工作的人,让他们传授给你一定的经验,这样你就会尽快掌握工作的流程和窍门。模仿别人的好处就在于你可以把那些已经存在的经验、技巧等直接拿过来用,而不至于自己在实践中摸索,更不至于在摸索中跌倒。

如果说模仿力决定了一个人的成败那大概有些言过其实,但模仿可以让一个人快速成长却是毋庸置疑的。一个人在成功之前,最重要的就是每

天都有一点成长，每天都能进步。如果我们能够找到成功者所具有的特质，并且每天都学习模仿，那么不久之后，我们肯定有了很多机会，在人群当中也有了一定的影响力，从而使成功离我们更近了。

一个成熟的人懂得如何让自己迅速找到一条达到目标的道路，而模仿则是一条快捷的道路。

＊执行力：坐而言不如起而行

30岁以前，无论我们有多少智慧、创意、决策以及管理能力，可常常做的还是执行。一个人执行力的好坏决定了他是否能够升职、加薪以及走向决策层，所以说执行力就是一个人最终成功的保障。马云曾经说过这样一句话，"孙正义跟我有同一个观点，一个方案是一流的Idea加三流的实施；另一个方案是一流的实施加三流的Idea，哪个好？我们俩同时选择一流的实施加三流的Idea。"由此可见，执行力在一个人走向成功的过程中，扮演着最重要的角色。

那么执行力到底是什么呢？执行力，指的是贯彻战略意图，完成预定目标的操作能力；是把企业战略、规划转化成为效益、成果的关键。执行力包含完成任务的意愿、完成任务的能力以及完成任务的程度。对个人而言，执行力就是办事能力。简而言之，执行力就是把想法变成行动，并再把行动变成结果的能力。

一个人有想法是好事，但是如果他不能把自己的想法实施，变成能够体现自己价值的行动，那么再好的想法也是空想。

在一家企业里，决策很重要，但是如果不能得到推行，或者贯彻总是打折扣，把本来很好的计划执行得似是而非，那么这家企业的发展就不可能好。在不少企业中，并不缺少先进的管理经验，也不缺少先进的经营理念，缺少的却是照章行事的执行力。如果一家企业里的所有员工都能够按照上层的想法，不折不扣地执行下去，那么这家企业的生命力就会十分旺盛。

一个人想要成功也是这样。有想法是好事，但仅停留在想的阶段，而不去行动、实施的话，那么再好的想法也不可能为自己的人生创造价值。从现在开始，你一旦有一个想法，一个念头，就应该先把自己的这个想法、念头记录下来；然后进行完善，使它成为一个具体的、明确的、可以执行的策略，并制订出相应的具体计划；最后，立刻行动，去实现这个想法。只有这样，你才有可能逐渐走上成功的道路。

执行的路上肯定有困难，但是一定要相信方法比困难多，并且多想出不同的方法解决问题。并且，在这个过程中，我们不要畏惧困难，更不要退缩，而要坚持自己的想法，只有这样我们才可能最终实现梦想。非凡的执行力是一个人成功的关键。因此，30岁以前，我们必须让自己具有这种能力。

不同的人有不同的执行力，你一定要训练自己在执行之前就想清楚所有可能出现的问题，最终朝着自己的目标前进，这样才可能更好地完成任务。不过在此之前，你一定要有立刻行动的决心，“坐而言，坐而思”只能形成方法，“起而行”才可能获得成功。

*演讲力：会演讲让你更容易胜出

演讲能够锻炼和展示一个人各个方面的能力，演讲的才华可以让更多人更容易关注到你，让你更容易胜出。演讲除了向别人演说以外，还要引起大家的共鸣和认可。因此，演讲力对于成功来说是一种不可缺少的能力。

在我国传统文化中，很长一段时间里都奉行“多听，多做，少说”的原则，而很少重视演讲的能力。而在目前的社会中，演讲力几乎是一种最普遍的能力，有人甚至以演讲为自己的职业。

在人的一生之中，会有很多演讲的机会，而这机会都是在锻炼一个人的宣传力和号召能力。一般情况下，每个人对演讲可能都有自己的认识，但不少人都会认为它的用处不大，只是在讲话时才能用得到。

其实，并非这样，口才也是一种竞争力，而演讲力不仅仅是口才那么简

单。一个人对某件事情在公众面前讲出自己的意见，不仅是对事情的看法，也是在展示自我，展示自己的思想、气势、自信心以及表明自己的态度。它不仅仅需要口才，还需要你对自己形象的完美展示，对自己看法的鞭辟入里的解释。同时，你的思维能力要非常迅捷，分析能力和逻辑也要非常严密。并且，还能把深刻的道理，严密的分析以一种有趣的、形象的、大家都能够理解的方式展现出来。当然，你的语言、手势及动作，还要特别有号召力和魅力，因为只有这样，大家才更容易接受。以这种方式来展现自己综合能力，可以使人们更全面地认识你，也可以让你的才华完全展示出来，从而使自己更容易胜出。

演讲不是一个人单纯展示自己的过程，而是全场的人和他都建立一种关系的过程。你不仅仅要考虑怎样展示自己，还要考虑别人能够接受一个怎样的自己，从而让大家都更喜欢你，而这就是演讲的魅力。

不要认为演讲与自己事业的关系不大，即使今天关系不大，也会在某一天能够用上。比如，展示自己所做的某个计划，既要用 PPT 做出图表和数据，又需要你来分析和演示一番，而这本身就是一篇小小的演讲，只不过观众要少一些罢了。图表和数据是最有力的说明工具，不过你的演讲力，可以更加充分地展示出自己计划的优越性，让你在大家面前展示自己的才华。这是策划、宣传人员必备的能力，即使你今天只是一个小小的执行人员，你也有可能需要替你的领导做一番讲解。倘若有一天，你成为中层管理人员，那么这几乎要成为你每天必做的事情之一。

由此可见，年轻人一定不要放弃这样可以展示自己的机会，一定要锻炼自己的演讲能力。也许因此你就会获得一个非常好的机会。记得“三顾茅庐”的故事吗？诸葛亮一篇简短的《隆中对》就让刘备和他手下两个傲慢的兄弟认可了“孔明先生”，并使刘备聘任他做了自己的军师。而他舌战群儒，更是让孙权下了战斗的决心，让东吴的英雄们认识了这位“神机妙算之人”。虽然“舌战群儒”更像是一场辩论，但实质上却是一场分析演讲，而演讲的对象就是孙权及其大臣。这就是演讲的威力，好的演讲可以让所有人甚至对

手佩服你。

同时，演讲可以锻炼自己的自信，不但是面对众人的自信，还有面对自己的自信。通过对自己所持观点的不断重复，不但能够说服别人，更重要的是能够说服自己坚持自己最初的信念，相信自己的观点是正确的。

从现在开始，每一个年轻人都应该让自己拥有这项能力。不断锻炼自己的演讲力，不断向更多人展示自己，这样你才可能得到更多认可，才可能找到你的贵人，也才可能让你在职业道路上占尽先机。

＊推销力：会展示自己并得到他人认可

推销力不仅仅是展示产品，展示企业的一种能力，同样也是展示自己的一项能力。很多人把推销力理解得很简单，认为推销力就是推销产品的能力。这没有错，但是不全面。知道客户为什么会购买一项产品吗？一部分原因是对推销员所介绍产品的喜爱；另一部分则取决于对推销员的信赖。

这不是无稽之谈，乔·吉拉德是世界上最伟大的汽车销售员，他平均一天卖6辆汽车，收入比很多大企业老板都要高。据说从乔·吉拉德那里购买汽车有时需要等待一两个月，但是人们依然乐此不疲，这就因为他的真诚对待客户产生了巨大的转介绍效果，人人都愿意给他建立良好的口碑广告，所以他的生意一直非常兴隆。因此，几乎每个推销员都知道一句话，“推销产品前，要先推销自己”。

推销力是一个人让别人信任自己，认可自己并同时认可自己推荐的产品或服务的基本能力。如果这个人能够做到让所有认识他的人都认可他，都尊敬他，那么这个人不成功都不可能。推销力在很大程度上就是展示自己的能力，如果你能够把产品推销出去，那就应该也能把自己推销出去。如果你能够完美地展示产品和公司，你就能够完美地展示自己，除非你的产品有质量问题。

每个人的推销能力都不同，有的人可以在几句话之间就能够让别人对

他建立一种可以信赖的印象，继而相信他会满足自己的需求，相信他的产品对于自己来说是最好的。然而，有的人给人的印象则是油嘴滑舌、虚伪，就算他的产品非常好，也会因为对他本人的印象不佳而拒绝他。有的人虽然让人感觉很真诚，可是却木讷，不善言辞，因此对于产品的了解也不可能全面，更不可能产生购买的欲望。怎样提高自己的推销能力，在展示产品的同时，很好地展示自己？

首先，态度要真诚。真诚的态度是一个人获得别人认可的前提。如果一个人看起来就谎话连篇、夸夸其谈，那么大家肯定不会相信他。并且，这样的人本身就有品质问题，他处处都会被别人讨厌，怎么可能得到别人的认同？

用真诚的态度展示自己，即使你现在并不成功，或者你本身不善言辞，那也有可能让大家在长时间的接触过程中了解你，有感于你的真诚，从而真正地佩服你。一个人无论展示自己的愿望是否强烈，是否精于表现自己，都必须首先真诚，才可能让众人认可你。

松下幸之助13岁那年，到一家自行车店做学徒。有一位叫铁川的老板想买一辆自行车，松下幸之助被派去做推销。到了铁川家，松下幸之助全面地介绍了自行车的性能及注意事项，铁川先生非常满意，他决定买下这辆自行车，但要求打九折。

他知道老板不可能同意，但还是满头大汗地跑回自行车店恳求老板九折出售。老板严厉地说：“绝对不可以，有了打折的先例，以后生意可怎么做？何况，我们的自行车非常畅销，根本没有打折的必要。”松下幸之助失望地回到铁川家，向铁川身鞠一躬说：“真对不起，我们老板不肯九折卖。”说着，他的眼泪流了下来。铁川先生被感动了，他拍拍松下幸之助的肩膀说：“看来你是真心实意要做成这笔生意了。好！我买下了。”正是因为松下幸之助有如此诚恳的态度，才帮助他推销成功，最后在商界取得了辉煌的成就。

其次，推销要热情。一个人如果对推销工作本身不感兴趣，那么他做起

推销来，就会非常冷漠，让别人也产生不了购买的欲望。一个人如果不热衷于表现自己，那别人就不可能轻易认可他。因为，他都不相信自己、不看重自己，别人怎么会看重他呢？想要完美地展示自己，就必须对自己有高度的自信，并有展示自己的热情。

最后，技术要全面。比如，怎样沟通才能让自己更受欢迎，怎样表现自己才能更被大家接受、认可等。完美地展示自己的能力，会让一个人拥有超乎意外的影响力，会让所有的人都认可他。只要你保证自己的能力和品格没有任何问题，就应该热衷于展示自己，表现自己，这样就可以不断地锻炼自己的推销力，从而最终让自己成为一个受人们欢迎的人。

第 4 章

别以为随波追流就稳妥，成功者在大多数人之外

在这个世界上，成功者在人群中只占到大约20%，这部分人掌握并创造着80%甚至更多的财富。由此可见，最可能成功的人在大多数之外，相信自己的力量，不盲目从众，不流于世俗，坚持自我特色。只有这样的人才能凭着自己的眼光和思考，凭着对自己的信心，对自己选择道路的坚持，走在别人的前面，走向成功的巅峰。因此，成熟就是不从众，不从俗，只服从自己心灵智慧的引导。

＊敢于走在人先，才能赢在人前

美国著名成功学大师皮鲁克斯有一句名言，“先人一步者，总能获得主动，占有利地位。”所以，一个人想要成功就要勇于走在别人的前面，敢为天下先，这样才能有更好的前途。

现在这个社会是一个竞争激烈的社会，只有奋勇争先的企业和个人，才有生存的可能。年轻人一定要意识到这一点，并不断进步，不断看到新的机会。并且，一旦觉察到先机，就应该立刻行动起来，占领先机，走在人先。最终，才能在别人前面获得决定性的胜利。

在这方面年轻人是有优势的，因为年轻人的接受能力很强，思想很开阔，对于新生事物，总有快人一步的见识和接受能力。同时，年轻人的思想又不僵化，脑筋灵活，正处在一个体力和脑力都特别活跃的阶段。唯一的缺点似乎是年轻人的见识不够开阔，对于事物的把握不是那么准确，眼光不够高远，不过这一切都可以用年轻人快速的行动力来补足。就算一开始对于事物的把握不那么准确，只要行动起来，就有更多的机会来改正之前所犯的错误，也会比那些跟在你后面的人更先到达目的地。

当然，走在别人前面，当个领头羊也是有风险的，不过无论怎样的风险也要比跟在别人后面，一直都无法超越的风险要小得多。这个世界上第一个从事某件事的人，总会占领多半的市场；而第二个做这件事的人，则会占领剩余市场的80%；后面跟进的人能够拥有的市场会更小，他们的获利空间当然也会更小。当领头羊固然有风险，但是获得的收益同样巨大。

风险来临的时候，领头人当然首当其冲，但其他人肯定也不能避免。可是，一旦时机成熟，领头人获得的收益肯定是跟随者的几倍，甚至几十倍。人生最大的风险不是被枪打到，而是自己没有勇气，总是缩在后面。因为，世界不会时时刻刻打枪，而怯懦却会时时刻刻折磨、打击你，使你一事无成。

年轻人一定不要站在人堆里，跟随多数人的脚步。因为，事实证明最成

功的那些人恰恰是人群外面的那些人，他们只占总人数的20%。他们总是勇于冲锋陷阵，一旦意识到机遇来临总是第一个扑上去，占领先机，而那些畏畏缩缩跟在后面的人群往往在别人心满意足之后，才能分享剩余不多的渣滓，并且还要面临着机遇变成陷阱，行业被淘汰的风险。

一个新兴行业刚刚起步的时候，往往是朝阳行业。等到它发展到成熟阶段，大家都意识到它的好处，都开始认可的时候，往往它已经到了日暮西山的阶段。这时，跟随者一拥而上，带来的往往是毁灭性的灾难，这个风险要比当领头羊的风险还要大。所以，年轻人一定要走在别人的前面，这样才有成功的可能。

当所有人都在繁华的睡梦中沉睡的时候，你就去做事。做他人不愿做或不敢做的事，你才能踏上一条成功的捷径。命运就在前面等着你，它总是把最幸运的事，降临在第一个跑近它的人。甘为人先，敢为人前，才能让所有的人都成为你的追随者。卓越的成功者在做每一件事时都比别人早一步，比别人更早产生不同的想法，比别人更早地掌握未来的动态、信息及走向，比别人更早地立志和行动。要想创大业，建大功，就要抢占先机，而不能落于人后。

成熟的人懂得，只有先人一步的人，才能占领整个世界；只有走在前面的人，才能更有前途。敢于走在人先，就是一种成熟的表现。

＊宁可败给别人，也不能输给自己

面对众人，如果有怕被人笑话的顾虑，那么首先就输给了自己。年轻人要过自己那一关，要勇于追求与众不同。当陈胜还是个普通农民却说出“燕雀安知鸿鹄之志”的时候，他肯定是受到众多嘲笑的，但是他面对众人嘲笑的眼光，没有退缩，终于成就了自己的一番事业。

没有谁可以预见未来，大家要做的就是坚定自己心底的信念，不要被外界的嘲笑所击倒。我们可以败给对手，败给力量强大的敌人，却不能输给自己的胆怯心理，更不能败给流言，败给多疑心，败给时间。最可能成功的人，他们都是那种坚信自己的理论是正确的，即使现在不正确，也会在未来的某段时间内变得正确，因为他们的眼光看得更远，看得清未来的趋势。当然，因为他们思想的超前性，可能会使他们受到无情的嘲讽，而只有顶住那些嘲讽，才可能有更大的成就。

1814 年，史蒂芬孙根据蒸汽机的原理，研制出世界上最早的蒸汽机车。但他所研制出的蒸汽机车却丑陋笨重，走得很吃力，像个病魔缠身的怪物。面对构造简单、震动厉害、速度缓慢的蒸汽机车，英国的贵族们驾着漂亮的马车与火车赛跑，并讥笑史蒂芬孙说：“你的火车怎么还没有马车快呀？”

然而，史蒂芬孙却没有被这些论调击败，他坚信火车一定能够超过马车，具有远大的前途。他以科学的态度，针对火车的缺陷，做了一系列改进和革新，历经 11 年的努力，终于在 1825 年 9 月，再次进行了试车表演。而这次，好事者的马车却被远远甩在后面。

比尔·盖茨当初转行做计算机的时候，人们也根本不相信计算机可以像一般家用电器一样普及使用，他的同学甚至嘲笑他在异想天开。如果你能够不败给别人嘲笑的眼光，坚定自己的信念，坚持自己的判断，终有一天，你会走在时代的前面。第一个“吃螃蟹”的人往往在人们不理解的眼光中被看做是“疯子”。如果你败给了世俗的眼光，败给了自己的畏惧，那么连你自己都会觉得羞愧。

最可能成功的人，就是那些在大家眼里看起来不可思议的人。往往笑到最后的人，才是真正的强者，可并不是每一个人都能笑到最后，这其中的大多数并不是被自己的对手打败，而是被自己的思想打败，被自己的感觉打败。当我们找不到人生的出路，当我们感觉不到光明的希望，焦灼、恐慌及畏惧就会逐渐占领我们的心，让我们在被敌人打败前，就先被自己打败了。

一支小分队在一次行军中，遭到敌人的突然袭击。混战中，有两名战士冲出了敌人的包围圈，结果却发现进入了沙漠。走至半途，水喝完了，没受伤的战士把枪交给了受伤的人，并一再叮咛他：“枪里还有五颗子弹，我走

后,每隔一小时你就对空中鸣放一枪。枪声会指引我前来与你会合。”然后,去寻找水源。躺在沙漠中的战士却满腹狐疑:同伴能找到水吗?能听到枪声吗?会不会丢下自己这个“包袱”独自离去?

夜幕降临了,枪里只剩下一颗子弹,受伤的战士确信同伴早已离去,自己只能等待死亡。结果,他彻底崩溃了,把最后一颗子弹送进了自己的太阳穴。可就在枪声响过不久,同伴提着满壶清水,领着一队骆驼商旅赶来,找到了一具尚有余温的尸体……那位战士冲出了敌人的枪林弹雨,却死在了自己的枪口下。

在人生的旅程当中,不少人常常不怕和别人争斗,却害怕寂寞和劳而无获。他们总担心自己的努力会付之东流,总担心自己的坚持换来的是一场空,从而害怕自己的判断会失误,害怕自己所有的奋斗都会失败,害怕看到失败后人们同情的目光,害怕失败的后果是自己不能承担的,于是,他们选择了逃避。逃避成为优秀的人,逃避自己与众不同,逃避努力,最终使他们自己放弃了成功的可能。

成就大事,你就必须接受人们的不理解。然而,只有坦然接受人们不认同的目光,才能坦然接受心理的煎熬。有这种心理准备,你才有可能获得成功。一个成熟的人就是无论别人怎样不接纳自己,自己都会接纳自己,爱自己,并坚持自己的观念,从而不被自己所打败。

＊走自己的路,才能走别人没走过的路

沿着别人的路走下去,人生会非常平坦,但也会非常平庸。只有走自己的路,才能走别人没走过的路,也才能见识到崇山峻岭的风景,享受到成功登顶的美妙滋味。世界上大多数的人都是沿着一条路走的,而只有极少数的人能够走自己的路,或者在大多数人走的路上另辟一条小路。

每个人都有自己与众不同的能力,因此每个人成功的方法也会各不相同。知道自己的优势在哪里,走自己的路,才能走出与众不同的人生。在这

世上，没有两片相同的叶子，也没有两种完全一样的成功方法。对于年轻人来说，也许沿着别人成功的路走下去，就会摔大跟头，走出一条与众不同的人生之路需要勇气，但如果跟在大多数人的后面，那么你要摔的跤并不会比走自己的路要少。

每个人的人生轨迹都是不同的，众人走过的路上总是会留下自己的一些痕迹，留下人生的沟坎，如果你不想被这些沟坎绊倒，就应该走出自己新的道路。鲁迅先生曾说过，“这个世界上本没有路，走的人多了才变成了路。”走别人踩踏过的路固然平坦，却不容易留下自己的足印。所谓的成功者就是那些带领大家一起踩出一条路来的人，而不是那些走别人踩好的路的人。

股神巴菲特曾说过这样一句话，“在其他人都投了资的地方去投资，你是不会发财的。”一个人总是沿着别人发迹的道路去寻宝，即使有宝藏也被别人挖空了，怎么会轮得到你呢？很多成功者都了解自己的“财富增长点”，去做别人没有做过的事，最终才获得巨大的成功。

美国西南航空公司的总裁赫伯·凯莱赫，面对航空业巨大的竞争，并没有与各大航空公司正面交手，而是专门寻找被忽略的国内潜在市场。他决定主营国内短途业务，遵循“中型城市、非中枢机场”基本原则，在一些公司认为“不经济”的航线上，以“低票价、高密度、高质量”的手段开辟和培养新客源，由于每个航班的平均航程仅为一个半小时，因此西南航空只提供软饮料和花生米，这样既可以将非常昂贵的配餐服务费用“还之于民”，又能让每架飞机净增 7 ~9 个座位。

把飞机当成长途汽车去经营，这一特殊的道路，让西南航空公司从成立之初的 3 架飞机到如今，已拥有 500 多架飞机，并于 2005 年成为美国第二大航空公司。

我们的人生呢？是否也应该去寻找一个别人还没有注意到的，别人忽略的潜在的“财富增长点”，去走与别人的成功不同的道路呢？

当大多数人在模仿和复制别人的成功模式时，是否应该有自己的一套

想法？每个人的人生为什么与众不同？这是因为,每个人都走不同的路,所以尽管到达的目的地都是一个,可欣赏到的风景却大不相同。

有的人,人生轨迹是抛物线状的;有的人,人生轨迹是直线状的;有的人,人生轨迹则是波浪形的。每个人都知道直线的人生距离最短,于是大多数人都走了这样一条人生轨迹,结果因为人太多,竞争太大,反而不少人都被挤了下来。只有极少数人决定走出自己的轨迹,于是轻松地拥有了人生的低谷和高潮,走出了自己的特色,而这就是一种成功。

真正成熟的人是懂得走自己该走的路,而不被众人的意见所迷惑,不被周围的诱惑所误导,只忠诚于自己的内心感受,忠诚于自己的优势,从而成为一个活得有自我特色的人。这样的人即使一生中没有任何傲人的成就,也不会在岁月中留下无限的悔恨。

＊命运就在自己的手里,而不在别人的嘴里

一个生活平庸的人,带着无数的困惑去拜访禅师。他问禅师:“大师,您说真的有命运吗?”“有的。”禅师回答他。“那您看,是否我命中注定一生贫困呢?”禅师让他伸出手,指给他看,“你看,这条横纹代表爱情,这条斜纹代表事业,这条竖纹代表生命和健康。”然后,禅师把他的手慢慢握起来,然后问他:“现在这几根线在哪里?”那人迷惑地说:“在我手里啊。”禅师微笑着问:“那命运呢?”那人终于恍然大悟,原来自己的命运一直握在自己的手里。

上天对每一个人都是公平的,会在不同的人生阶段降给每个人不同的灾难和幸福。一个人能否化解灾难,能否享受幸福,就看他能不能凭着自己的努力来转变这种状况。别人的鼓励、赞同或是否定、嘲笑都不能改变你的命运,改变你命运的是自己的心态,只有心态端正,接受正面鼓励的信息,无视那些否定、嘲笑之词,凭着自己的双手才能改变自己的命运。

一个人适合做什么,命运怎样,只有他自己最清楚,也只有他自己可以

改变。现实生活中的很多年轻人总是在怨天尤人，总觉得上天对他们不公平，没有给他们天才的头脑，没有给他们灵巧的双手，埋怨父母没能给他们更好的生活，埋怨上天没有替自己选择更好的出身和社会地位。其实，上天对任何人都是公平的。上天给了每一个人一种特有的才能，只不过有些人发现了，并通过自己的努力，把那项技巧开发出来了；而有些人则只顾着埋怨，或者懒惰，或者贪婪，或者没有机会，却忘了开发自身所特有的技巧。

就音乐方面来说，上天给了贝多芬很高的天分，但同时给予他的灾难也同样多，甚至超过了那一点天分。可是，通过对天分的充分开发，贝多芬取得了非凡的成就。贝多芬生于一个不幸的家庭，父亲碌碌无为且嗜酒如命，甚至连家人是否有足够的吃穿都从未过问。为了成全自己把贝多芬培养成为自己的摇钱树的愿望，他不惜打骂贝多芬，使贝多芬常常在疲倦和疼痛中睡去。

然而，当贝多芬刚刚获得成功的果实的时候，他却突然发现自己正在逐渐失聪。那时，他才26岁，正是一个人最可能取得巨大成功的年龄。而一个音乐家的失聪代表着他视为生命的音乐，随时可能离他而去。

31岁的时候，他爱上了朱列塔·圭恰迪尔，可是她却与一位伯爵结婚了，他曾为此写下遗书。面对这样的不幸，面对希望和热情、失望和反抗的交替经历，他却发出了“要扼住命运的咽喉”的呼声，最终为世界留下了大量的不朽作品。贝多芬通过自己的不懈奋斗，真正做到了把命运掌握在自己手里，用自己的意志抗拒了命运对自己的沉重打击和巨大不公。

我们有理由相信，只要自己愿意，完全可以过得比现在更好。成熟的人会把上天给他的一切磨难作为考验，最大限度地实现自己的梦想，为自己的梦想负责。只有那些胆怯的、不负责任的人，才会把自己的不幸推到上天的头上。实际上，不能更改的命运真的是少之又少。

其实，老天给予每个人的同样多，无论是才能还是灾难，所以每一个人在命运上都是平等的。所有的努力就是为了与那些命中注定的灾难抗衡，只要我们战胜了那些灾难，就可以打破命运的平衡，命运的天平就会向我们

倾斜,好运也就会追随而来。

无论别人怎样评论你的努力,觉得你天生命不好,觉得你会徒劳无功,但只要你自己坚持拼搏,就不要在乎别人的评论。成功的人在大多数之外,绝不是因为大多数的人不够幸运,而是只有他们能够坚持己见,能够不顾及别人的眼光,在自己认定的路上走下去。因为,他们知道命运掌握在自己的手里,而不在别人的嘴里。

一个人的态度和行动决定了他的命运,虽然在这之中,别人的鼓励是必不可少的,但那作用却是有限的。想要改变自己的命运,就要改变自己消极的态度,改变自己平庸的想法,改变自己瞻前顾后的习惯。

*依靠他人,永远不能成就杰出的自己

一个人想要有所作为,就要学会靠自己去成功,而依靠他人永远不会成就杰出的自己。一个人工作可以别人帮你做,饭总不能别人帮你吃;实际动手的事可以聘请他人来帮助你,思考却没有人能够帮你;别人可以帮你管理,却不能代替你增长能力。一个人不仅要学会合理运用众人的智慧和劳动,还要学会靠自己来增长才干,靠自己去成功。

人们常说:“在家靠父母,出门靠朋友。”可现实中,有几个人是靠朋友的施舍而生存的呢?说我们靠父母,倒是确有其事。不少年轻人,一出生就是家中唯一的宝贝,几乎所有的人生道路都是父母帮助铺好的,只要乖乖地在上面走就不会出现大的差错。不过,如果你想成为一个杰出的人,那么按照父母的安排去做事恐怕是远远不够的。

一个杰出的人首先要有自己独特的想法。这是没有人能够帮你办到的,只有你自己在学习、实践的过程中,形成对世界、对人生的独特看法,才可能让自己的目光更深远,让自己的眼光更准确。然而,一个任人摆布的玩偶是不会有自己的想法的。

一个人想要成为杰出人士,就要不断地为之奋斗,而这种奋斗绝不是只

依靠别人就能够做得到的。父母可以给你铺好路，但是他们铺就的道路绝大多数都是用他们认为对你最好的那条路，而不一定是适合你的。有自己的想法，清醒知道自己将走哪条路的人，最终才会沿着自己的路到达自己想要到的地方，而不是别人想要你到达的地方。

现在所能看到的那些成功人士，他们往往是靠自己经过了一番艰苦卓绝的奋斗才获得了非凡的成就。松下电器的创始人松下幸之助，出身于贫民，既没有显赫的家世，也没有优越的人际关系，他的成功完全是靠自己一步一步打拼出来的。当美国生产的家用电器传到日本时，松下幸之助立即决定辞去原来有着固定收入的工作，和妻子两个人在没有资金和相关工作经验的情况下，着手创业。他的第一个产品是双插座接合器，制造工厂就在他家的客厅。就是靠了这样的独自拼搏的精神，松下电器才在十年内成为日本电器行业的领导者，而松下幸之助也成了“卓越”的代名词。

在现实生活中，我们往往习惯于依靠他人。比如，不少女性希望嫁一个能力不凡的丈夫；不少男人希望得到贵人、伙伴的帮助；不少刚刚参加工作的年轻人希望得到一个天赐的机会。这些都无可厚非，能够依靠别人的力量和智慧去追求自己想要的东西本身也是一种能力。但是，依靠别人是不能够成就自己的，因为一旦这些人离开你，不再帮助你，你会发现自己寸步难行。与其陷入这样的尴尬境地，为什么不让自己成为一个被大家依靠和需要的人呢？

杰出的人懂得，只有掌握在自己手里的实力是不会消失的，只有自己的人格魅力和品格不会背叛自己，只有自己的思想是别人拿不走的，因此他们总是想方设法充实自己，成就自己，并依靠自己去成功。

靠在人堆里来寻找安全的感觉是这个世界上风险最大的事情。虽然你不是自己在战斗，但别人也不可能代替你去战斗。想要成就杰出的自我，就要靠我们自己不断地独立思考，不断地充实自己，以使自己变得更加优秀。父母能替你铺路，却不能替你走路；老师能够教给你知识，却不能帮你把知识转化成智慧；别人能够影响你的态度，却不能成就你的未来。

成熟的人懂得为自己的人生负责，懂得不依靠别人，懂得独立思考，更懂得走自己的路，因此他们总能比别人更加成功。

✻自我特色是赢得竞争的砝码

做自己永远比学别人更轻松，更容易得到他人的认可。每一个优秀的人的成功模式，都带着鲜明的个人色彩。当大家实力相当的时候，自我特色就成为一个人赢得竞争的砝码。

一个人的核心竞争力不是知识，也不是做事能力，而是那些别人学不到的地方，是只属于自己的品格和智慧。当一个优秀的人达到了一定程度以后，可能在人际关系上、技术上、管理方式上以及心理素质上都是旗鼓相当的，这时候靠什么决定一个人的胜败？特色，一个人的特色往往能决定他的命运，决定他最终是胜出还是被淘汰。

有的人，凭着一往无前的拼搏精神和敢闯敢干的勇气胜出；有的人，凭着用不尽的激情和热情胜出；有的人，凭着冷静、严谨的分析胜出；有的人，凭着灵活而机智的头脑胜出；有的人，凭着泱泱大度胜出；有的人，凭着真诚守信胜出。那么你想好了吗？你将凭着什么胜出？什么特质将成为你的自我特色？

那些自身看来毫无特色的人，常常都是庸人，而一个杰出的人往往都有着强烈的自我特色。古今中外，无论哪个领域的杰出人士都是如此，比如李白靠的是他的潇洒自若，仿佛谪仙人的气度；迈克尔·杰克逊靠的是他无与伦比的舞台表现力；贝多芬靠的是他抗击命运的坚毅等。总而言之，一个人拥有自己的独特之处，拥有自己的特色，更容易被人们注意和发现，从而更容易在竞争中胜出。

年轻人不要轻视自己的特色，一定要着力培养自己本该有的特质。很多年轻人都推崇“中庸”之道，认为没有特色就是最大的特色。一个人做人尽管可以“低调”、“中庸”，但是做事却应该有自己的特色，或者谨慎周密追

求完美，或者眼光准确、决策迅速，或者雷厉风行、做事果断，而不应该畏惧别人的眼光，让自己成为一个毫无特别之处的人。

在这个世界上，要么是庸庸碌碌的凡人，要么是个性杰出的大师，我们应该宽容别人的特色，并培养自己的个性特色。

怎样培养自己的特色？应该从以下三个方面去实施：

(1)勤于思考。不同的思想是一个人有别于他人的根本。勤于思考的人，做事方法和思想深度往往都和别人不同。阅读是解读他人思想的一种方式，我们可以通过阅读看到别人的想法，看到更深远的世界。思考则是对自己内心的深入研究，也许通过一次阅读就能够引起自己心灵的共鸣，引发自己独特的思考。年轻人一定要勤于独立思考，遇到事情有自己的想法和思路，这样很快就会有自己独特的思想，从而形成自己的独特观点和做事方法。

(2)对于自己个性上有缺点的地方，不要急于改正，而要看它对你所做的事情有没有积极的帮助。每个人性格上都有一点特别之处，对于那些缺点，不要一律否定，不要急于改正，一定要看看它对你目前或将来的事业有没有阻碍，有没有帮助。因为，有时候缺点恰恰是成就自我的主要因素。李白潇洒，却成就了他诗人的人生；李煜浪漫多情，却断送了他帝王的前途。

新东方的创始人俞敏洪性格温和，所以新东方由小变大和在公司改革的过程中变得极其的艰难。但是，他更加明白，这种温和的意义，“如果我是以一种非常强硬的姿态出现在新东方人的面前，那么新东方早就散架了。”新东方人都是知识分子，而知识分子最怕的是自尊心和尊严受到伤害，过于直截了当的语言是不能接受的，“(我的这种性格)算是一种黏合剂，因此大家感情上不会受到彻底的伤害。虽然互相伤害是有的，但是不会感到被彻底伤害。相反，如果我受到了彻底伤害，而我是能够吃得住的，那么这样就比较好办一点。”正是因为他这样看上去“温和”的性格对团队的团结起了很好的作用，使得新东方没有出现大的裂变，而是一直向前发展。这不仅仅是

俞敏洪的一个特色,也是新东方的一个特色。

(3)敢于做独一无二的自己。一个人想要形成自己的特色,肯定会受到周围人的质疑。凡有自己独特见解的人,最初都会受到怀疑甚至打击。越是有棱角的人,越是会受到更多的磨砺,而越是受到磨砺的人才会越杰出。想要形成自己的特色,想要自己的特色被人接受,就要能够接受别人的冷眼,并通过自己的不断努力来获得大家的认可。

在这个世界上,人类是最特别的存在,而人类的存在证明,用特色求竞争才能在竞争中生存。

＊不要淹没在潮流中,要让自己与众不同

年轻人总是喜欢跟着潮流、时尚走,容易迷惑于流俗,并且害怕自己被时尚抛弃。其实,这样是错误的,你不应该让自己淹没在潮流当中。想要让别人注意到你,想要成功,就要学会与众不同。那些潮流的引领者,开始通常都是与众不同的,甚至是被人嘲笑的异类,而最终人们都认可了他们的与众不同,并积极模仿他们。

淹没在潮流中的人,别人是不会多看她一眼的。想要吸引更多的目光,就要懂得怎样才能与众不同。时尚是符合某个时期的行为,它迟早会随着时间的流走而被淘汰,香奈儿女士曾说:“时尚易逝而风格永存。”她鼓励女人们要形成自己独特的风格,而不要盲目追求流行,跟在潮流的后面,因为那样永远不可能成为众人的焦点。

那些世界上最杰出的人士,他们不会轻视潮流,但绝不会盲目追求潮流,他们会从潮流中真正找到适合自己风格的元素,而不盲目崇拜流行的东西。

有一次,音乐家巴赫到一位贵妇人家去做客。贵妇人放了一首流行歌曲,听着听着巴赫睡着了。这让贵妇人觉得非常难堪,于是问巴赫道:“这首曲子不好吗?这可是时下最流行的曲子了。”巴赫反问道:“流行的就好吗?”

贵妇人回答说:“不好，怎么会流行呢?”这时，巴赫做了一个绝妙的回答，他说:“那流行感冒也是好的吗?”

这就是那些杰出人物对于流行的态度。当然，流行的不一定就是好的，好的却一定会流行，就算现在没有流行，将来也一定会流行起来。梵·高在世的时候，他穷得甚至没有饭吃，可是现在这位大师的画作却是万金难求。年轻人应该培养自己对真正精髓东西的欣赏力，不要人云亦云，更不要把自己淹没在潮流之中，而要有自己独特的思想和行为，敢于与众不同，敢于追求自己的风格。

怎样才能与众不同?怎样才能在这个社会上被人赏识?怎样才能找到适合自己的道路?

(1)远离那些流行而颓废的思想和行为，追求积极健康的人生态度。年轻人容易被流行所蛊惑，模仿或沉浸于一种颓废的论调。不要长期浸淫于此，否则会对你的人生产生负面的影响。多读积极向上的著作，多和积极乐观的人相处，感染乐观热情的力量。由于这个世界永远有希望，因此你要多从正面看待事情，而不要被潮流中那些阴暗事物所影响。

(2)不受周围庸俗论调的影响，不要同流合污，坚持高尚的品格。在社会上工作久了，就会不可避免地受到一些不正之风的影响，心灵也会变得不纯净。一定要多读好书，不断陶冶自己的情操，不要同流合污，并且还要坚持自己对于善良和高尚品德的信任，否则，你就会变成一个市侩的俗人。

(3)在心灵中留一块净土。无论你在人前表现得多么庸俗，以避免刚刚进入社会遭到的打击。但是，你要在心中留一块净土，时时都要告诉自己“我和他们是不同的”。余华当年只是一个牙医，但是他时时都告诫自己:“我和他们是不同的。”并且，他勇于追求自己的目标，坚持自己的意志，最终成为一名大作家。

(4)感染周围的人。用自己乐观的精神和独特的行为去影响、感染周围的人，你就会引导潮流。潮流的带动者，都有着不畏惧世俗眼光的特质，他们敢想敢做，对自己的行为充满了自信，并且不断宣传自己的理念，最终引

导所有人都向他们学习，从而引领了一股风潮。年轻人不要做从众者，而要善于用自己的影响力宣扬自己坚持的东西。大多数成功的人都是与众不同的“叛逆者”。也许他们一时不被认同，可只要坚持自己的观念，坚持真理和正义，那就早晚会成为一名成功者。成熟的人明白不应追逐潮流，而是在潮流中寻找自己内心需要的东西，追求与众不同，并懂得利用、引导潮流，从而最终成就自我。

第 5 章

不是会播种就有收获，重要的是找到用力的方向

忙碌的人生是充实的人生，但并不是所有的忙碌都会有成果，一个人的忙碌状态决定了他能够有多大的成就。成熟的忙碌状态是有适合自己的方向，勤于思考，而又有章有序的。成熟的忙碌状态可以让我们不仅有策略，还会有成果；不但有充实的工作，还会有丰富多彩的生活。从而让我们在工作和生活之间，在忙碌和享乐之间，在成就和健康之间，找到最佳的平衡点。只有这样的忙碌状态才值得提倡，只有这样的忙碌，才是健康、成熟的。

＊忙不乏味：让自己的职业与兴趣结合

年轻人总喜欢使自己处在忙碌的状态，认为这样就可以证明自己在重要的岗位上，有一种到处被需要的感觉。忙碌的状态并不错，但一定要忙而有目标，一定要向着一定的方向努力、忙碌，否则，就容易陷入茫然，陷入生活的迷雾；忙碌并不错，但一定要忙而有顾，要围绕着自己的兴趣爱好选择自己的职业。

在日常工作中，能够从事自己最喜欢的事业，那是一种福气。有人说："工作要爱你所做的。"这并不错，如果自己本来并不喜欢某个职业，很无奈，只好在这个职业中打滚，那爱你所选就是一种无奈的安慰。这大概就像一场不是很爱，但试着接受并且爱上的婚姻，总觉得有点勉强。当然，最好的状态就是因为喜欢所以选择，并且因为选择了而更加喜欢。

一个人能够为自己喜欢的事业做点事情，感觉是很幸福的；如果在自己喜欢的职业上取得了成功，就会更加满足。围绕自己的兴趣爱好选择职业，可以让人生少很多遗憾。一个人对一个行业感兴趣，如果始终没有进入这个行业，无论多么成功，他也总会有一点淡淡的遗憾。

李嘉诚曾经说过这样一段话，"对我自己来说，我曾经经历过几个不为人知的夜晚。其实，我并不喜欢做生意。我在1950年开始做生意时，我是准备用三四年时间让这个公司成功之后，就把这个公司卖掉，然后拿卖公司的钱再到学校去读书。我父亲、祖父、曾祖父都离不开教育，他们都是读书人。因为战争和贫穷，我到中国香港无法读书，但我10岁时已念到初中了，我小时候还是喜欢念书的。我以为做几年的公司再去念书，但是我需负担整个家庭。后来，发生了一个意外，生意伙伴亏了钱，所以我不得不继续做下去。"

由此可见，即使成功如李嘉诚者，也会觉得有遗憾。原因就在于他没有能够在自己喜欢的、感兴趣的领域做过事情。当然，后来他捐建了许多中学、大学、图书馆等来弥补自己的遗憾。如果李嘉诚真的在教育方面发展

过，可能他并不那么成功，但他肯定会更愉悦。

每一个领域，进入一个阶段以后都会变得枯燥乏味，而人们凭什么可以熬过这个阶段？有人靠毅力，有人靠兴趣……其中，靠兴趣熬过这个阶段肯定要容易得多。因为，好奇着前面还有怎样的奇景，并且自己对这个领域是衷心热爱着的，这样的情感可以帮助你更容易克服枯燥的感觉；而如果真的凭毅力，那该是多难熬啊！一个人肯定会对自己喜欢的，并已经选择了的职业更加投入，也许这就是所谓的负责吧。

30岁之前，一定要找到自己真正感兴趣的职业。当然，每一个人的兴趣都是广泛的，但是你不可能有接触自己所有兴趣的机会，充其量有两三个机会来选择。因此，找出你衷心热爱着的，而又在这方面有一技之长的职业，并专心地做下去，最终才可能获得成功。

在日常工作中，当一方面忙着自己不知道是否喜欢的工作，另一方面却想着自己喜欢的职业是什么样子的，那么你的工作专注度就会受到很大的影响。与其将来一边想着工作，一边想着如果当初我选择了……不如在就职前就做好慎重的选择，或者多从事几项职业，找出自己最喜欢、最感兴趣的，留在那个行业里工作会比较开心。

大家还记得“南辕北辙”的故事吗？在一个不正确的道路上越前进，跑得越快，目标就会离你越远。弄清楚哪条道路才是达到自己终极目标的道路，弄清楚哪条路对于自己来说才是正确的路，对一个人至关重要。年轻人可能会多次走错路，但这都没有关系，只要你在那条路上走得还不太远，都可以选择回头。忙而有顾，这个“顾”就是希望大家在忙碌的时候，能够回头思考一下自己选择的路是否正确，是否适合自己。

哪些可以作为职业，哪些仅可以当做业余爱好，每个人都应该有自己的判断。在那些可以走得很远、很坚决，而又能够满足自己兴趣的道路上走，你才可能一路开心，也才可能有所成就。

＊忙会思考：认清自己想要的是什么

成熟的忙碌状态，应该是一边忙碌一边思考的，而不应该像无头苍蝇那样，到处乱飞乱撞。古人讲究“学而有思，思而有创”，其实无论做什么事，一边忙碌一边思考，或者用思考指导行动，才是正确的方式。做事不能机械，选择人生更不能盲目乱撞，一定要真正清楚自己想要的到底是什么。只有这样，你才能够有所思，也才能有所为。

年轻人要善于思考，才能在思考中找到方向，得到长进，而那些未经过思考就作出的决定一定是最不理智的。不要整天忙于庸庸碌碌的事情，一定要抽出一段时间进行思考。决定前，要思考怎样做对自己才最有利；决定后，要思考怎样落实才能最快，最有创意；实施过程中，还要不断思考怎样才可以省心、省力、省时间。总之，思考应该成为年轻人的常态。

“忙”是实践，“思”是指导，正如人们常说：“多经一事，多长一智。”忙的时候，也是智力增长的好时机。但如果仅仅是做事、忙碌，而不屑于思考，恐怕也难有大的长进。我们要重视实践，也要注重对实践过程和结果的反思，因为只有一边实践一边反思，才能更多地掌握规律、积累经验。在事业的转折点上，尤其如此。当不知道自己到底想要什么的时候，我们常常会做无用功。有一个或多个明确的目标，可以让我们的前进方向更明朗，让我们做事少走弯路。

现在开始就想一想什么是你想要的成功？什么是你想要的人生？金钱，地位，名声？这些都是工具，或是载体，你到底需要什么？美国社会心理学家马斯洛曾经提出“需求层次论”，把人生的需求按照重要性和层次性排成一定的次序，分别为生理需求、安全需求、社会需求、被尊重需求及自我实现需求五个方面。虽然，这里没有必要详细解释每一个方面究竟是什么意思，但你也要在这五类当中选择出自己希望的理想状态。比如，你希望自己处于一个怎样的生存状态？是只要满足最基本的物质需求就可以了，还是

希望得到更高的享受？很多成功人士，他们对于生存的需求可以说是很简单的，甚至也是很朴素的。因为，没有人可以在这五个方面得到完全的满足。比如，孟子所说的“舍生而取义”，就是满足了自己的被尊重需求，而舍弃了生存。

明白自己想要什么，你就会对自己想要怎样的生活有了一个大致的概念。比如，我想要成功，不计一切手段，那就是说你必须舍弃一些享受；我想要趁着年轻，享受生命，享受一切美好的东西，可能就意味着你暂时要舍弃很多东西。

懂得自己想要什么，懂得自己必须因此而舍弃什么，对于年轻人来说是非常重要的。因为，这是你忙碌的目的，是你最终要到的地方。如果从没想过到哪里去，那你就不会知道哪条路是对的，你也就无所谓达成目标，也就没有成就感。

现在开始，就必须想一想自己真正想要的到底是什么。当然，不同的人生阶段有不同的需求。弄清楚自己目前阶段最需要的，可以帮我们更有目的、更明确地做事。我们必须想清楚，成功对于自己意味着什么？是数不清的财富？是我们心灵能够靠自己的能力完成一件事情的满足感？是人们羡慕、信任的目光？还是一个幸福的小家？

只有把自己的需要具体化、视觉化，才能让自己在前进的过程中，不被迷惑，不走弯路。同时，我们还要想清楚怎样做，才能获得更多的技巧，并且运用怎样的技巧，才可以把想做的事变得更加简单、明晰？在思考和实践的过程中不断增加智慧，然后用智慧去指导自己的行为，这才是忙碌的正常状态。

一个成熟的人，应该在忙碌之前，想清楚自己为什么而忙碌；在忙碌的过程中，想清楚自己怎样才能让自己变得不那么忙碌。忙碌中的思考，最有利于提高我们的谋划、驾驭及应变能力。年轻人应该做到忙而有思，不能碌碌无为。

＊忙有道理：忙要忙在点子上

一个人如果忙在点子上，那么就会很容易看出效果；如果总是忙不到点子上，那就会看起来很忙碌，却一点成效也没有。每个人的时间和精力都是有限的，如果总是在处理那些可做可不做的事，那就看不到自己的成绩。正所谓“好钢用在刀刃上，好活忙在点子上”。

比如，做菜。如果你一直在忙那些洗菜、切菜的活，就算你洗切得再好，菜也不是你做出来的，功劳也不归你。五星级大饭店的大厨，只做最挑剔客人点的几道重点菜，可却是后厨最不可缺少的人。由此可见，功劳最大的人一定不是那些最忙碌的人，而是那些平时看起来并不忙，可关键时刻却能够出得上力的人。

小丽在超市做推销工作，平时除了推销之外，她与几个同事还要负责清扫、配货及搬货等工作。小丽不擅长处理这些杂事，可她却很善于推销商品，就总是待在离门口最近的地方等待顾客；然而，她的同事们很不情愿和顾客们打交道，只得做那些杂务。可到月底，因为提成，小丽总是拿到最多的薪酬。同事们心有抱怨，向老板告发她不做杂务。小丽也觉得不好意思，只得要求老板把自己的底薪撤掉，只凭提成拿薪水。可是，就算这样，小丽的薪水仍然高于周围的同事。不久，小丽就做了她所在超市的店长。

由此可见，一个人有没有成就，有没有功劳，绝对不是根据他的忙碌程度来计算的。有人喜欢说：“没有功劳，也有苦劳。”这种观点是不正确的。因为，在现实社会中，没有功劳就等于没有一切，而不管你有多辛苦、多忙。

怎样让自己忙到点子上呢？那就要看你所在的部门最重要的事情是什么，或者每天都有哪些重要任务，而不要在无关紧要的事情上多耽误时间。当然，一个刚刚进入公司的年轻人，大家可能不会把多重要的事交给你，在做好做完美那些“所有人都能干好的事”之后，不要顺手扫地擦桌，如果你不是第一个月进公司的话。

不妨看看周围的人都在做些什么吧，不妨向领导汇报一下自己的工作和想法，看看自己还能在哪些事情上帮上忙，或者想一想公司最近好像有什么动向，有什么决策，主动争取一些任务等。如果你在业务部门工作，那就明确多了，因为你的终极任务就是争取更多的订单，推销出更多的产品，或者把自己的公司介绍给更多的顾客。

一个人是否忙到点子上，不是看他是否做好“分内的事”，而是看他在“分内的事”之外，还做了多少。在日常工作中，没有人能够明确地告诉你到底要做什么，而只会告诉你把一件事做好，或者把另一件事忙一忙，至于做到什么程度，谁都不可能规定。很多时候，有些人忙是因为别人把不是他分内的工作，都推到了他的头上，使他分身乏术。这时，想要忙到点子上，显然是不可能的。

年轻人肯定会遇到这样的事，同事拜托你的事可以拒绝，如果是领导让你做的呢？那真的会让你忙得焦头烂额，与其这样，不如工作只做一半。比如，领导让你把某个案例做一做，你只要拟定好大概计划或提纲，并做出重点提醒别人就足够了。具体的事你可以说自己分内的事情还没有做完，而把余下的环节留给领导，或者交给有时间的人去做，再或者交给你目前正在带的新人。这样并不为难，既锻炼了自己的能力，又不会让自己消耗过多的精力在繁杂的事务上。

其他的事情也是这样，不仅仅是工作，家庭中的事务也一样，你不可能每天抽出时间大扫除，也不可能每天都有心情请客吃饭或浪漫一番。做到点子上对于你说至关重要，打一个电话只需要花 15 分钟，可把这 15 分钟用到哪里效果是不一样的。用于和恋人情意绵绵，她只会觉得你在敷衍——有时间不如约出来一起吃顿饭；用于和客户聊天，他会觉得你不尊重他——你应该在工作时间上门拜访；用于和爸妈聊天，他们会感觉很幸福——孩子这么忙居然抽出时间打电话，亲人会非常感动。

每天写几行文字，你会变得更理性；每天做几分钟运动，你会变得更健康；每天多思考一小时，你会变得更成功。时间用在哪里，你的收获就在哪里。我们要学会把时间用在能够积累自己，让自己变得更充实的地方。

＊忙有章法：有理可依、有据可查

忙而不乱，就需要有章法，需要有流程，我们为什么要按照流程做事？除了能够不让事情显得混乱以外，还能够让我们少出错，就算出了错，也能够让我们以最快的速度找出漏洞，并弥补好。繁星动而不乱，百舸争流而不塞，皆因有章法，有顺序，才会忙而不乱，有条不紊。

年轻人做事常常做不到这一点，他们喜欢随心所欲地做事，想做什么就做什么，甚至不按照领导的吩咐做事。往往领导向他要这个案子了，他才想起来：不好，昨天一忙就把这件事忘了，案子刚刚做了一半。于是，放下手头的事情，开始忙领导要的东西。等这件东西刚做完，好不容易喘口气吧，又来催命的了，于是总是把自己忙得焦头烂额，还整理不出一个头绪来。这样做事，既不容易出成绩，又容易给人造成你这个人随性、邋遢、能力不足、难成大事的印象，对你的职场生涯极为不利。

想要让自己表现得井井有条，做事明快果断、利落，不拖泥带水，就要养成按照流程办事的习惯。首先，要学会制订计划，每个人每天都有忙不完的事情，而这些事情不可能在一天内全部完成，一份详细的计划，是让事情按照自己的意愿进行的前提。

做计划也要讲究方法。当领导交给你一项任务时，你首先要弄清楚，这件事情最晚什么时候必须解决好，在之前的一两天就把整件事情办好交给领导。然后，衡量这件事情，大概要进行多长时间，把每天的工作量都安排出来，按照事情的重要程度安排到最适合的日程表上，当然其中可能因为流程的原因而拖延的时间也要计算在内。比如，很多单位星期六是不办公的，如果忘了计算这一点，就很有可能造成被动。

计算好了整体的安排以后，还要对自己每天安排多少工作量，哪件事在前，哪件事在后，有一个基本的安排。对于年轻人来说，最大的浪费就是因

为忙乱而造成的时间浪费。很多事情人们归结为“忙中出错”，其实都是因为没有按照流程做事，以至于导致漏洞，最后漏洞越来越大，造成不可避免的损失。

曾经有过一个银行存款失窃案，其原因不过就是银行的操作员在存款开户时，客户手续不全，缺单位的税务登记证和机构代码，也没有单位负责人的授权委托书，但因为是银行行长的弟弟带来的，所以没有按照流程操作，违规开户。最终，让不法之徒有机可乘，造成了客户1500万元的损失。

当然，其中还有很多细节问题，比如客户资料没有妥善保管，违规对账等，导致了一个无法收拾的局面。一个国有大银行，居然在如此多的地方存在着管理漏洞，仅仅因为“人情”二字，就给客户造成了如此大的损失，不能不说，令储户们寒心。可因此一事，又会对这家银行的信誉造成怎样的影响，潜在中又失去了多少客户，这就是不好计算的了。

30岁以前从事的事情，可能没有那么至关重要，如果不照章办事，轻则让事情杂乱无章、没有眉目，重则会让自己无意中犯下重大的错误。没有一个人会不犯错误，尤其当一个人凭感觉做事的时候。每一个企业的规章制度，每一个行业建立的流程，绝对都有它的合理性，是经过前人千锤百炼才总结出来的管理理论，是经过无数次的整合和实践才总结出来的，行之有效的方法。下面就以看似简单的流水线作业来说吧。

20世纪初，在福特汽车公司内，专业化分工非常细，仅一个生产单元的工序就多达7882种。福特通过反复实验，确定了一条装配线上所需的工人数目，以及每道工序之间的距离。这些全是通过最精确的数字计算和反复实践的结果，不要看不起这些，打乱一个小细节，整个流水线就会瘫痪。

做事情，如果随心所欲，在平时可能仅有点忙碌，手足无措。可是，一旦到了真正需要相互配合，严丝合缝的协调工作的时候，这种杂乱无章的状态就会带来很大的乱子。所以，忙也要有章有序，从现在开始，分析造成混乱的原因，通过科学的方法，来调整混乱的状态，从而高效地工作吧。

＊忙而有序:把重要的事放在第一位

做事情只有忙而有序,才能有张有弛从容不迫。面对繁杂的事务,一定要排个计划,分出轻重缓急,逐一落实,这就要求大家要用到一个重要工具——日程表。日程表是一个成熟的职场人士必不可少的东西,有了它,我们甚至可以把自己的每一秒钟都充分利用起来;有了它,我们可以安排最重要、最繁复的事情,在自己精力最充沛的时间段来做;有了它,我们的做事效率能够提高很多。

每个人每天都要处理很多事情,有的事情需要马上去做;有的事情需要今天做一点,明天做一点,慢慢积累着做;有的事情很简单,只要五分钟就足以搞定;有的事情需要花费我们整整一个上午的时间,才能处理好。那么如何来安排各类事务呢?下面的事例给了年轻人很好的借鉴。

美国某汽车公司总裁莫瑞要求秘书给他呈递的文件,要放在颜色不同的公文夹中。红色的代表特急,绿色的要立即批阅,橘色的代表这是今天必须注意的文件,黄色的则表示必须在一周内批阅的文件,白色的表示周末时必须批阅,黑色的则表示是必须他签名的文件。

如果你也能够给自己做一个计划表,把一段时间内,比如一天内需要做的事情计划出来,然后合理安排一段时间来做某件事,事情会进行得有条不紊,你处理事务的效率想必也会大大提高。你首先要把每天需要做的事情都写下来,然后根据事情的重要程度和紧急程度分一个类别。具体分类方法如下。

(1)紧急但并不很重要的事情。这类事情很紧急,往往刚一上班,领导就紧催着要,但是其重要部分已经完成,只剩下了如签字或复核之类比较简单的事情,而你首先要处理的就是这一部分内容。因为,从一个悠闲状态进入一个紧张忙碌的状态,都是需要一个过程的,如果这时候作重要的决定,往往会比较草率。做一些紧急的,简单的工作对于你来说相当于运动前的

热身，是有很大必要的。

（2）重要且紧急的事情。这类事情对你来说是最重要的，而且是当务之急，只有迅速解决完，才能顺利进行别的工作。这种事情紧急而重要，你必须把它们处理好，不能再拖延。这样的事情应该在热身完后立即处理，因为这个时候你已经进入了工作状态，精力是最旺盛的，注意力是高度集中的，思路清晰，思考速度也很快，把紧急而重要的事情，放在这个阶段做，会既谨慎周密，又快捷高效。

（3）重要但不紧急的事情。总有一些事情是不紧急的，但它关系到你的长远发展，而且它需要你日复一日地慢慢去积累，去做。因为，它们没有规定的期限，或者期限比较远，没有人催促，你可能就会一直拖下去。这些事应该放到时间充裕的下午去做。因为，处理这类事情并不需要花费很大的精力和很高的注意力，所以用下午时间来处理这样的事务再适合不过了。

（4）不紧急也不重要的事情。总有一些这样的事，根本不需要处理，随着时间的流逝，这件事情就没有意义了；或者不需要即时处理，只要在闲暇时间顺手做一下就好了。比如，浏览报纸的娱乐板块，整理一下书桌，做做准备工作等。这些小事情，只要在喝水休息的时候，顺手做一下就会做得很好，而没有必要为这种小事单独安排时间。

（5）意外发生的事。每天都难免要处理一些意外的突发状况，它会打乱你的日程表，花费很多精力和时间。如果意外状况没有紧急重要到必须马上处理，那么在你的工作进展到一定阶段后再处理它是最好的。如果比较紧急，也比较简单，那么就需要马上处理，然后回到工作状态才是最好的方法。总而言之，要视意外的紧急程度和复杂程度而定。

每个人每天都有很多必须要处理的事情，把事情分出轻重缓急，用全部的精力和黄金时间应付那些最重要的事情，才能提高你的工作效率。这样才能做到忙而有序、有张有弛，说不定还能忙中偷闲呢！

＊忙而有效：做事果断决策、善始善终

虽然很多年轻人整天都在忙碌，可却看不到一点效果，看不到一点成就。事情做到一半，或者仅仅有计划，而没有行动，没有落实，效果跟没做是一样的。做事最怕有头无尾，有决策而没有落到实处，没有人会在意你在工作的过程中付出多少辛苦，或者有了多大的进展，他们要看的是你的成绩。因此，所有的老板都会告诉你："我不需要了解过程，我只看结果。"就算你有一千个计划，一万个正在进行的行动，也不如有一件落到实处的事。只有真正掌握在手里的才是财富，只有真正做完的事情才是功绩。对于个人来说，最艰难的时刻就是那些决定的时刻，因为人很容易逃避现实，明明知道怎样做才是正确的，可就是下不了决心。

每件事情，你不可能在做之前就做好了完全的准备，所以你要担心的并不是出了问题怎么办，而是你决定是否要做，并且要怎样做。出现问题、矛盾并不可怕，可怕的是你不去解决它，它就会成为你的心事。只要下了决心，做好了决定，就可以找出无数种方法来应对事情解决过程中所出现的问题。

很多年轻人之所以一直忙碌而没有结果，就是因为他们不能下定决心要做这件事，他们总是在左右摇摆、犹豫不决，于是很多事情就悬在那里了。一件事情总是在等待解决的办法，对于事情的进展没有任何好处，而且还会不断消耗你的精力。因为，你每考虑一次这件事，就要把所有各个方面的事情都考虑一遍。逃避不能解决任何问题，唯一能解决问题的方法就是下定决心，一定要去做。至于怎样做，则是"车到山前必有路"的问题了。

还有一部分年轻人之所以忙而无果，是因为他们总是在决定之后没有落实，或者事情做到一半就不再坚持了，结果导致很多事情都是有头无尾；或者同时推进几个项目，但因为精力有限，导致事情后继无力，最终只得不了了之。这样的事情可能每个人都干过，如果接着这样做下去，你会发现虽然自己每天都在忙碌，但是事情却没有一点眉目。

想要忙有所得，忙有所获，就必须要摆脱总在进度当中的状态，要让每一天都有收获，每一件事情都有一个限制期限。做好了决定，就一定要立刻行动起来，不能拖沓，更不能半途而废，并且要做到这件事情有一个最终结果。当然，事情并不一定是耽误在自己手里，很可能别人也会拖沓，也会不把事情落到实处，这就要有坚持的精神，看不到成果就要一直追查、追问，紧盯不放，直到有结果为止。

做一千件半途而废的事，也不如做一件完完整整的事情。做事的过程中不要找任何借口来推脱，因为成功者只找途径，失败者才会找借口。如果能够做到这一点，那么你就是一个好的执行者，一般的年轻人在公司都处在执行者的位置，执行力是唯一能够自傲、表现自己的地方，如果连执行也做不好，何况是决策呢？

面对领导交代下来的事情，成熟的年轻人只能回答："好，我马上去做"和"是，我一定尽力做好" 这两句话，而不能有考虑、推诿的借口和理由，只有这样才能做到忙而有效、有成就、有收获。

＊忙而不盲：做自己熟悉而擅长的事情

一个人可以忙碌的事情很多，但如果每件事都要自己动手，那么你就永远没有空暇时间。因此，忙碌也要有选择，在你最熟悉的领域，做你最拿手、最熟悉的事，可以让你事半功倍。

如果一个人总是感觉到自己不够完美，而忙于弥补自身的缺憾，做自己不熟悉、不擅长的事，那他就会有一种特别挫败的感觉。这种挫败感会让他对生活、对自己丧失信心，甚至会陷入晦暗的境地。

有一位女强人小A，结婚后为自己不能够做很好吃的饭而耿耿于怀。其实，她是一个很优秀的女人，聪明、勤奋，为人也温柔大方，无论对于生活还是工作都有自己独特的品位和情怀，同时，她的小家也很温馨。但是，她却不能原谅自己提供不了丈夫的三餐，无奈只得去参加"主妇培训班"的课程。

可能因为她真的是没有天分，把耐心很好的老师也惹得频频发火。她觉得自己作为一个女人却不会做饭，真的很“失败”。最终，还是她的丈夫帮她排解了这种挫败的心态。她的丈夫告诉她：“你已经很好了，我要的是妻子，而不是厨师。”

是啊，对于那些自己不熟悉、不擅长的事，你也要勇敢地说：“公司需要的不是……”公司之所以聘请一个人，看重的是他擅长做的事，熟悉做的事，是一个人能够用自己熟悉做的事给公司创造的效益，而绝不是他的完美。这个世界上没有完美的人，每个人都会有一些盲点和遗憾，每个人也都会有一些事情做不好，甚至是欣赏不了。

有时候，待在自己的位置，做自己熟悉的事，不要制造混乱，就是在帮别人的忙，尤其当这个人在某些方面特别有天分，而在其他方面却一窍不通，甚至是“混乱制造者”的时候。

当年杨振宁在美国学习的时候，开始就在实验室，但因为他的动手能力实在太差，做实验时经常发生爆炸，所以当时的实验室流传着这样一句笑话，“哪里有爆炸，哪里就有杨振宁。”最后，在泰勒博士的建议下，杨振宁放弃了写实验论文，把主攻方向转到了理论物理研究，从而最终获得了诺贝尔物理学奖。

没有一个人是完美的。一个人只有在他熟悉的领域里做熟悉的事，他的特长才能得到发挥，他的人生也才能实现最大的价值。如果一直做自己不熟悉的事，没有天分的事，那么你肯定会落在后面。陌生对于每个人都意味着“风险”，害怕这种风险是一回事，不要冒这种风险则是另外一回事。

隔行如隔山，只有对某个行业熟悉到了一定程度，你才会发现其中的机会。每个领域都有人成功，但绝不会在短期内就获得巨大的成功。做自己最熟悉的事，就是把自己选择的成功之路变窄，从窄窄的门里走进去，你才能走得更远，走得更深入。

如果在某个领域熟悉透了，成功了，那么你可能对它边缘领域也有一点心得，这就是所谓的“触类旁通”。可是，如果一开始就想在两个毫无关联的

领域并驾齐驱发展，那么你恐怕很快就会尝到失败的滋味。实际上，那些最成功的人，他们真正负责的事情是很少的，都是自己最熟悉、最精通的事。

万通集团董事局主席冯仑说自己一生就干了三件事，即“看别人看不见的地方，算别人算不清的账，管别人不管的事”。看似高深，实则朴实，是一种复杂化以后的简单，是一种难得的境界。如果我们能够做到这种境界，就不会一直焦头烂额而毫无所得了。

选择自己最熟悉的领域，做自己最擅长的事，你就会快速地成功。最短的路，就是最熟悉的路；最快捷的做事方法，就是自己已经熟练了的方法。选择做最熟练的事，不为难自己，才是成熟的人应有的境界。

＊忙而有乐：工作与生活都要当赢家

一个人为自己的人生忙碌，永远觉得充实而幸福，但是忙碌也要有度，要懂得平衡生活和工作，否则，因为工作上的忙碌而把一些正常的娱乐、休闲活动都取消了，人生还有什么意思呢？就算你人生的意义都体现在你的工作当中，可是你周围的人却不一定这样认为。因为工作忙碌而顾不到家庭，那么家庭最终也会成为工作的负担。

为工作忙碌是一种充实，为生活忙碌也是一种快乐，前者为你的人生增加价值，后者为你的心灵修葺港湾。不懂得休息，就不能更好地忙碌，人生不能总处在战斗的状态，娱乐作为生活中的一部分，作为休养生息的一种手段，一定要“做好”娱乐才能让自己“备战”备好，有更大的精力来冲刺事业。

可是，常常有这样一种“休闲”状态，好不容易放大假了，于是全家人都忙忙碌碌地准备行囊，和所有的人一起挤着去“旅游”，去“观光”，排着队“休闲”。好不容易放了七天假，每天都有满满当当的安排，这样的假期还有什么意义？过一个比工作还要劳累的假期，能够享受到什么呢？

休息不仅仅是“游乐”，更应该是一种放松身心的自我调整。只有这样才能做到有张有弛，而不会在“休闲”时间也像冲锋陷阵一样忙碌。“忙中有

乐”讲究的是乐趣，所以不妨在日常时间里就为自己安排一些有乐趣的“娱乐活动”，在长假里合理安排一下自己的纯休息时间，调整一下自己的状态，这样的“忙中有乐”才能够真正享受到生活的美好。

一定要抱着享受的态度去对待生活中发生的一切，有句话说得好，“当时只道是平常”。意思是对少年时代的美好时光都不以为然，认为是很平凡、很普通的事情，回忆起来却觉得好珍贵。如果你不想有这样的遗憾，那么就要学会好好享受生活中的每一刻，无论是忙碌的时间还是闲暇的时光。

采撷生活中的每一个精彩片段，人生就会变得更加丰富。在忙碌的空暇时间，偶尔抬头看看身边的云彩；午饭过后倚着阳光打个小盹，到厨房精心煲一锅汤，听着锅中咕嘟咕嘟的冒泡声，就有种幸福从空气中飘过来的感觉。

每天都有三五分钟的空闲时间，这个时候，不妨忘记身边的一切，进入一个冥想的世界。尤其是脑力劳动者，在空闲的时间里，让自己的大脑停下来，只做一些简单的运动。

每个周末，都可以用两天的空闲时间去探亲访友，或者联络同事间的感情，或者进行一些大采购。这两天最好不要去健身室集中健身，运动健身是一个需要长期坚持的事，而不是集中时间就可以补回来的。这段时间比较充分，如果不是到很远的地方，那么来一次“一日游”也是不错的选择。如果因为平时太忙没有时间打理家务，那么这是一个很好的时间，进行一次大扫除，把家里的窗帘、被单都换一个新的风格，换换自己的心情。

忙碌毕竟只是生命中的一部分，无论它占了我们生命中多大的一部分，人生的意义和价值是要靠它去实现的，但是生命不仅仅需要意义和价值，同样需要我们用来享受和经营。在日常生活中，我们越是忙碌，精神越是紧张，就越需要更多的空闲时间来缓冲头脑的疲劳，休闲娱乐只是一种方式，最终要达到的目的其实就是休整。这个休整包括精神、肉体及心灵三方面的休息，只有这几个方面都休息得好，我们才能够达到工作与生活的整体平衡，实现双赢。

第 6 章

别总是事事都争强好胜，沉下心更能看清自己

年轻人喜欢争强好胜，这既是优势也是硬伤，一颗谁也不服的心固然能推动你成功，但如果只是毛毛躁躁、意气行事，反而会绊住自己的脚。懂得自己应该在哪些地方当仁不让，在哪些地方争强好胜，一定也要懂得自己在哪里应该虚心求教，在哪些时间应该韬光养晦。懂得蓄势待发的人，才能最终爆发；懂得藏锋的人，才会一鸣惊人。只有在工作、生活中处处都表现良好，才能成为人生的赢家。

＊少吃逞一时之快的苦头

俗话说："三思而后行。"其实，无论是说话还是做事都需要三思而后行，这样才不会给自己留下任何的遗憾或者悔恨。但事实上有的人却喜欢逞一时之快，想到什么就说什么，想做什么就去干什么，结果可想而知，往往是后悔无穷。有的人因为一时之快的一句话，为自己带来了一些不必要的麻烦，这就叫做"祸从口出"；还有的人因为一时之快的某种行为，酿成了悲剧事件。其实，追究事情发生的起源，那就是因为当时没有及时地收敛自己的气势，太过真实地表现自己，不懂得变通，所以，才由于"一时之快"带来了一系列后果。事实上，在现实生活中，我们有时候需要控制自己的言行，太直率、太莽撞的个性只会导致不良的后果。有时候没有必要那么较真，逞一时之快又能怎样呢？高低上下胜负并不在一时之间，一时的痛快并不代表什么，反而会给自己带来无穷的悔恨。所以，我们需要作出一些必要的舍弃，学会思考，学会变通，不要逞一时之快，让自己后患无穷。

逞一时之快，只是一时的冲动，并没有经过仔细的衡量与思考，自然会有考虑不周、不顾后果的情况，这样的言行更需要我们自己去进行约束。有的人一时痛苦之下就借酒浇愁，殊不知借酒发疯，快意生活之后会生出更多的烦恼出来；有的人一时气愤之下就口出秽语，殊不知这一气之下所说的话语极有可能为自己带来一些麻烦。如果真的痛苦、气愤，干脆就不要理睬就是了，既然明知道这就是麻烦，何必偏偏要惹上身呢？自己离它远远的，还落得个清静。生活虽然需要偶尔的涟漪，但并不是逞一时之快而换来的波浪，那波浪太大，免不了会毁掉了原本美好的生活。人生需要正确的取舍，取圆舍方，这是做人的大智慧；舍一时之快，选取"三思而后行"，这是做事的大智慧。当你在触碰了他人的隐私学会了缄默不语，当你在遭受委屈之后学会了坦然一笑，当你在面对不公平待遇而学会了忍耐，那么你就不会因为逞一时之快而买单了。

小吴才进公司一个月，这一段时间来老是受到主管的训斥，小吴满腹委屈，心里更是对那主管充满了恨意。早上，公交车塞车，小吴迟到了十分钟，就被主管叫到了办公室。小吴忐忑不安地进了办公室，就被主管一顿训斥："怎么搞的？星期一就迟到了，我还等着你领取工作任务呢。"小吴弱弱地回了一句："路上塞车。"主管听到了，不以为然地说了一句："不要寻找借口了，迟到了就爽快一点，还用这么老套的借口。"说完，就把一大叠文件扔了过来，说道："这是今天的工作任务，下班之前把我所需要的数据整理出来。"然后，就埋头工作了。小吴一脸沮丧地出了办公室，大家看着她这个样子，就知道准是挨骂了。

午休的时候，小吴和同事一起去用餐。吃饭的时候，小吴一直唉声叹气，同事关心地问道："因为早上被主管骂了吗？没事，我们都习惯了，他就那脾气，没有办法，人在屋檐下不得不低头嘛。"小吴心里很是愤恨："凭什么这么说人啊，我说早上塞车，那是真的嘛，他还以为我乱编借口，真是。"同事劝说道："算了，算了，这里人多眼杂，要是被他知道了，他还会给你小鞋穿呢。"小吴吃了两口饭，抬头看了看："我不怕，管他呢，我就是要说他，那天我还看见王秘书坐了他的车子呢，哼，谁让我看见了呢，他俩准勾搭上了。"同事一脸不相信，旁边的几位同事也凑过来，因为餐厅很吵，几个人愈聊愈大声，结果在用餐结束时，他们发现包厢里走出一个西装笔挺、脸色铁青的熟悉人影，原来那就是话题中的主角。小吴脸色都变了，悔不该挑起了话题。

由于主管好像事事都针对自己，小吴心里难免会有那么一些怨恨。所以，当同事提醒餐厅人多眼杂，不要说太多的话的时候，不服输的小吴硬是固执起来，她偏偏要说。还把自己不小心看见的画面抖搂出来，逞一时口舌之快，以为报复了主管。可没有想到主管就在隔壁的包厢，事情的结果可想而知，即便小吴把肠子都悔青了，却也无法改变事情的结果，这就是逞一时之快的结果。如果小吴当时能忍忍，沉默不语，那事情就不会继续演变下去。

人生需要正确的取舍，只有取舍有道，才会使我们的人生之路备显平坦。否则，就会注定了波折的人生。特别是在复杂的社会交际中，我们要舍弃那头上的“棱角”，舍方取圆，学会变通，即使在难以平息心中怨气的时候，也要学会忍耐，这样，才会求得一个和谐融洽的人际关系，也会使自己在变通中左右逢源、如鱼得水。

*别自负，谦虚地与老前辈相处好

季米特洛夫曾经说：“自负对任何艺术都是一种毁灭，骄傲是可怕的不幸。”但是，偏偏有的人就像是不怕虎的初生牛犊，自信过度就成了自负，在他的人生观、价值观里，自有一套这个世界的游戏规则。尤其是对于那些初入职场的新手，或者刚刚大学毕业的年轻人，他们怀着满腔的热情投入到这个崭新的社会，希望能够争出自己的一番天地，干出一番轰轰烈烈的大事业。所以，在他们身上除了那股涉世未深的青涩之感，还有一种不服输的气势，自认为拥有高等的学历、年轻的本钱，显得特别棱角分明、方方正正。其实，当你踏进了这个足够现实的社会，才会发觉所谓的游戏规则早就换了，你几乎成了一只菜鸟，除了满腔的热情，什么都会不入眼。因此，对于那些初入职场的新人们，需要做出正确的取舍，舍去方正的棱角，选取变通，在职场中、行业中与老前辈搞好关系，使自己在变通中变得左右逢源。

俗话说：“山外有山，人外有人。”作为一个怀揣着梦想的人，千万不要因为自身条件的优越而产生自负的情绪，因为更有本事的大有人在。无论你是处于职场，还是各阶层行业中，都要懂得与老前辈搞好关系。虽然你有满身的锐气，但除此之外你没有什么可拿出手的，而且目中无人的“棱角”也会让你受到老前辈的排挤。毕竟，成功地融入这个团队，那才是你真正的目的。所以，舍弃身上的锐气，学会变通，尊重老前辈的想法和意见，尽可能地与他们搞好关系。这样，他们就有可能为你的事业之路奠定平台，即便是你没有获得任何帮助，那也算是扫清了前面路上的障碍。而且，对每一个老前辈来说，他们身上都有颇为珍贵的经验，这些经验对你的人生来说也是一笔

不可多得的财富。所以，舍弃有棱有角的你，学会变通，让你的人生之路多一些平坦，少一些波折。

小郑大学毕业后进了一家公司，与她同时进公司的同事要么学历没有她高，要么学的专业没有她好，进公司第一天，她就打电话给好朋友说："站在这里，我很有优越感。"可是，很快，她的优越感就被打消了。原来，老板为了锻炼员工，让每一位职员都从最基础的工作做起，小郑很沮丧，本来想在公司大展拳脚的，却不料被分到了一个小小的科室整理数据。她觉得以自己的条件，实在是大材小用，更要命的是在她上面还有一个年近五十的老太太，那老太太是小郑的领导，天天唠叨着"仔细点、认真点"。小郑没有好气地说："哎哟，我知道啦，计算机出来的时候，你还在打算盘吧，放心，我没有问题的，你就不要再啰唆了。"老太太很慈祥，笑了笑也没有再说什么了。

有一次，小郑在计算效益的时候，把一笔投资存款的利息重复计算了两次，虽然最后并没有给公司造成实际上的损失，但整个公司的数据库却被全部打乱了。那老太太以一种别样的眼光看着她，好像再说"看吧，不听老人言，吃亏在眼前"。但小郑很不在乎，觉得自己就像是做错了一道数学题，这没有什么了不起的，改过来，下次注意就是了。但她这种态度却让老太太很不放心，以后有什么重要的任务，总是找借口把她晾在一边，难得让她参与了。小郑整日坐在电脑面前，无所事事，想起当初的豪情壮志，再看看现在的自己，一肚子不平不知道向谁述说。

小郑从一个青涩的学生变成潇洒自信的职场新人，对她来说，却是一场挑战。当她自信满满地踏入了暗藏汹涌的职场，却因为不懂得变通而成为被排挤的对象。虽然，我们提倡每个人都需要充分的自信，但自信过了头就成为了自傲和自负，这在老前辈看来，这样的年轻人缺乏最基本的谦虚精神，总让人容易有办事不牢靠的感觉。而且，小郑对老前辈建议的抵触情绪，也为自己的曲折之路埋下了伏笔。实际上，一旦陷入了自负的旋涡，就会开始目中无人，自然也不会把老前辈放在眼里，这样就不会为自己开辟出顺利的职场之路了。

其实，不管是初入职场的新人，还是久经沙场的老手，都需要抛下自负的包袱，那只会成为你前路上的阻碍。另外，也要学会适当的变通，与老前辈搞好关系，作为一个新人最好是不要太锋芒毕露，应该采取循序渐进的方式展现自己的实力，一方面在老前辈面前保持谦虚谨慎，尽量多向老前辈请教；另一方面适当体现自己的价值，让老前辈对你有所肯定，这样一来就会不自不觉间与老前辈的关系进了一步。如果你要想在事业上大展宏图，那就要学会人生中必要的取舍，取圆舍方，放下自负的包袱，学会变通，与老前辈搞好关系，这样你才会在人生的路途中轻松应对自如，绽放出属于自己的个人魅力。

＊别苛求全优，事事良好也无妨

每个人都追求人生效益的最大化，都追求最优秀的目标，然而人的精力不可能平均分配，就算再努力，也不可能事事都达到优秀的标准。追求优秀并没有错，但如果在所有方面都争强好胜、追求完美，那往往会顾此失彼，所以不妨要求自己做一个事事良好的“不完人”。

人有两种，一种是在某个方面非常成功，他把最多的精力投入到了那里，于是导致其他方面处处失败，因为实在没有过多的精力顾及其他了。比如，贝多芬没有婚姻和家庭，梵·高最终则是连性命也丢掉了。他们的杰出是因为牺牲了人生的一部分，而只在另一部分发展。另一种是初看并没有特别杰出的地方，可是他们却过得很幸福，事业小有成就，家庭比较美满，气质谈吐也颇为不俗，虽然不是参天大树，可站在参天大树面前也毫不逊色。

你得承认，大多数人都是俗人。难道你愿意承受为了更高的精神世界而牺牲物质享受吗？难道你愿意为了“伟大”而无法照顾自己的家人吗？“伟大”的后面是牺牲，大树底下寸草不生。况且，你现在只是平平凡凡的一员，只有平凡幸福的小小心愿。这很世俗，很卑微，但却让人感到欣慰。

所以，人活于世，要做事事良好的“凡人”，而不做“一事卓越，万事失败”

的“英雄”。事事良好，意味着精神世界和物质世界两者都比较充实，没有因为一件事，而放弃偏废了另一件事；意味着人生有最小的缺憾；意味着你不但做出了成绩，同时也享受了最多的人生乐趣；意味着你在情趣和热情两者之间没有偏废，在人生的道路上收获颇丰，拥有最饱满的人生体验。

芸芸众生，有多少人执著于成为一个优秀的人？他们用最严苛的标准来衡量自己的行为和语言，尽力让自己变得出类拔萃、卓尔不群，然而又有多少人真正有成效地改变了自己的生活和命运呢？很多时候，与其做到一方面的优秀，不如做到更多方面的良好，那也不失为人生的一种精彩。

如果你觉得自己没有哪方面的才能，可以让自己足以出类拔萃，也没有哪项天赋，让自己得到世人的瞩目，那么不妨追求更多方面的幸福，这是一种人生的“赢配方”。上学的时候，班主任常常叮嘱我们要均衡发展，他说：“你某科学得再好，最高也是100分；放弃其中最难的10分，用这个精力去学其他科目，你的平均分就会大幅度提升。”人生没有具体分数，但是它肯定有很多科目，如果你用尽所有的精力来拼某一科的“优秀”，那么很可能会把自己的平均分拉低，而人生是否幸福，最终则是看平均分的。

看一个人是否“伟大”，只要看他一生达到的成就就足够了；而看一个人是否幸福，则要从他人生的各个方面来看。“伟大”离我们很远，很多时候，是身后的事；“幸福”却离我们很近，与生活息息相关。近乎完美的优秀，只是金字塔的顶尖，达到那个位置需要付出的代价，是不能估量的，所要做的牺牲，也是大多数人无法承受的。良好的人生，则没有太大的压力，可以让身心适当放松，让生活变得更加多姿多彩，生命会显得更加美好。

30岁前，固然需要选择方向的努力，但也要追求人生效益的最大化。做到“优秀”固然好，如果不能，那事事良好也是一个不错的人生状态。因为，你还有很长的时间，可以去努力，可以把自己的“良好”修炼成“优秀”。可是，如果在人生的哪方面，30岁之前就“不及格”了，那么纠正这个状况所要花费的心力恐怕不是一般的大。

人生是自己的，梦想也是自己的，大家所追求的不仅仅是别人眼中的

“优秀”、“卓越”，更应该是自己心灵的充实与平静。如果牺牲了人生中的一部分，而拿到了生命的“优秀”，那么你怕是不能心安，内心始终有点遗憾吧。再者，“优秀”的人有着更多的竞争者，面对着更多人为的风险，恐怕成功也不是那么容易的事，而良好则要好得多。

如果以爬山为比喻的话，你是愿意花费 99 分的力气，冒 99 分的风险去爬珠穆朗玛峰，以得到世人和历史的瞩目呢？还是愿意以一种悠闲的人生态度，去爬爬周围的小山，来享受一下生活的乐趣呢？“十个良好胜于一个优秀。”当事业、爱情、心境乃至身躯都达到良好状态时，这样的人生就是优秀！

＊争做第一，不如做到唯一

“第一”意味着后面还有无数人在和你竞争，意味着你能够做好的事别人也能够做好，尽管别人比你做得慢，没你做得完美。可以说，“第一”就是竞争的结果，而“唯一”则不同，“唯一”意味着一件事“舍我其谁”，没有人可以替代你。虽然，说“地球少了谁都转”，可是如果能够做到“唯一”，那就不仅仅是优秀了。

年轻人喜欢争强好胜，往往在任何事情上都要争个第一，拔个头筹，这对于任何事情都没有好处。俗话说：“尺有所短，寸有所长。”能够在自己负责或熟悉的领域内做到“唯一”，才算是有本事；处处争强好胜，反而容易落得处处不如人。

“第一”意味着竞争，而“唯一”则意味着突破，不仅仅是对个人能力的突破，同时也意味着对某个领域或某种限制的突破，换句话来说，就是这个世界一直是“唯一”在领导着我们前进。一个年轻人能实现多大的价值，最终是由他的能力和品格决定的，而绝不是由他是否善于竞争，或者是否能够符合某种标准来决定的。

爱因斯坦曾经很厌烦学校的填鸭式教育，甚至被拒绝留校，可以说在某

方面，他并不是“第一”，但他却成为了最伟大的物理学家。因为，他非常善于分析问题和独立思考，他对于自己的能力非常自信。年轻人也要相信自己的能力，相信自己勇于突破，能够成为无法替代的领导者。

这是个竞争的社会，往往谁能够抢到最高的位置，最多的功绩，最多的表现机会，谁就可能让自己脱颖而出。可是，人们更相信的是“实至名归”。当你有足够的实力，或者有足够影响力的时候，你自然就可以得到某个位置，或者某种名誉。

一个“位子”固然重要，但一个人如果能够树立起一种品牌，在业内一提到你的名字，就是实力和品格的象征，那么无论你今天在什么位置，都是无可替代的，大家都不会遗忘你。比尔·盖茨不是微软的总裁了，但这个名字还是有很高的含金量。因此，一个人有怎样的地位和权威，一方面则是由他所在的位子决定的，另一方面则是由他本身具有的能力决定的。

有这样一个小故事。一只老鼠在塔顶的佛像上安了家，佛塔里的生活自在随意。它不但可以享受到丰富的供品，还享有人们的膜拜和崇敬，每个进入寺庙里的人都朝它跪拜，祈求它，老鼠洋洋得意起来。

有一天，一只饿极了的野猫闯了进来，它一把将老鼠抓住。“你不能吃我！你应该向我跪拜！我代表着佛！”这位高贵的俘虏抗议道。“人们向你跪拜，只是因为你所占的位置，不是因为你！”野猫说罢，便把它吞入了腹中。

不可否认，有很多人，他所具有的能力都是和他所在的位子不符的，他之所以在某个位置，是能力（包括智能和交际能力）之外的因素决定的。这样的存在具有很大的不稳定性，如果他不想像佛塔中的老鼠那样，被野猫吃掉的话，就要修炼自己，不仅仅在佛像的位置上，还要成为名副其实的“真佛”，那才可能除去忧患。

一个年轻人，他的成长过程应该是慢慢的，起码不应该因为希望自己快速成功而以出位博出名，或者以打败竞争对手的方式，来树立自己的威信和形象。这是个竞争的社会，但并不意味着所有的名誉地位都是争抢而来的。一个人的身外之物都可能被人夺取，比如自己做出的成就，一个本来属于自己的位置；但是，有一样东西是别人争抢不到的，那就是学到手里的本事，以及自己对周围人的影响力。别人可以抄袭你的作品，但不能剽窃你的想法；可以霸占你的功劳，但不可能抹杀你的能力。

人生就像一次航行，以最平稳的角度起飞，你才可能升到最高的地方，如果你想一飞冲天，就需要平时更多的积累，因为无论怎样，实力决定了你可以飞到的高度。想要做到唯一，就要先做好自己。

＊人气也是竞争力

年轻人往往心高气傲，喜欢争强好胜，因工作上的竞争而得罪同事的事更是不胜枚举。其实，一个人的竞争力怎样，不仅要看他的能力，还要看他的人气，他的人际关系好坏。人气也是一种竞争力，那种因竞争而得罪同事的事情，真的是得不偿失。好胜心强并不是一件好事，只有莽夫才会逞勇斗狠。理智的人不仅知道自己什么时候应该站起来与人竞争，还知道什么时候应该韬光养晦、蓄势待发。因此，理智的人总是既能争取到属于自己的机会，又不会轻易地得罪他人。

一个亲切受大家欢迎的人与一个自视甚高的人在面对同一个机会时，他们胜出的概率是不同的。一个人即使有再高的能力，如果领导看不惯你，同事不能和你好好合作，下属又不服你，那么你的工作是不可能顺利开展的。

人类社会是讲究合作的，你应该把团队的力量看得比个人的才华更重要；因此，就算才华不是那么出众，如果在人群中有一种深刻的影响力，让大家都佩服你，敬畏你，喜欢跟你一起做事情，这也是一种能力，那么你同样能达到成功的彼岸。往往成大事的人，并不是需要有多少才华，而是要有容人的本事，有把大家的力量都团结、协调起来的本领，而这种本领才是真正的竞争力。

就算你的才能不足以胜任一个位子，不足以干好一件事情，可如果大家

都愿意帮助你，都来协助你，那无疑可以使你的工作进展顺利得多。因此，很多才华横溢的人都因为自视甚高，不善于和别人协作，而最终郁郁不得志；相反，那些才华并不那么突出，但对人和蔼的人，因为能够"聚人气"，有很大的凝聚力，而被赋予重任。

那么如何来提升自己的人气呢？年轻人可以从以下几个方面做起。

(1)提升自己的人格魅力。一个人的魅力常常是通过他的言行举止表现出来的。富有魄力的举止可以让人们更愿意跟随你，富有穿透力的声音可以俘获众人的耳朵。因此，应该有意识掌握一些可以体现自己魅力的动作，举手投足都要符合法度，说话更要亲切而幽默，大方得体，不俗气，不轻浮。一定要给人以稳重、可靠而有气度的感觉。

(2)提升自己的气质。一个人如果拥有深厚的学识和宽广的眼界就会散发一种与众不同的气质，自然让人心折。

(3)学会宽容，不要斤斤计较。凡能成大事者，都有一种优秀的品质，就是能够容人所不能容，忍人所不能忍，团结大多数人。而不会目光短浅，斤斤计较，纠缠于琐事。当应该坚持原则的时候，他们不会装糊涂；不涉及原则问题的时候，他们不会斤斤计较。与人相处就要互相谅解，有肚量，能容人。如果眼里不揉半点沙子，过分挑剔，什么鸡毛蒜皮的小事都要争个是非曲直，容不得人，人们就会远远地避开你。

(4)能够韬光养晦。一个人如果不分场合，处处炫耀，所得将是冷落，为众人所鄙夷。一个人不可无锋芒，但不能不分场合，不分对象地崭露锋芒。因为，锋芒不仅可以刺伤别人，还可能刺伤自己。

(5)真诚地对待别人。不要以自我为中心，适时听取别人的意见，不要在背后说别人的坏话，学会沟通，主动沟通，在原则上坚持自己，在小节上注意自己。用真心对待别人的人，总是会得到更多的拥戴，这比刻意拉拢人心有更好的效果，周围的人对你也会有更高的忠诚度。

只要做好这些，一个人的人气指数自然就会攀升，就算和你竞争的人才高八斗，他也不是你的对手。每一个年轻人都要切记：人气也是一种竞争力，要让自己在不知不觉中拥有人气、人心，而不要失掉人心，否则你就注定要失败。

＊不要遮住别人的光芒

电影《人鱼小姐》中有一句很经典的台词，“你的脸太大了，挡住了我的阳光，我要和你分手。”这句话虽然不太切实，但确有一定的道理。有些人总喜欢炫耀自己，把别人的目光都吸引到自己的身上，从而挡住了别人的光芒，这样的人总是很惹人讨厌的。

很多时候，年轻人不但要善于表现自己，还要善于帮助别人表现自己。当遇到别人表现的机会，你应该主动弯下腰，让出舞台，躲开闪光灯，让光芒打在别人身上。只有这样，你才不会让人反感，才会让别人感激你。

一只具有领袖素质的藏獒，不仅自己要勇猛厮杀，还要帮助同伴成就属于它们的业绩。如果一只藏獒以为自己比别的藏獒高明，抢在别的藏獒之前杀了人家一直追咬的猎物，别的藏獒就会深深记恨它。这个规则在人与人之间也有着非常明显的表现。每个人都是有自尊的，如果你遮住了别人的光芒，损害了别人的权力，也就等于损害了自己的威信，同时为自己树立了一个对手，他也许不能打败你，但也绝不会真心敬服你。

现在社会上流行一种说法，叫做“孔雀女”，据说这种女人凭着自己漂亮或气质，特别热衷于表现自己，时时都要抢别人的风头，结果却总是招得天怨人怒。这种女人还总喜欢在异性面前表现自己的魅力，卖弄风姿和才华，总喜欢“开屏”，而抢了很多女孩子的风头，最令人反感。很多年轻人都会鄙视这样的女人，却又在不知不觉中上演着这样的事实。

有一种人，他特别爱表现自己，任你提出什么话题，他都能有头有尾地讲述起来，而且他特别敏锐，能够很容易地抓住别人的语病或是含混不清的所在。开始，人们会在他广博的视野中获得一些有价值的东西，后来发现有些东西并不如他所言之确凿，人们就开始在暗地里嘲笑他的作为。再后来，

人们干脆以传递他的谬误为乐，并像耍猴一样当面取笑他。

善于表现自己，乐于表现自己是好事，可是如果在不恰当的场合，表现自己，抢了别人的风头，就变成一个笑柄了。甚至，别人会因此对你心生嫉恨。这样的话，表现自己就成为了孤立自己的城墙。年轻人一定要记得，当轮到别人表现的场合时，一定要暂时掩藏起自己的光芒，并用自己的真诚来祝贺别人，只有这样你才能得到真实的友情。

古语曰："君子敏于行而讷于言。"就是希望人们不要时时刻刻炫耀自己，而要时刻顾及他人的感受。该弯腰的时候，就不要抬头，帮助别人表现自我，就等于成就了自己。人人都不希望因为别人的光芒而黯然失色，而希望能和为自己增添光芒，体现自己魅力的人在一起。

每个人都有获得他人认同的欲望，都有表现自己的欲望，能够帮助别人实现欲望的人，会更加受欢迎；而阻碍别人实现欲望的人，则会让所有的人蔑视你，记恨你。所以，那些在原本应该是别人出风头的场合，出尽自己风头的人会得罪更多的人。不要盖过别人的风头，给别人留一些机会，就是给自己留一些余地。

总有一些场合是属于你的，而在那些不属于你的场合里，不妨弯下腰，做一个低调的人，这样你才能有真正扬眉吐气的一天。理智的人不会处处争强好胜，处处炫耀自己，让自己沦为一个笑柄。他们懂得在自己熟悉的领域去表现自己，因为这样不但可以成就自己，也可以成就更多人。

＊韬光养晦，方能孕育出好的果实

30 岁以前，应该是人生的积累阶段。在这个阶段，越善于韬光养晦，不急着表现自己，就越能够轻易地积累自我，而处处锋芒毕露的人，注定会因为疲于应付工作中的明枪暗箭，而顾不上自身的积累，最终导致失败。

年轻人喜欢展露自己的锋芒，喜欢被人认同和赞扬的感觉，所以他们总是忙于表现自己，忙于寻找各种机会炫耀自己。这样做将不利于自己的工

作，更不利于自我的积累。如果你有这方面的毛病，一定要及早改掉，不要让它影响自己的成功。在日常生活中，导致一些年轻人“大器晚成”的原因有以下三点。

(1)太早表现自己容易成为众矢之的。不但你喜欢被人赞扬和认同，大家也都喜欢这样。当你抢尽了别人的风头，占尽了便宜的时候，就会把自己摆在了别人的绝对竞争面，大家也就会对你怀恨在心了。尽管这种情况可能是潜意识里的，一旦你出现一点错误，就会出现墙倒众人推或冷眼旁观的局面，这不是因为大家没有同情心，而是你在表现自己的时候，没有顾及别人的感受，没有给别人留一点余地，也没有给自己留下退路。

再者，年轻人刚刚进入一个单位，不可能有多大的贡献，多少可能施展的才华，所以肯定不会是已经工作了一段时间的人的对手。每个单位都是一个圈子，在这个圈子里必定有众人都敬服的人，急于表现自己而忽略了人心向背，很可能是导致锋芒毕露的年轻人失败的原因之一。

(2)有才华的年轻人容易轻慢他人。要知道“才高八斗，人矮三分”的道理，拥有才干是一件好事，但恃才傲物就是一项缺点了。凡有修养的人，都不随便评价自己，更不会夸耀自己。如果一个人对自己的聪明不仅不加掩饰，反而不论时机、不顾场合、不管对象、不分事由地一概以聪明人自居，那他做人本身就是失败的。

(3)年轻而取得成功的人，往往会意志不坚定，头脑不理智。太早品尝成功的滋味，容易在众人的吹捧当中迷失自己，就会觉得凡事没什么了不起，自己也就会飘飘然起来，从而就会轻视自我积累，这样自然也就不会有什么太大的成就。

由此可见，“大器晚成”是一种结论，而不是对某个人成名的描述。年轻人一定要善于韬光养晦，在低调中不断积累自我，而当积累到一定厚度和高度的时候，自然能够一鸣惊人。

诸葛亮在成名之前，躬耕于南阳，不求闻达于天下，而他却从来都没有停止积累，停止进步，在刘备三顾茅庐之前，他就已经是鼎鼎大名的“卧龙先

生”了。然而，他却没有“仰头大笑出门去，我辈岂是蓬蒿人”的猖狂傲慢，更没有处处彰显自己的锋芒，最终成为了贤达的象征、智慧的代名词。

人们常说：“美玉藏于深山。”是珍珠美玉，迟早会被人们发现，而不在于早晚。深藏不露是一种高层次的谋略，也是成大事的基本素质之一。韬光养晦并不是销蚀锋芒，也是不咄咄逼人，而是重视社会接受，以免无谓烦恼，抛弃虚荣而踏实的心境。

孔子年轻的时候，曾受教于老子。当时，老子曾对他讲：“良贾深藏其若虚，君子盛德貌若愚。”意思是说，善于做生意的商人，总是隐藏其宝货，不令人轻见之；而君子为人，品德高尚，但容貌却显得愚笨。其用意是告诫孔子，过分炫耀自己的能力，是毫无益处的。

那些善于隐匿锋芒、韬光养晦的人，才是真正不可小觑的人。他们在任何情况下都会镇定自若、游刃有余，既不让人小瞧欺负，又不会强出头，不显山，不露水，一旦时机成熟，却会一鸣惊人。

所以，30 岁之前，不要事事争强好胜，一定要想办法积累自我、韬光养晦，只有这样才能一举成功。

＊心机太深，会令人畏而远之

在职场中，心机不可少，也不可多，就要那么一点点恰到好处的心机，才可能为自己的职场生涯带来最大的益处。这一点点到底是多少为宜呢？这一点点最好是能够保护好自己和自己希望保护的人不受别人的侵犯，而又绝不会侵犯到别人的程度。

工于心计的人常常想着打败别人，没有心计的人总是成为别人的攻击目标，而年轻人要做的就是不要成为别人的竞争对象、攻击目标，也不要主动攻击别人，能够置身是非之外的人才会有更大的福气。

心机太深的人容易令人畏而远之，这是因为心机太多了，就成了心计，如果让大家觉得你是个有心计的人，就会少了一些亲切，少了一点凝聚力，这样的人怎么可能成就大业呢？因此，想要有所作为，就要在热情和心机之间找到一个平衡点。太有心机的人就算没有害人之心，也会被率直的人所摒弃，就算只是为了保全自己，也会让人觉得你怯懦没有大家风范，而鄙视你。

在职场上，的确要保持警惕，但是职场毕竟也是一个公平竞争的地方，尔虞我诈也许少不了，但如果能够从正面来看待这些争斗，能够站在团结大家的位置来处理事情，则要比置身事外或坐山观虎斗更加可取。

当你不想卷入无谓的纷争时，当你不想在斗争的旋涡中处在任何一方时，装糊涂大概是一种好的方法，但却绝对不是完美的方法，那种置身事外的怕事态度很可能会让大家都藐视你。不接受拉拢，不卷入旋涡是一种方法，但是如果能够从更高的角度来看，化解纷争，积极为矛盾双方奔走更是一种好方法，虽然暂时可能会落得两边不讨好，但是从长远来看，这种做法绝对会有回报。

现在的社会虽然是一个竞争的社会，但却更讲究合作，因此年轻人不要总想着明哲保身，而要不惧怕争斗。明哲保身是一种消极的人生态度，这样做虽然可以让自己的生存时间更长，但绝不可能让自己生存得更好。明哲保身是建立在高层管理者也不能制止或无力化解双方纷争的基础上，而这就意味着这个公司可能处在一个下层挟制、威胁上层的局面，仅仅明哲保身，你觉得足够吗？

凡事坚持自己的原则，是一个人做人成功的根本，当双方出现因工作而产生的纷争时，最重要的就是想出一种解决之道，让双方都能够满意，这种“和浆糊”性格更受人欢迎。“难得糊涂”实际上是一种无奈，当面对对自己的不公时，当面对自己和别人的纷争时，不妨谦让一下。可面对“派别纷争”谁都不能闭上双眼装糊涂，因为这种态度无论是高层管理者还是同事都会看在眼中，只会让他们更加鄙视你。

如果你有着不错的人缘，和双方都有着不错的关系，就应该设法化解。就算超出你的能力之外，至少当大家都冷静下来的时候，不会觉得你“隔岸

观火”，是一个冷漠的人。

处世时，能够保持冷静，能够在不利的情势下“能屈能伸”是一回事，可是“厚黑学”又是另一回事。“害人之心不可有，防人之心不可无。”在职场中保持警惕是好的，但也要做事厚道，不要过于耍心机。

聪明是好事，年轻人也许冲动，也许比较任性，却不要失了自己的“赤子之心”。一个人可能因为自己的“赤子之心”会摔很多跤，会受很多挫折，可是如果大家真的变得像某些人一样遇事只懂得躲避，只懂得“玩深沉”，那么大家就变成了“坏氛围”的一部分。可能有一天，你也不得不“选边站”，那时候，你还能保持“沉默是金”吗？

年轻人的率性是好事，既是容易受挫折的原因，也是他们的优势。如果敢于打破那种职场上“坏”的僵局、“坏”的习俗，那么你也将受到尊重，成为有影响力的人。

＊让自己做个不清高的“俗人”

年轻人常常喜欢以一副“清高”的姿态处世，对于人情世故总觉得看不惯。要知道，这个世界上没有绝对的是非黑白，以“宽容”一点的态度审视这个世界，自己才可能被大多数的人所接纳。

年轻人进入这个社会，首要的任务就是融入，抛弃自以为是的清高，才能够活得更加悠然。这并不是要和那些不良的习俗同流合污，也不是希望环境把自己染成一个是非不分、没有原则的人。而是，希望自己能“入乡随俗”，而不要过于孤傲，不要孤芳自赏。

有些年轻人自诩为“洁净正直”之士，不屑于和“俗人”为伍，骨子里天生就透着一股清高劲儿，凡事有自己的一套行为标准和做人准则。一旦别人的行为举止不符合自己的标准和原则，他们就开始疏远、鄙视对方。他们不但以清高自诩，而且往往孤芳自赏、目空一切。这样的年轻人往往看周围的一切都不顺眼，周围的环境也无法接纳他，导致自己非常不合群。

对于这样的年轻人，他们为什么会清高，觉得看不起别人？那是因为他们自视甚高，总以为自己是刚刚从高校毕业的“清净”人。的确，学校是一块“净土”，并不意味着在学校“杀过菌”的人，就有“清高”的资格。因为，你现在是在“有菌”的社会上做事，如果没有更强的免疫力，就意味着你将更快地“阵亡”。越清高，越不屑与“俗人”为伍，你的免疫力就会越低下。让自己俗一点就等于接种疫苗，疫苗接种好了，对于社会上的“细菌”就会有更高的免疫能力。

任何人都不能免俗，没有人不食人间烟火，所以如果用“圣人”的标准去要求每一个人，那恐怕没有几个人能及格，没有几个人能被你看得起。年轻人一定要正视社会上存在的一些问题，对待自己尽管严厉，尽管有原则，但是当判断自己要与之相处的人的时候，你要宽容一点，而不要过于严厉，过于苛刻。

人的能力有大有小，性格有方有圆，如果用同一个标准去衡量别人，未免过于严苛。有天，祢衡拜访好友孔融，看到在座的都是一些夸夸其谈的无能之辈，就悄悄对孔融说：“你怎么能够跟这些人交往呢？”孔融听后，笑着答道：“每个人的才能有大有小，只有用其长处，才可能拥有更多的好友，成就更多的大业。孟尝君曾有门客三千，其中不乏鸡鸣狗盗之徒，如果他自诩清高，不屑与贩粥屠狗之辈交往，恐怕性命都不保了。”

由此可见，那些有识之士从来都不会蔑视俗人，他们会有意结交一些社会底层的人，而不会因为他们的“世俗”就鄙视他们。这个世界上多得是“市侩”的小市民，但年轻人没有必要瞧不起他们，因为他们的“市侩”也有无奈的一面。坚持原则是一回事，而用自己的原则去要求他人则是另一回事。

古语有云：“水至清则无鱼，人至察则无徒。”水太清了，鱼就无法生存；要求别人太严格了，就没有朋友。因此，做人不要太苛刻，看问题不要过于严厉，否则，就容易使大家因害怕而不愿意与你打交道。即使不认同别人的行为，也要懂得尊重别人的选择，尊重别人的感受。适度的清高是一种优雅，而太过于清高则就容易招致他人的反感。真正的清高是为了保持洁身

自爱，并不是为了做给别人看，更不是蔑视别人的理由。

年轻人没有清高的资格，尤其当你在某个领域工作，吃这碗饭的时候，更是清高不起来。如果不在某个领域工作，你自然可以把它想象得无比理想，无比神圣。可是，当进入某个领域后，你就会明白所谓的“清高”只能让自己无法生存。

拿拍电影来说吧。大家总觉得拍电影是一件非常神圣的事，应该拍得非常唯美，体现文艺对现实世界的思索，对人们的价值取向进行引导。可事实上，电影首先要考虑的是票房问题，而绝不像大家想象的那样理想。

因为你不在电影界生存，不靠拍电影、导演电影吃饭，自然可以说电影应该这样拍，应该那样拍，这种清高对自己的生活没有影响，所以有权力去清高、自我。如果你是一名导演，那就不可能不考虑票房的问题，而只一味追求“文艺”应该怎样怎样。

大家都生存在一个现实的社会，需要在自己的单位工作，需要赚取薪水养活自己，所以在这里谁都没有资格过于清高，一定要学着切合实际一些。

＊最完美的胜利是双赢

年轻人不要因为争强好胜而处处树敌，要知道双赢才是最大的胜利。因为，这样的胜利，不仅仅是自己在竞争方面的胜利，同时也获得了对手的尊重和友情；不仅仅是能力上的胜利，同时也是人格和影响力上的胜利。

敌人都是自己树立的，如果凡事总抱着敌对的态度，对竞争对手总抱着敌意，那么就算自己竞争胜利了，可也缺少了一位本来可能结交的朋友，也缺少了众人的敬佩，这是不合算的。一个人在做事之前，一定要学会核算成本，不仅仅是看得见的成本，还包括很多隐性的成本。比如，自己的人气会不会下降？自己受拥戴的程度会不会打折扣？自己会不会因此树立一个敌人，会不会让众人对自己避若蛇蝎？一定要考虑好这些问题后再行动，否则只会让自己得不偿失。

三国演义里有一出捉放曹，讲的就是在赤壁之战中，曹军大败，行至华容道，关羽率一支人马拦住去路。曹操见状懊丧不已，只得请求关羽放一条生路。关羽是个很讲义气的人，想到当年自己过关斩将，倘没有曹操关照，也是性命难保，遂让路与曹操。而这本身则是诸葛亮的计谋。因为，诸葛亮认为觉得时机不到，不应该捉住曹操，所以故意让关羽去拦截，故意放走曹操。这样做，既是对局面的一种保全，也是对关羽重义情操的一种成全，更是对曹操的一次施恩。既成全了自己，又成全了对手，可谓是一次漂亮的“双赢”。

反观曹操可就没有这样的美德了，在戏剧《捉放曹》中，曹操杀了父亲故友吕伯奢一家，而毫无认错的态度。陈宫见状，无奈地叹道：“我先前自道他宽宏量大，却原来贼是个无义的冤家，马行在狭道内我难以回马。”而这，却让曹操错失了陈宫这个谋士。

输赢是一时的，朋友却是长久的，别人的敬重更是千金难买的东西，所以，年轻人不要因一时意气而摆出防御的姿态，更不要对别人充满敌意。学会为对手喝彩，也能为自己带来掌声，从而实现真正的双赢。

在社会交往中，很多人总是把自己的名利放在别人之上，总是盘算着一己之私。长此以往，必然会失去周围人的信任，使自己处在十分被动的位置，不但难以获得真诚的友情，更难以成大事。然而，那些能成大事者，则不会计较这些。虽然，他们可能因此失去机会或利益，但肯定会在长远处得到回报，正所谓“失之东隅，收之桑榆。”

古时的管仲与鲍叔牙是好朋友，两人一同做生意，管仲出资少，而分钱时，管仲多取一倍，鲍不认为他贪财，而是体谅他家里穷；管仲屡次作战，屡次失败，多次在战斗中躲在后面，别人笑他胆小，鲍却说：“有老母在堂，留身奉养，岂真怯斗耶。”管仲辅佐公子纠时，与公子小白结下了“一箭之仇”，小白当了国君后，鲍极力推荐管当齐国的相国，而自己却当其副手。因此，管仲常常说：“生我者父母，知我者鲍叔牙也。”不管管仲有多高的成就，而他最感激的人就是鲍叔牙，并且史书上也留下了对鲍叔牙极高的评价。

给朋友以支持，你最终将赢得朋友的感激；给对手以支持，不仅获得了一个朋友，对自己的人格魅力本身也是一种“赢”的方略。一些年轻人为人处世常常凭一时意气，总是一言不合就怒目相向；或者有一点利益或意见分歧，就非要对立。这样对自己是没有任何好处的，在不关原则的问题上，应该学会从对方的角度考虑问题，而不要针锋相对，更不要你死我活。要知道生活不是斗争，讲究和谐才能聚来更多人气，自己也才会有更深的影响力和更多的朋友。

在日常工作中，产生分歧一定要学会权衡利弊，在不得不和某个人成为对手的时候，不但要坚持正当竞争，而且要学会用自己宽广的心胸为对手喝彩，给对手以支持，只有这样才能实现双赢，这样的人也才能成就大业。

＊低调是成熟的人生态度

一个人成熟之后，就会特别低调。只有那些幼稚的人，才会到处吹嘘炫耀自己。

不少年轻人喜欢“指点江山”的激昂，喜欢刚烈血性，喜欢率直而为。尤其，在这个繁华的时代，年轻人对于成功总有着一种急切的渴望，这种急切表现出来就是喜欢高调做事，对自己还没有把握的事情就先急于表现一番，从而提高自己的曝光率。这样做事固然有好处，可以把别人的目光集中到自己的身上，以获得人们的支持，从而使自己容易成功。但是，这样做也有害处，容易对自己估计过高，总是急于表现自己而错失了积累自己的过程，把别人的目光都聚集来了，暴露的却是自己的肤浅无知，最终得到的很可能是失败，以及人们对你失去信任。

年轻人想要成就大业就不能急于求成，一定要让自己低调。因为，低调代表着成熟和理性，代表着一个人可以对自己的行为和思想都有很好的把握和自信。要知道那些总是“狂吠”的小狗都是因为心虚，而狂吠的意图就是虚张声势，震慑别人，提醒别人不要靠近自己，提醒别人这里是由我保护的；然而，那些有实力的大狗则轻易不会没完没了的“吠叫”，因为它们知道自己有能力保护主人的财产不受侵犯。

在日常生活中，人们更愿意信任那些平日比较沉默，总是三思而后行，答应别人一定遵守诺言的“谨言慎行者”，而不信任那些夸夸其谈的人。由此可见，低调也是一种成功的策略，稳重的人说话轻易不把话说满，总是三思而后言，不理会别人的妄言，因此他们在别人的眼里总是成熟稳重的，给人以安全可靠的感觉，这样的人注定被大多数人信任和依靠，被领导欣赏、器重，“君子不重而不威”就是这个意思。这样的人，在社会上当然更容易成功。表现自己是一种策略，它可以引起人们对你能力的注意；低调做人也是一种策略，它可以让更多人相信你，尊重你。

同时，低调也有利于积累自己。人在得意的时候就容易忘形，忘了积累与反省自我。高调的人总是忙于表现自我而疏于自我积累，这样会使自己好不容易积累起来的成就因为“疏于学，疏于练”而荒废。很多出色的运动员，就是在成名之后频繁参加商业活动而影响了自己训练，从而毁掉了自己的运动生涯。

在这一点上，钱钟书先生处理得最为得当。当有人读了钱先生的书，希望能够见到他本人的时候，钱先生并没有炫耀，而是告诉别人：“鸡蛋的味道不错，但大可不必非要认识下蛋的母鸡。”年轻人一定不要忘记古人的话，“业精于勤，荒于嬉；行成于思，毁于随。”时时刻刻都要记得，不要荒废了自己的本业，而要重视积累。

低调的人更平易近人，而不会傲慢，当然也不会刻意讨好别人。这样的人一般比较善解人意，并且不以自我为中心。他们有自知之明，善于听取批评，也能够自嘲，懂得感恩，懂得像平凡人一样生活和学习，不骄不躁，在人群中总是有着很好的人缘，有着很深的影响力。

爱因斯坦就从不摆世界名人的架子。他吃东西非常随便，推导、演算公式常利用信纸的背面。爱因斯坦初到纽约时，不修边幅，有位朋友劝他注意自己的形象，而他却十分坦然地说：“这又何必呢？在纽约，反正没有一个人

认识我。”过了几年之后，爱因斯坦已成了无人不晓的大名人，这位朋友又遇到了爱因斯坦，发现他还是那么不修边幅，于是又规劝他。谁知，爱因斯坦却说：“这又何必呢？在纽约，反正大家都认识我。”

爱因斯坦的不修边幅并没有影响他在人们心目中的形象，反而使大家更加喜欢这位亲切不羁的科学家。由此可见，低调是最受欢迎的特质，想要让人们认同你，就要把自己的姿态放低，就算是块好玉，也要慢慢透出自己温润的光芒，而不要灼伤别人的眼睛。年轻人一定要学会低调处世，这样才能让自己踏踏实实做事，实实在在做人，把所有的精力都放在积累自我，做好手边的工作上，不急于功成名就，不急于表现自己。这样，既能够专心于自己的业务，不受他人打扰，又能够免除别人的敌对情绪，以使自己很快充实起来，从而走向功成名就的步伐。

第 7 章

30 岁前别光想着战胜别人，重要的是努力做好自己

三十岁之前，应该把所有的精力都放在努力成就自己上，而不是一味争强好胜，只想着战胜别人。成熟的人懂得做好自己才是重点，只有“实至名归”才是最好的成功方式，竞争能够带来的负面效果，他们会在第一时间消除，把精力都放在如何成就自我上面。他们会不断增加自己的实力，用实力证明自己、成就自己，这才是真正的“大道”。

＊竞争并不意味着要打败别人

竞争并不意味着要打败别人。把自己做到最好，超过对手就是一种竞争的胜利。有时候，帮助对手提高能力，进一步利用竞争机制提高自己的能力，进而实现双赢，也是一种智慧的做法。30岁前，不要总想着打败别人，能够做好自己，才是最大的收获。虽然击败对手能够让你获得胜利的快感，但是只有做好自己才能让你得到成长，而成长比胜利更重要。

在这一点上，大家不妨向那位给邻居们赠送花籽的老太太学习。故事是这样的，荷兰有一位老太太，她每年种的郁金香都是小镇中最漂亮的，花商们总是愿意花很高的价钱收购她种的郁金香。人们都认为她肯定不愿意将优秀的种子流出，但出乎意料的是，到了秋天，她都会把自己最新培育的优秀种子赠送给邻居们。曾经有人问她："为什么不把种子保留下来，以维持最优秀的花朵和最高的卖价？"这位老太太的回答颇有智慧，"如果邻居们的种子，都是那些劣等种子，蜜蜂传播花粉的时候，就会把我的花质量变差，而赠送优秀的种子，则会让自己的花开得更好。"

竞争的目的，是为了整体的提升，而不是某个人的胜利，否则就算你是一颗优秀的种子，但周围都是劣质的花粉，你又能得到什么成长呢？你以为自己打败了别人，洋洋得意，可不久你就会发现自己所处的环境，已经被大的趋势淘汰了，而你也远远地落在了潮流的后面。因此，只有达到竞争的最高境界，你才可能大幅度地提高自己的实力，以走在时代的前面。

第一重境界：不计一切手段，整天想着打败别人的不正当竞争。在这种氛围里，大家互相猜忌、互相使绊，人人都想着只有打败对手，自己才能胜出。这样的自相残杀、互相倾轧，只能使单位里乌烟瘴气，不利于个人的进步和发展，更不利于共同发展，即使有人一时胜出了，最终也面临着被时代淘汰的危险。

第二重境界：独善其身的正当竞争。不关注周围的争斗，只关心自身的

发展，只求做好自己，独善其身。这样的人虽然清心寡欲，能够取得进步，但是因为孤军奋斗，进步比较缓慢，这样的竞争在一个不正当竞争的氛围中，显然是适合的，最终也能够胜出。但是，如果用这样的方式寻求人生的进步，显然只能勉强跟得上时代的潮流，想要取得人生的飞跃，是很困难的一件事。

第三重境界：双赢式的竞争。这是竞争的最高形式，取得的成果也是最大的，值得人们借鉴和学习。这种竞争的意义就是彼此赶超，相互帮助，就像那位荷兰老太太，自己取得进步的同时，把经验传授给周围的人。让大环境变成一个优秀的花粉环境，而自己再努力地改良品种。这样，不但能不断地提升自己，而且对周围的人也能起到一个带动作用。让氛围净化人心，让先进带动后进，再促使先进加倍努力提升自己，相互优化，这才是最和谐的竞争模式。只有这样的模式，才能带动时代的进步，从而使自己走在时代的前面。

一个人，不能仅仅想着自己在某个小圈子内的地位，仅仅满足于做“鸡头”，还要想着做“凤头”。而做“凤头”的方式，就是把自己所在的小圈子变成一只“凤凰”，或者跳到一个“凤凰”的圈子里去。这是仅用打败别人的方式所不可能达到的，只有实现自我进步，实现共同进步，才可能达到。

如果你处在一个不正当竞争的氛围里，而且无法改变整个环境的话，那就只好跳出那个环境。如果整个大环境都比较和谐的话，实现双赢式的竞争是比较容易的事，努力做好自己的同时，还要与大家一起进步，而这也并不是一件很困难的事。把“对手”看成“助手”，和“对手”联合作战，才能把那些“劣质花粉”——低劣的人格、低下的能力、不好的氛围以及不良的习惯等挡在外面。

一个人的力量毕竟是有限的，如果大家都能够提出自己的看法，用相互交流弥补“智者千虑”所必有的“一失”，想必考虑事情会更全面，进步也会更快。竞争并不是意味着要打败谁，而是意味着你能追得上谁，你能取得怎样的进步。因此，竞争并不是一场战争，而是一场追逐，共同进步、相互提升才是目标。

＊多一点同理心更受欢迎

努力做好自己，就要求大家在与人交往的过程中，多一点同理心，多考虑别人的情绪和看法，理解他人的立场和感受，能够站在对方的立场和角度思考问题。很多问题，只要换位思考一下，你就会变得比较简单了，而你做起人来会格外成功，格外令人尊敬。

孔子所说的，“己所不欲，勿施于人。”就是这个意思，你不愿意接受的东西，不愿意接受的思想和观念，同时也不要勉强别人接受。能够设身处地地为别人着想，就能在做好自己的同时，被更多人接受，被更多人欢迎，这正是年轻人所需要的。

30 岁以前，建立自己在别人心中的形象和地位，获得别人的尊重和认可，是人们最重要的心理需求之一。如果 30 岁之前得不到这些，你的行为就会有所偏颇，或自卑，或愤世，或孤高自赏。做好自己，除了自身能力等显性的东西以外，还需要满足自己的心理需求，这对于年轻人格外重要。

心理需求得到满足，感觉自己被爱着、被尊重着、被敬畏着的人，会充满自信，也更容易成功。然而，得不到这种心理满足，心理安慰的人，就会觉得自己孤独和焦躁，觉得自己不被别人理解和接纳，心理自卑，甚至有自闭的倾向，如果更严重的话，还会发展为抑郁症、妄想症等精神疾病。当然，大部分得不到接纳和认可的普通人，只有一点自卑；而得到越多人的认可和接纳，就会使人自信、性格完美、精神坚毅。

但是，并非所有人都能够得到更多人的欣赏和接纳，影视明星、政要人员及成功人士得到的光环更多一些，他们的观点也更容易被他人接纳。在他们成功之前，肯定也处于受尊重的人群，人们因为他们的影响力和人格魅力而尊重、接纳他们，而这正是由于他们在接人待物的时候，更加具有同理心，更能够站在别人的立场上去想事情，更容易理解、尊重他人。这并不是什么神秘的力量和天生的魅力，很多时候，都是他们自我训练的结果。如果

一个人进行长期的自我提示和锻炼，也可以拥有这种力量和魅力，拥有广泛的影响力。

那么，该怎样训练自己的同理心呢？具体方法主要有以下几个方面。

(1)善于倾听别人的想法。对于同一件事情，每个人都有自己的想法，也许你觉得不可理解，但只要听听别人的意见，看看别人是从哪个角度理解这件事，从而导致行为的差异不能被你理解的。想要别人理解你，就要首先理解别人，理解别人的第一步就是倾听别人的想法，了解别人的内心，这会让你更好地揣摩别人的心理，这是建立同理心的基础。

(2)接纳别人的想法。在日常生活中，可能别人的很多想法你都无法接受和理解，而这也许就是人性的狭隘之处。对于已经发生的事情，不要做无谓的挣扎和批评，而要接纳别人的想法，从而使自己变得更宽广。

(3)理解"别人眼中的自己，才是真正的自己"，不要被"做你自己"误导。人的确要做自己，但如果你做的这个"自己"让别人无法理解，或者经常误解，再或者无法接受接纳，那就是一个"失败的"自己。因为你的表现，把自己的原意扭曲了，所以在这时，你就要在做事之前，以别人的角度看看自己处理的是否恰当，并以此来改变自己在别人眼中的形象。

(4)与别人相处时，你只有权力修正自己的行为，而无法改变别人的想法。想要赢得别人的尊重和认可，就要做出大家都能理解和接受的行为。首先，你必须改变自己在别人眼中的形象，改变自己的做事方法，让别人从内心佩服你；然后，你才能得到相应的敬畏，也才能有深远的影响力。

(5)毋意、毋必、毋固、毋我。做到了这四点，一个人的同理心就修炼到家了。这四个词的意思是：不固守己见，不固守成见，专门替人着想、替事着想，不要求事情有怎样的必然结果，并以平和的心态来接受人生中的各种不如意。如果能够秉持这样的态度，看待别人的错误，或者事情出现的不如意，接受人和人思想的差距，调节自我反应，那么你就会在交往中更受欢迎。

同理心并不是要你完全被别人同化，而是要你在坚持自己的基础上，更多地体谅、理解别人。接受别人的想法，改变自己的做法，让更多的人更容易接受你，而这就是做人受欢迎的策略。

＊你要相信自己是最出色的

30 岁之前，年轻人要试着让自己相信“最优秀的人就是自己”。因为，无论这个世界上有多少优秀的人，而你能够把握的就只有自己。你可以决定自己是否要进步，是否可以变得更优秀、更伟大，也可以决定自己是平凡地活着还是活得更加卓越。成为一个怎样的人，完全在于自己的意志和努力，而这正是人之所以优秀、伟大的地方。

在日常生活中，不少人常常会忽略自己，觉得自己不够优秀，不够聪明，知识不够广博，气质不够好，甚至长相也不够好。很多时候，他们的眼光都停留在别人的身上，停留在那些成功的、卓越的人身上，羡慕、崇拜他们，却很少注意自己。如果不相信，大家可以扪心自问一下：一天当中，你有多少时间在看别人的脸色，有多少时间在顾及自己的心情？有多少时间在看别人，有多少时间在照镜子？有多少时间在羡慕、嫉妒别人，有多少时间在充实自己？有多少次在和别人比较，有多少次在欢庆自己的进步？这些问题中的后者是不是少得可怜？

如果有人问你：“你是最优秀的人吗？”恐怕大多数人都不敢作出肯定的回答，难道真的是我们比较谦逊吗？如果扪心自问一下，可能在内心深处，你根本就在怀疑自己的优秀程度，就算有人告诉你，你看起来有多优秀，大家有多喜欢你，而你恐怕也不敢相信。大多数人觉得自己很有信心，可是当真正遇到要肯定自己的时候，内心总有一点怀疑，“我的判断是正确的吗？事情会按照我的预料发展吗？”因此，在多数时候，不少人宁肯相信别人的鼓励，也不肯相信自己的判断。

古希腊大哲学家苏格拉底在临终前曾留下一句名言，“最优秀的人就是你自己。”这句话其实是有一番来历的。苏格拉底知道自己时日无多之后，

想考验和点化一下他很看好的一位助手。于是,他把助手叫到床前说:“我的蜡所剩不多了,得找另一根蜡接着点下去。你明白我的意思吗?”“明白。”那位助手赶忙说,“您的思想光辉是得很好地传承下去……”“我需要一位最优秀的承传者,他不但要有相当的智慧,还必须有充分的自信心和非凡的勇气……这样的人选直到目前我还未见到,你帮我寻找和发掘一位,好吗?”

于是,那位忠诚的助手,就不辞辛劳地通过各种渠道开始四处寻找“最优秀的继承者”。可他领来的人一位又一位,都被苏格拉底一一婉言谢绝。直到苏格拉底眼看就要告别人世了,最优秀的人选还是没有眉目。助手泪流满面地坐在苏格拉底病床边说:“对不起,令您失望了!”“失望的是我,对不起的却是你自己,”苏格拉底说到这里,很失望地闭上眼睛,停顿了许久,才又不无哀怨地说:“本来,最优秀的就是你自己,只是你不敢相信自己,才把自己给忽略、耽误、丢失了……其实,每个人都是最优秀的,差别就在于如何认识、发掘及重用自己……”

读完这个小故事后,每一个人都可以问一问自己,“如果苏格拉底让我寻找最优秀继承人的话,那么我敢不敢自荐?”大多数人可能都和那位助手有一样的反应。在不少人的内心之中,最容易忽略的就是自己。记得上学的时候,老师每次说要表扬谁,或者谁有进步,并且当所有的人都看向一个人的时候,而这个人却在左顾右盼。他谁都算到了,却漏算了自己,然而大多数人也一样,最容易忽略自己。

当你认为自己一定能够做好的时候,事情往往会出乎自己的意料,给自己致命的打击,而这样的打击经历多了,你就会变得不敢相信自己,即使好事降到自己头上,也不敢相信。大家常常挂在嘴边的是:“我没有那样的好命。”这样的拒绝好运的到来,怎么可能做出最大的努力,又怎么可能在努力过后,取得应得的成果呢?

对于自己能力的怀疑,甚至忽略和拒绝,使你错过了不少机遇。只有相信自己是最优秀的,你才能把握到手边的机遇,才能不断地挑战自我,最终成为一个更优秀的人。不要急着去寻找、羡慕、嫉妒最优秀的人,从自己开

始算起吧。只要通过培养和努力，并拿出勇气和信心，谁都能成为最优秀的人。

＊人生中最大的敌人是自己

在人的一生当中，不少人会为自己的内心设置非常多的障碍，从而使自己一生都在低阶层中挣扎。由于学会征服自己比战胜对手更困难，也更有挑战性，因此不要急于战胜别人。如果一个人能够战胜自己的偏见、固执、懒惰，战胜自己内心的自我限制，就可以冲出自己设置的藩篱。然而，这样的进步，比任何一种竞争都能使自己更快获得进步。

人们常说："英雄征服世界，圣贤却征服自己。"只要把自己的理想建立在战胜别人上，又有什么困难呢？难道很多人不是一直在潜意识里想着和别人一比高下，并战胜对手吗？在自我的主观意识中，想要做的事，无论怎样困难，也是非常容易的。然而，征服自己却不是那么容易。正如明明自己不喜欢做的事，却非要逼着自己去做；明明觉得自己做不到的事，却还要勉强自己努力去做到。

可是，一个人想要有大的成就，想要变得成熟，就要学会勉强自己。因为，人的懒惰、偏见、狭隘以及自我设限，会毁掉自己的一生，所以人生最大的敌人，不是别人，而是自己。如果能够不断改变自己的缺点，让自己渐趋完美，并且不断挑战、超越自己，就能够让自己变得更加优秀、更加卓越。那么，如何来征服自己，以让自己离成功更近呢？敢想敢做，不要自我设限，不断征服自己身上的惰性，不断审视、监督自己的言行，就是达到这个目标的最佳方法。

人在做事之前，常常自己为自己做了限制，如什么事自己不能做，什么职位是自己不能胜任的等。其实，人的潜力是非常大的，通常认为自己不能够做到的事，其实只是因为自己没有尽全力，或者是因为自己缺乏危机感。记得小时候学过一首诗，"林暗草惊风，将军夜引弓。平明寻白羽，没入石棱

中。"那位将军在受到惊吓的情况下,射出去的箭几个士兵都拔不出来。然而,他在白天再次向石棱射箭,把箭都射弯了,也射不进去。由此可见,人的潜力不可低估,想要做到最好,就不要给自己设限。30岁的年轻人,前面还有无数可能,但如果认定自己只能做到哪种程度,或者只能做一个平凡人,那么你一生就只能庸庸碌碌。想要做到更好,就要把自我设限这个"敌人"打倒。

每一个人都有惰性,这是与生俱来的。然而,成功者之所以成功,关键是因为他们善于克服自己的惰性,让自己遵守自己制订的计划。虽然,很多人都有志气,也为自己制订了宏伟的计划,但是很少有人能够实现。那是因为周围有太多的诱惑,让他们学会破例,学会破坏自己制订下来的计划,使它中途夭折。比如,你希望自己每天6点钟起床跑步一小时,可是今天天气寒冷,停掉了一天;明天下雨又停掉了一天;第三天,又想自己反正都停了两天了,索性明天再开始吧。人生中的很多计划和事情就是这样被耽误了。

每个人都有自己的缺点和不足,只有纠正和补充它们,才有可能成就大事。不断改变自己对这个世界的认识,就是一个人从幼稚到成熟的进程,然而这个进程是漫长的,也是艰难的。人生就是不断克服对这个世界的偏见,并慢慢对世界、社会及人生客观认识的一个过程,也只有客观认识自己,客观认识世界,才可能有卓越的成就。只有自己的认识符合客观规律,顺着规律做事,你才可能成功。

自己才是最大的敌人,因为一个人不会轻易违逆自己的思想,可事实往往与他的思想欲望相悖。只有勇于承认和改掉那些与客观事实相悖的认识和习惯,一个人才能进步,才能不断接近完美,而这正是一个人逐渐成熟的真谛。

❋嫉妒别人,不如肯定自己

对于成功的人,不少人都会怀着一种天生的敌意,而无论这个人是否与他们有着直接的利害关系。当然,直接的利害关系会形成更直接、明显的导

火索，让他们与成功的人彼此敌对。这是人性中的嫉妒心，但每个人都不能免俗。那些真诚对成功者表示恭贺的人，不是因为他们天生大度，而是因为他们能够克制住自己的嫉妒心。这就像得病，每个人都会被病毒侵害，但有些人免疫力好，又坚持锻炼，因此不易发作而已。

每一个人都要明白，嫉妒这种情绪对于进步没有任何帮助，反而让人变得面目可憎。与其嫉妒别人，倒不如相信自己，相信自己能够克服这种不良情绪，相信自己能够凭着不懈地努力取得进步，相信自己一定能够比别人做得更好。

一般情况下，嫉妒心比较强的人，多少有一点自卑，因为觉得别人胜过自己，而自己又没有能力胜过别人，心里肯定不舒服。然而，对自己比较自信的人，嫉妒心则要弱很多，因为他们认为自己也能够像别人一样优秀，只不过这次疏忽了，所以他们用不着嫉妒别人，他们下次肯定会更谨慎，表现得比这次更好，取得的成就也会比别人更瞩目。

做好自己比和别人比较更有意义，理智成熟的年轻人不会轻易嫉妒别人，因为他们知道自己需要什么，自己正在做什么，以及自己最终能够得到什么。这样，也就对别人得到的东西淡然了，这就像你本来想要一个苹果，你会嫉妒那个得到梨子的人吗？有些人则会，因为他们不清楚自己具体想要什么，他们想要名，想要利，想要大家羡慕的眼光，而不知道自己真正需要的是什么？于是，他们总是生活在和别人的追逐当中。当大家追捧明星的时候，他们认为“红极一时”就是最大的时尚；当大家崇拜那些商业巨鳄的时候，他们又认为“功成名就”才是最终的目标。虽然，不知道这样的追逐能够带来什么，但肯定不能给自己的生命带来充实的感觉。

有些人，当别人站在光环下的时候，他们的嫉妒情绪就会悄悄滋长。这样的情绪最终会让你痛不欲生，其实每个人都有站在光环下的时候，你也有被人嫉妒的一刻，只要你付出足够的努力，把你所有的精力都放在充实自己上，而不是和别人比来比去。比赢了，你的内心不过舒服一点，平衡一点，你并没有真正获得什么好处；比输了，虽然你没有真正失去什么，可是你的心

态就不平衡了，这就为你的结果埋下了必输的陷阱。要知道赛跑当中，跑得最快的绝不是那些左顾右盼，不让别人追上自己，又拼命赶超别人的人；而是那些只顾低头以自己最快的速度跑的人。

相信自己就是让大家学着把精力放在超越自我、努力进取上，而不要把精力放在嫉妒别人上。嫉妒心会极大扭曲一个人的身心健康，从而影响学习和工作。嫉妒心直接影响一个人的情绪，让人们的学习和工作效率大大降低。想一想，怀着愤怒与怨恨、羡慕与憎恶、屈辱与伤心等复杂的感情，怎么可能安下心来对待学习和工作？这些感性的情绪，会毁灭一个人的理智，让他心烦意乱不能专心，甚至，他会想一些办法，让对方也不能如意，把精力都放在钩心斗角上，从而使他无法取得进步。

再者，嫉妒心强的人还可能结交不到知心朋友。他们往往事事好胜，常想方设法阻止别人的发展，总想压倒别人，对于比自己强的人喜欢挑剔、造谣、诬陷等。这会让周围的人躲开你，不愿与你交往，从而给自己造成一个不良的人际关系氛围，使你感到孤独、寂寞。同时，这种氛围还会把你的事业和生活都拖入一种阴暗的境地，让你的人生更偏离光明与快乐。

30岁之前，一个人的心理往往是不成熟的，因此，更要培养自己正面的情绪和积极的心理，才能够离成功越来越近。与其嫉妒那些优秀的人，不如用自己的努力使自己变得更加优秀。不要让负面情绪和比较来比较去的事情消耗了自己的精力，只要相信自己努力下去一定会是最优秀的人，就会变得越来越成熟，越来越优秀。

＊与其抱怨，不如增加实力

当一个人看到别人得到机会，能够一展所长，往往会觉得委屈，怨天尤人。抱怨上天对自己不公平，给的机会太少；抱怨父母没有人脉，没有关系网，不能给自己创造更多的条件；抱怨周围的领导不懂得赏识自己，抱怨“千里马常有，而伯乐不常有”。其实，所有的抱怨都是没用的，只有不断努力增

加自己的实力，并从这些不如意中找到属于自己的契机，才有可能获得成功。

一个成熟的人，懂得怎样才能对自己的前途有帮助，怎么做才能不断进步，怎么想才可以让自己的情绪有利于工作业绩，怎样才能为自己创造更有利的条件。而不是一味抱怨，抱怨只能让自己的情绪更低落，让自己更加看不到未来，让自己的心灵更扭曲。成熟理智的人会清醒分析别人是怎样成功的，会观察自己还缺少哪些成功要素，无论面临怎样的环境，他们都会一如既往地努力做好自己，并最终获得成功。

面对困厄，孟子曾说过，“天将降大任于斯人也，必先劳其筋骨，饿其体肤，空乏其身，行拂乱其所为，所以动心忍性，曾益其所不能。人恒过，然后能改。困于心，衡于虑，而后作。”无论他的观点怎样，这种想法是非常积极的。当一个人感觉郁郁不得志的时候，并没有抱怨上天降给他的困难，而是认为这是上天对他的考验，是上天要增加他所不具备的才能。如果能够这样想，对自己的事业和人生都是有很大好处的。

一个人想要轻易地成就自我几乎是不可能的事，人生能够达到怎样的高度，最终取决于他的实力，而这些实力就包括他的做事能力、交际状况以及心理承受能力等。如果能够在这些方面都做得非常好，即使机会这次不属于你，最终也会来到你的身边，帮助你成就更大的事业。

人生就像一场战争，最初的战役你还可能凭着机动灵活的战术，或者凭着运气取得胜利，而最终谁胜谁负则要看整体的实力。成就自我最关键的就是不断增加自己的实力，赢得实至名归的胜利，而不用担心自己走得太过虚浮，赢得太过危险。如何经营好自己的一生，是人在一生当中都应该思索的问题，尤其年轻人更应该对此有清醒的认识。

首先，应该提高自己的做事能力，这是最重要的一点。无论有多少人帮你，无论你有怎样的好运气，如果你是个“扶不起来的阿斗”，就算别人想赏识、提拔你，恐怕也无能为力。现在，很多年轻大学生喜欢边学习、边工作的环境来提高自己的能力。他们认识到自己的社会经验不足，因此在薪酬方

面要求也不高。各企事业单位的人力资源部门都非常欣赏这样的年轻人,觉得他们更有培养发展的空间。当然,在职工作人员也可以从眼前做起,注重学习,同样也能提升自己的工作能力,从而获得更大的发展空间。能力的提升,一方面是来自于实践,就是在工作中不断总结经验。这就要你在工作中多用心,多动脑筋,在实践中验证和提升自己的能力,并且不断积累经验,提高创新能力。另一方面来自于学习,只有不断地学习,才能不断提高自己的能力,提高自己的综合素质。在工作中认识自己的不足,通过不断学习来更好地弥补和提高自己是很好的一条途径。学习有很多方式,专业系统学习可能要花费更多的时间和精力,如果单位不支持,那么就应采取其他方式。比如,业余时间看书自学,生活工作中学习总结,以及与别人相互学习、讨教等。

其次,要学会做人。做人到位,一切就会自然天成。无论有多少交际的经验和技巧,都要建立在做人的基础上,如果你人格方面有缺陷,就算掌握再多技巧,充其量也只不过是一个善于“巧言令色”的小人罢了,那么别人就不可能看重你,更不会给你机会。做人,最重要的是学会换位思考,只有站在别人的立场和角度上去考虑问题,一切才会迎刃而解,这就是与人相处的智慧。

再次,就是要有责任心。如果一个人说话、做事不负责任,就会给别人一种浮夸的感觉。如果一个人对自己的家庭和事业都没有责任心和忠诚度的话,那么他就会有信任危机。如果一个人没有领导、同事以及家人的信任,那么他就不会有更好的发展。世上没有任何一个领导会拿自己的事业、财富及成功当赌注,把那些不负责任、没有忠诚度的人放在一个重要岗位。

用乐观去感染周围的人,有一个情商方面的专家曾讲过,“心里装着天使,你就是天使;心里装着阳光,你就是阳光;心里装着魔鬼,你就是魔鬼;心里装着邪恶,你就是邪恶。一个乐观的人能够影响周围的朋友和家人,让他们每一个人心里都充满阳光,在积极的人生中实现自我价值。这样的人,是没有人不欢迎的。”

这些就是一个人的实力，如果在这些方面做得都足够好，那么你就不用去羡慕周围的人有多少机会，也不用去怨天尤人。因为，这些实力迟早会把最有利的时机带到你的面前，那时候成功就是水到渠成的事。相反，如果实力不足，就算有足够的机会和人脉，你也会因为不堪当大任，而最终跌得很惨。

*总是固执己见，易吃大亏

做事应该有主见，但也要善听人言。别人的话，如果正确就应该听信，而不能固执己见。但是，听信人言也是应该有原则的，不能偏听偏信，更不能在别人的意见中丢掉了自己的主张和意见，丢掉了自己应该坚持的信念。

成就自我，首先要相信自己，其次要善于整合众人的智慧，把别人的思想、意见、优点都变成自己的，这样才能在复杂的形势下，对情况有更客观、清醒的认识，才能够按规律做事，最终才能有所成就。善听人言，最重要的不是不固执己见，听别人的话，而是要弄清楚下面几个问题，即听谁的话？相信怎样的预测？怎样听信别人的意见？怎样整合不同的意见？解决好了这些问题，才算“善”听人言，才能够在杂乱而茫然的意见中，找到一丝头绪，才对做事有好处。

(1)听谁的意见？听亲朋好友的话？听周围朋友的劝诫？听领导的话？对于一件事来说，不同的人会有不同的意见，也会有不同的处理方法，而各种处理方法的结果却千差万别。如果你没有自己的意见，而茫然听信别人的话，就可能使自己无所适从，最终事情也做不好。

当你就一件事情征求意见的时候，最好先选择好对象，要选择那些做人做事比你优秀、成功的人。最好听取他们的意见，因为一个人的成功，肯定有他自己的一套与众不同的方法，而这些方法使他的决定更靠近客观情况，更靠近事实真相。向他们请教意见，往往能够得到很好的办法，会给你不少启发和指导。

当然“智者千虑,必有一失”除此之外,你还应该听听那些与他们看法不同,但同样优秀的人的意见。这些相左的意见,会给你很多启发,或者教给你在看到事情积极一面的同时,能意识到风险,这对于你做决定同样有着巨大的助益。

(2)遇到相左的意见怎么办?你的做法就是要先坚持己见,然后找到理由来支持自己的想法,找到的理由越客观,你做的决定就会越正确。

而如果别人找到了更多的理由和事实依据,来反对你的意见,那你就要注意了,这说明你所做的决定正处在一个极大的矛盾当中,既有很大的可行性,又有很大的风险。要知道在某个新行业的最初阶段,总是高收益和高风险并存的。你既要坚持可行,又要避免风险,还要衡量收获和风险哪个更多一些,你是否能承受,就算能够承受,也要准备好遇到阻力后可以实施的其他方案。

如果在感觉自己的决定似乎欠妥时,就要更加谨慎,听取更多、更优秀的人的意见,最终用事实来说话。不要盲目的“少数服从多数”,也不能坚持“真理掌握在少数人手里”,如果可能,听取更积极的意见,用最谨慎的态度来做有风险、有矛盾的事。就算失败了,也要总结好经验,看看到底是哪个环节出了错误,而不能一味否决当初的决定。

(3)怎样整合众多的意见?每个人对事情都有不同的看法,可能你决定一件事的时候,周围人就会通过不同的方法来反映他们的意见。

在确定一个最终要达到的目标后,你要有一个大概的方向和方略,并且围绕大概的方略,听取各方面的意见。方向必须是明确的,环节可以补充,当然这是在大方向正确的前提下进行的。反对意见也可以作为一种防范措施,支持意见可以积极听取,补充意见则有必要采纳。而这就是集众人智慧于一体的真正做法。既不要偏听偏信,也不要坚持己见,让事情按照最接近客观规律的方法来做,并用最积极的态度来完成,这就是最好的做事方法。

做事情不要固执己见,如果别人能够提出更好的方法,那就不妨听取别人的意见。正如古代贤君的身边都有众多的“谋士”,如果能够听取别人的

正确意见，那也会聚集更多的智慧，把事情处理得更加完美。“走自己的路，听别人的话。”才能有更高的成就，坚持相信自己并没有错，但是相信更多的事实，采取更多的防范措施，不是可以使自己做的事情有更多的保障，有更好的准备吗？

固执己见，常常是刚走上社会的年轻人身上的一块硬伤，只有慢慢变得成熟、圆融，才能考虑得更周到、更严密，也才能最终体会到“三人行，必有我师”的含义。只有这样，做事才能更严谨，更接近完美，而在这之前“善听人言”的心态就是一种成熟的好心态。

第 8 章

别看着他人眼红心躁，别总想下一份工作会更好

什么样的工作是好工作？每个人都有自己的想法，无论它在别人眼中怎样，只要能够适合自己，能够体现自己的价值，这样的工作就是好工作。不要对工作要求太苛刻，跳槽这种方式不是在成就你，而是在毁灭你。不要以为年轻就可以再三尝试，接受哲人的建议，“身边的麦穗就是最大的麦穗。”如果你总是抱着轻率的态度对待自己的工作，那么下一份工作就不一定更好。其实，在很多时候，对于你最重要的工作，就是你正在做的工作。

＊适合自己的工作才是最好的工作

什么样的工作算是好工作呢？不同的人可能有着不同的定义。有的人认为能够为自己带来成就感的工作就是好工作；而有的人就觉得薪水高的工作才是好工作；有的人觉得能够为自己的生存带来足够的保障，同时又有足够的空闲时间来让自己休闲的工作才算是好工作；有人则认为让自己充实，给自己带来进步的工作就是好工作。

每个人对于工作的认识是不一样的，也就会产生对工作的不同需要。有人只把工作当成一种生存的手段，有人却把工作当成一种兴趣爱好，有人把工作当成自己生活的一部分，有人觉得工作就是能够体现自己价值的媒介，有人把工作当做一种精神寄托。

30岁以前，要弄清楚工作对于你到底意味着什么？你到底追逐的是工作带给自己的保障还是自己真正地热爱工作；喜欢的是自己工作时的充实感，还是职位上的权威感；你工作出色是为了表现自己，还是单纯想把事情做好而已。只有想清楚自己想要的到底是什么，才能够以饱满热情投入到工作中去。鞋子之所以好，是因为舒适合脚，而不是昂贵；职位、工作之所以好，在于它适合你，而不在于薪水多少、社会地位多高。

如果一个人为了所谓的权力或金钱，再或者为了那份工作所代表的社会地位，而让自己从事能力所不能及的职位，那么他真的会很痛苦。年轻人不要在想清楚以前就忙着跳槽，也不要因为和同龄人的攀比，而失去了让自己感觉很舒适的工作环境。

30岁以前，要弄懂什么才是至关重要的，不要一味地追求能为自己带来各种“光环”的工作。适合于别人的，未必适合于自己。只要自己的工作环境令自己满意，自己在工作中有成就感，同时又能够在工作中学到一些东西，就应该安心地在自己的岗位上认真工作，而不要胡乱攀比。

不少人为什么会对自己的工作不满意？难道真的是薪水少到让他们生

存出现问题吗？难道真的是工作压力大到他们无法承担吗？难道真的是工作毫无挑战性，毫无收获吗？很多时候年轻人跳槽不是因为他们不满意，而是他们心生抱怨，是和同学、同龄人攀比的结果。

在任何中型的企业中，都会有足够你发挥能力的职位，因此重要的不是是否跳槽，而是要学会调整自己的心态。在抱怨工作环境的时候，想一想自己有哪些资格可以得到更好的工作，如果你自己都觉得心虚的话，那么加薪、跳槽的事不妨缓一缓，进修的事也不妨放一放。能够在岗位上提升自己的能力才是重要的，只要你对公司的贡献到了一定程度，相信会有一个适合的职位等着你去做，甚至不用你跳槽，别的公司已经在觊觎你这个人才了。

很多时候，当你觉得工作这不好那不好想要跳槽的时候，不妨先想一想自身有哪些不足？这里有一个故事也许会给你更多的启示。

有个太太多年来不断抱怨住在自己家对面的一位妇女很懒惰，“那个女人的衣服永远洗不干净。看，她晾在外院子里的衣服，总是有斑点，我真的不知道，她怎么连洗衣服都洗成那个样子……”直到有一天，有个朋友到她家，才发现不是对面的女人衣服洗不干净。细心的朋友拿了一块抹布，把这个太太的窗户上的灰渍抹掉，说：“看，这不就干净了吗？”原来，是她自己家的窗户脏了。

人们很容易看到别人身上的小瑕疵而心生抱怨，可对于自己身上那么严重的错误都不会发现。如果你是那些总在跳槽却总是不满意的年轻人之一，你就要审视一下自己了，到底是你真的总是碰到差劲的工作，还是你自己身上有着难以弥补的缺陷？如果脚上长了鸡眼却抱怨鞋不舒服，岂不是很可笑？

适合自己的工作就是好工作。如果你总是找不到适合自己的工作，过于频繁地跳槽，很多时候并不是工作出了问题，而很可能是自己出了问题。在30岁之前，找到一个适合自己的工作，踏踏实实地享受工作的热情和乐趣，是一件很快乐的事情。

＊最大的麦穗，就是身边的那一个

苏格拉底是古希腊最著名的哲学家之一，在他和弟子之间曾有这样一个有趣的小故事。一天，苏格拉底带着弟子们走到一片成熟的麦地旁，要求他们去麦地里摘一个最大的麦穗，只许进不许退，他则在麦地的尽头等着弟子们。

可是地里到处都是大麦穗，哪一个才是最大的呢？弟子们埋头向前走。看看这一株，摇了摇头；看看那一株，又摇了摇头。他们总以为最大的麦穗还在前面呢。虽然，弟子们也试着摘了几穗，但并不满意，便随手扔掉了。他们总以为机会还很多，完全没有必要过早地定夺。弟子们一边低着头往前走，一边用心地挑挑拣拣。突然，大家听到苏格拉底苍老的、如同洪钟一般的声音："你们已经到头了。"这时，两手空空的弟子们才如梦初醒。苏格拉底对弟子们说："这块麦地里肯定有一穗是最大的，但你们未必能碰见它；即使碰见了，也未必能作出准确的判断。因此，最大的一穗就是你们刚刚摘下的。"

对于我们身边的工作不也是如此吗？无论多么高的理想，不都要从一份实实在在的工作做起吗？一个刚刚毕业的年轻人，能力如何尚且不知，谁能够放心把一份关系到公司生死存亡的管理工作给你做？因此，不要对自己的工作抱着多高的期望，期望有多少薪水，有多大的权力，能够实现怎样的理想，这些都是不现实的。一个人目标再高远也要面对现实的生活，人生最大的现实就是你眼前的这份工作。无论它有多少不顺心的地方，有多么不符合你的理想和追求，你对它有多少不满意和抱怨，但它最起码能够解决你生存的问题，最起码它可以给你一个展现自己能力的舞台，这就足够了。

一个人的理想无论多大，价值无论有多高，都是通过最普通、最琐碎、最具体的工作来展现出来的。被高尔基誉为"阳光底下最光辉的职业"的老师，他们的工作不就是我们耳熟能详的备课、讲课、批改作业吗？一个国家

的最高领导人,他们的工作也不过是签署文件、开会、做演讲,看起来也是无聊得很。无论一份多么风光无限的工作,它们实质性的内容都是无数遍的重复,都是一些琐碎的小细节,日复一日做起来难免会感到无聊,甚至是平凡。要知道一个人能够从工作中找到乐趣和激情,那都是经过了不知多少折磨,才会有的情形。

不要看轻自己手边正在做着的工作,它们往往有着很伟大的价值,当初抬土搬砖的农民们哪想象到他们正在建造千百年后都令人惊叹的伟大奇迹——长城呢?因此,你手边的工作也许就是在创造另一个奇迹呢!就算不是,你也可以借助手边的工作作为一个展现自己非凡能力的平台,而领导们自然会把你当成一个人才,给你更重要的工作,到时候不就可以实现你的梦想了吗?无论你觉得自己可以胜任怎样重要的工作,未来会成为怎样卓越的人物,但你眼前的、实实在在的工作才是最重要的。

不要轻易就决定跳槽,下一份工作不一定会更好,也许越跳越差劲呢。小丽刚刚毕业的时候,被学校分配在了移动公司做一个速录员,大家都羡慕得不得了,结果她却嫌工作总是老一套,每个星期都有考试,压力特别大,并且离家远,饭菜又不合胃口。结果,三个月以后,她就辞职了。后来,她又进入了一家企业做文秘工作,虽然距离她的速录专业比较远了,可是压力小啊,虽然不如前一份工作有保障,可还差强人意,结果她又觉得薪水太低,又开始换工作。四年过去了,和她一起参加工作的小姐妹们都当上了小领导的职位,她却只能在超市里做促销员,专业知识已经忘得一干二净,除了等着嫁人,已经没有更好的路可走了。

人生往往都是自己决定的,境遇好不好,常常是自己选择和努力的结果。工作没有最好的,只有更好的,可是羡慕是没用的,只有能抓在手里的才是实实在在的,而只有离你最近的才能被你抓住。因此,不要这山望着那山高,安心做好手边的工作,就是人生最大的快乐,就是你可以得到的收获。

眼下的就是最好的,只有重视眼下,才能寄希望于未来。

＊多点职业规划，少点盲目寻找

随同别人一样考入了中学、高中，寒窗苦读三年之后考上了一所普通大学。因为面对社会上的种种，有的人为了逃避现实又选择了读研，有的人选择了找工作，可是一谈到未来，都没有一点方向感。从小到大，读书上学考大学，并没有想过什么，只是就这么一步一步地走了过来，如果找工作、考研也算是自己的一个决定的话，那也是很浅薄的，只是模糊地以为这样就可以找到一份不错的工作。这似乎是每一个即将步入社会的人所经历的职业选择阶段，没有一个人能清楚地知道自己究竟要做什么，能把什么做好。如果当你问到他们的职业规划，那绝对是一片茫然的表情，根本触摸不到未来。其实，无论是对于刚刚进入社会的大学生，还是在社会里混迹了多年的人士，都需要多一点职业规划，少一点盲目寻找。只有找到了自己的未来在哪里，你才能牢牢地抓住人生，因此，舍弃眼前的盲目寻找，选择职业规划吧，当你把未来用纸和笔记录下来的时候，那就是你成功之路的开始。

现在，社会上的工作琳琅满目，使人应接不暇。但是，在这样纷繁的场面中却有多少人像找不到水的鱼儿，无力地挣扎着。有的人不切实际，找工作太过于盲目；有的人盲目跟风，看着市场哪个行业比较热，就一头往里钻；有的人盲目报考一些公务员、村官，缺乏职业意识。纵观这些人奔波前后却苦苦找不到工作的原因就在于盲目寻找，没有制定合适的职业规划。对任何一个有思想有抱负的人来说，职业规划都是相当重要，因为它决定了你要去做什么、怎么做，并为你建立了一个目的，促使你不断地向前发展。那些大凡卓有成就的人，他们在最初都有一份详细的职业规划，即便是没有清楚地记录下来，在他们心里也有一份计划。近年来，不少毕业的大学生嚷着“不好找工作”，实际上就是由于没有一份职业规划，导致了就业难的问题，所以，对于每一个正在寻找工作的人来说，职业规划迫在眉睫。

王伟出生在一个小城市,父母的文化程度不高,家境也不是很好,从小家里给王伟灌输的思想就是好好念书考大学。而且,王伟的成绩一直还很不错,但高考的时候却没有发挥好,只好进了一所三流的大学。进了大学后,王伟显得彷徨,也很迷惑,觉得理想和现实差距好大。但是,他也说不出自己理想中的大学生活是什么样子,只是觉得不应该是这个样子,所以,他也跟其他同学一样:逃课打网游、交女朋友、经常去酒吧玩乐。一晃大学三年就过去了,而他自己才惊觉自己虚度了大学生活。临近大学毕业,他不甘心就这样找个自己不感兴趣的工作,也不想停留在那个小地方耗过一生,所以,他选择了考研,选择了网络维护这个专业。

由于是跨专业考研,上了研究生的他总觉得自己比别人矮那么一截,而且天性内向的他又不擅长自我推销,结果他比别人晚半年才进了实验室,而且所进的项目组也没有什么实际工作可做,根本学不到什么专业的技能。这让他觉得自己好像走错了路,他很想知道同学们是怎么打算的,结果得到的大多数答案就是"走一步算一步",所以,王伟也觉得自己只能走一步算一步了。

相信很多年轻人都有王伟这样的困惑,当我们还在困惑"人为什么活着"的时候,社会已经不自不觉间来到了我们身边。这时候,择业问题自然又是一大的难题,最关键的原因在于很多人都不知道自己究竟要干什么,或者是随波逐流,或者是盲目寻找,或者是无所事事。总之,他们的生活变得一塌糊涂,绝大多数人选择了"走一步算一步"。假如你舍弃了盲目的心理,选取为自己制定一份详细的职业规划,那么,你的生活在那一刹那就会发生变化。

有的人表示,自己几乎两三个月就要换一次工作,而原因则是千奇百怪。甚至还有的人说,身边的朋友换工作比换男朋友还快,都不知道她到底要选择什么样的工作。事实上,他们都在职业选择中迷失了自己,陷入了盲流中。如果你选择了盲目寻找,那失去了的不仅仅是工作,还有你的人生目标,所以,舍弃盲目寻找,认清前面的方向,选择详细的职业规划,有助于你找到人生的方向,铸就美好的未来。

＊职场之路，难免剩者为王

在最近一次的金融风暴中，网友们曾写过这样的过冬帖，“不要辞职，不要换工作，不要转行，不要创业”。当然，还有诸如“不要找老板涨工资，因为裁员往往是从工资高的开始”，“别买车，别生孩子，别离婚”，“珍惜生命，远离股市”。看来，在严峻的经济形势下，大家都有着共同的心思——剩者为王。然而，面对人生中无处不在的竞争危机，大家为什么就没有一点点剩者为王的心思呢？大概是人生的危机来的比较缓慢，不能够很快觉察到的缘故吧。

在日常生活中，越是慢性病就越是容易被人们所忽视，也越容易引起死亡。年轻的时候，人们会重视机会，而轻视积累，往往工作有一点点不顺心，就会想着换一个环境。可是，人总要老的，总有一天会跳不动槽的。难道在你老的时候，还守着一份最基层的工作吗？一个人每来到一个新的单位，就等于重新开始一次，重新温习那些诸如端茶倒水、扫地整理等最基本的工作，而这些工作对于你的能力积累无疑是没有任何帮助的。所以，越是跳槽频繁的人，反而薪水越是低，越是没有好的职位。由此可见，单纯为了薪水而跳槽是最不明智的做法。

工龄往往意味着一个人对一份工作的熟悉程度，也意味着你为公司里做的贡献，更意味着你的资历有多高。虽然，能力不是简单地积累就能提高的，但是缺少了积累，一个人就绝不可能做出什么大的成就。成功往往就是经验的叠加，而一些所谓的运气和机会，其实就是努力积累到了一定程度的结果。在日常工作中，不少中层或高层管理人员，往往就是最后的“剩者”。有人出局，他们才能从基层升上来；有人不满意眼前的状况，他们才可能凭着自己往日的努力和贡献争取到目前的职位。人生就是一场淘汰赛，当找到合适的位子后，就应该安下心来努力工作，等待时间淘汰那些没有耐心的人。

年轻人应该有危机意识，即使你现在刚刚20岁出头，也不代表着你还有10年可以慢慢浪费，慢慢寻找适合自己的工作岗位。一个人寻找工作的过程应该是看到一个空闲的岗位时，不要匆匆忙忙地递上自己的简历，而要谨慎地选择行业和公司。如果你有一个不错的学历，或者毕业的学校不错，那么你应该选择那些大公司，就算职位只是一个勤杂工。首先，大公司的待遇水平会不错，即使只是一名勤杂工，也会有基本的生活保障；其次，大公司的竞争机制比较健全，人际环境比较好，只要你有能力就会有一朝翻身的机会；再次，大公司能够提供给你的前景是非常广阔的，值得你学习的东西也是非常多的，就算日后你要跳槽，那么曾在大公司工作的工作经历也会为自己加分。

如果你觉得在一个岗位上非常不适应，就要找到自己不满意这个岗位的真正原因，是对薪水不满意吗？是竞争环境不够好吗？是在这个位子上发挥不了自己的能力吗？是觉得压力大，不胜任吗？是这个公司的前景有限，已经是夕阳产业了吗？对于一份工作不满意，不一定非要辞职，因为有些原因是可以克服的。比如，有个年轻人辞职的理由居然是公司的卫生搞得不好，厕所没人时刻打扫。这是非常可笑的，难道他上班八小时会有六小时待在厕所吗？单纯为了薪水或其他一些小小的不适应而辞职，是非常不明智的。因为，世界上是不可能有一个地方是专门为你准备的，走上社会工作就是要离开那些令人舒服的环境去适应各种复杂的环境。出外享受服务都是你给人家钱，当然以你的感官为主，而工作是人家给你钱，凭什么要按照你的喜好来安排呢？再者，人事竞争和工作压力以及在某些方面上的不适应，即使你再换一百份工作，也是不可能消除的。

想要跳槽，就要找出你跳槽的真正理由，以及跳到哪个公司、哪个职位能够改变这些现状，让自己更加满意一些？我们要的是越跳越高，而不是总在差不多的职位之间跳来跳去，甚至越跳越不济；每跳一次都应该有自己的收获和进步，才算是成功的跳槽。否则，当你的年龄大了，会发现自己还想跳，可是已经没有单位肯接收35岁以上的高龄初级打工仔了，而你待的这个

职位却是一个非常糟糕的职位。原本的专业也忘得差不多了，十几年间居然没有任何进步，除了工资涨了几百元钱。

人为什么会被淘汰？是因为别人进步了，而你却在原地踏步，甚至后退了。而不安于工作的频繁跳槽，正是这种原地踏步的重要原因。因此，只要你所在的公司不是那种只有几个人，从事着非常落后的原始行业的公司，就安安心心地在那里待下来，和它共同成长。

*路要一步一步走，欲速则不达

30 岁以前，多数人喜欢展望未来，却很少做计划，很少停下来思考一下，应该怎样才能达到最终的目标，怎样一步一步去实现梦想。拥有梦想没有错，可是天天沉浸在梦里不肯醒来就是错误的了，因为对梦想的误解，年轻人常常觉得自己志向远大、能力非凡，所以对自己眼前的工作往往会不耐烦，甚至有时候会操之过急，却往往因此而造成漏洞，以至于造成无法挽回的后果。

所有对工作抱着不切实际的想法或总是敷衍了事、浮躁冒进的年轻人，要学会一步一步把工作做踏实，不要迷恋于前面美好的成果和风景。因为，无论成功后有什么样的荣耀在等着你，如果现在不集中注意力，那么你就会摔跤，而美好的前景就会离你越来越远。

记得有这样一则故事，说小松鼠在地里种上了一排梨树，于是天天盼着能吃到梨子，结果盼啊盼啊，一年后梨树还没有结果。小松鼠不耐烦了，它听说梨树五年才结果而杏树只要四年就够了，就砍掉了梨树，种上了杏树。结果，等了一年多，它又不耐烦了，于是砍掉了杏树种上了桃树，因为桃树三年就能结果，就这样砍了种，种了砍。当人家都吃上了香喷喷的果子时，它却只能望着新种的樱桃树流口水。

这则寓言大概朋友们小时候都读过，可是谁又曾经反思过自己的行为是不是像那只不断毁掉自己成果的小松鼠呢？成功往往是积累来的，当你

走到第九十九步的时候大概和第一步还是没有什么不同,只有你真正地走到第一百步了,成功才正好到来。努力总要积累到一定程度,才可能出现明显的变化,如果一直注视着努力的成果,就会觉得成果到来得特别的慢,甚至会慢到不耐烦,慢到被放弃。于是,人们总是看到那些自己做了九十九步却放弃了的事业,在别人的努力下有成效起来。难道是自己不够努力吗?只能说是努力得不够,也许还差一步。

这就像走路,人都说“望山走死牛”,明明能看到就在不远处的目标,可走起来却是累得很。世事往往就是这样,你越是紧盯着目标,越是觉得急不可耐,越是焦急,就会越觉得遥不可及,从而产生失望感。但是,当你把精力放在自己手边的工作上,做着做着,在不知不觉中就会获得成功,而这一切并没有像自己想象的那样困难。

所以,只要制订好合适的计划,就按照自己的计划做下去,不要瞻前顾后,甚至东张西望,与其把时间花费在看看有没有达成目标,花费在和别人攀比上,不如把时间花费在自己身边的工作上。要记住,每次只走一步路,把路走踏实,不要妄想着跨越、飞跃,因为那是在接近成功的最后阶段才有可能出现的奇迹,并且,如果飞不好,还可能摔下去,出现倒退。如果不想在脚下摔跤,那么就不要总是看着远处。

做工作最怕“三分钟热度”,也最怕急躁冒进,要知道“欲速则不达”。你越是想快点把工作做好,就越容易出现漏洞,从而导致失败;越是着急出名卓越,证明自己的能力,就越是容易成为一个笑话。记得那个学会了写“一、二”就急于做学问的人吗?给万姓客人写帖子,“从早到晚,只画百横矣”成为一个大笑柄。年轻人常常为了证明自己的能力,总是希望从领导那里争取到更多机会,如果领导不信任自己的能力,还往往觉得领导嫉妒你,怕你超越他,其实这样的态度真的不可取。只要你把手边的工作都做好,自然会给你更有挑战性的工作。

30岁以前,年轻人应该多多积累经验,多多从工作中得到进步,而不要一朝看不到自己的成就,看不到希望,看不到领导对自己的重视,就急于跳槽。如果现有的工作你尚且做得漏洞百出，就算机会真的在向你招手，抓住了它也只能把自己摔个头破血流罢了。

＊重视成长，不以成绩论英雄

在工作岗位上，人们常常以成绩论输赢，只有做出了成就，才能代表你有这个能力，领导才会把有挑战性的工作交给你做，而对于你的升职也会来得很快。于是，很多年轻人就掉入了一个误区，认为成绩比什么都重要，只有出成绩，才觉得自己的工作是有价值的，如果在短时间内做不出成绩，没有获得成就感，就会觉得特别灰心，就是这种急功近利的心态让不少年轻人总是徘徊在公司的基层。

要知道在一家足够大的企业里，每一件产品都是上百个人共同努力的结果，你做的往往只是一件普通得不能再普通的事，而这怎么可能让你在短期内产生成就感呢？而且，越是伟大的事业，就越是需要长久的努力，成绩也就来得越晚。

当初爱迪生发明电灯的时候，试验了一千多种材料，如果他在第一次实验时就追求成就感，追求奇迹，那么恐怕他要失望好多次，甚至丧气之下认为电灯这种东西只能是神话，而不可能出现在人间。可是，当人们问他有什么进展的时候，他却说："哦，今天我又证明了一种材料不能够做灯丝了。"这种豁达乐观的心态不正是每一个年轻人需要学习的吗？历史上那些著名的人物，他们开始往往是籍籍无名的，往往沉寂了二三十年，但是当他们开始出名时，则是"不鸣则已，一鸣惊人"。如果他们不能长期安下心来做工作，每天纠结于是否有成就感，每天沉浸于功成名就的梦想中，那么他们也不可能有那么大的成就。

每个人的成就其实都是一步一步积累的结果。在这个过程中，如果能够实现每天成长一步，那么最终你就会成功。在工作中，不要每天寄希望于做出多么大的成就，出多少成绩，而要看自己在这个工作岗位上是否每天都

有成长,每天都在进步,每天都能够学一些新东西,增加一些新的经验,如果我们真的能够做到这些,那么成功也就离你不远了。

有这样一个小故事,甲因为领导不器重他,不给他重要的工作,觉得非常屈才,决定辞职。同事乙问他:"难道你就这样走吗?你不觉得应该报复他吗?"甲听后,惊诧地问:"怎么报复?"乙回答说:"对于这样的公司,不用客气,你只要待在原岗位上,学习他们的经验,一旦时机成熟,你就可以自己开公司挤垮他,这才是最大的报复;或者努力做好一切,窃取他们的经验,然后再跳槽,到别的公司大展身手,让这家公司的领导后悔莫及。"甲觉得这个主意还不错,于是决定留在这个岗位上,一方面兢兢业业地做事,另一方面仔细观察公司的运作,努力进取,把所有自己不懂得的东西都学到了自己手里。两年过去了,乙又遇到了甲,"你还没有跳槽啊。"甲告诉乙说:"是啊,多谢你当初劝阻我,现在领导觉得我的工作能力很强,两年内已经为我涨了三次工资了,同时,他还打算把一个新项目交给我负责。"其实,乙当初的目的就是如此。

一个人,常常会高估自己在短期内所能做的事情,却低估自己在长期内所能创造的辉煌。人在一年当中可能不会有太大的变化,但只要能够坚持不懈地努力,每一天都在改变和进步,持续、稳定地积蓄每一天的成长,长期坚持下来,他就有可能创造出自己连想都不敢想的成就。爱因斯坦曾说过,"这个世界上最大的奇迹就是复利原则。"这就像理财,如果你每个月都能坚持把自己收入的十分之一用来买基金或股票,长期坚持下来,你所得到的绝不会是这些基金的总和,而是它们的倍数。因为,不但你的本金在创造利润,你的利润也同样在创造利润,这是非常可观的。一个人努力到一定程度,不仅仅正在做的事在为他积累成功,过去所做出的成就同样也在为他积累成功,所以说大的成就都是小的成长相乘而非相加的结果。

只要坚持,一个人的成长就会呈几何级数的形式增长,这一点对于年轻人来说是非常重要的。因为,成长得越多,对于你来说可能做出的成绩就越大,而成功就距离你越近。这就是为什么有人宁愿花费更多的时间去接受

教育，而不是工作。比如，两个同龄人，一个高中毕业，一个大学毕业，在十年中看起来似乎应该是高中毕业的人做出的成就应该高，因为他奋斗的时间要比大学毕业的人多四年。可是，实际情况却往往相反，真的是学历和经验在起作用吗？答案是否定的，其实起作用的是能力，虽然在四年中可能有人一直在学习没有做事，但是他却在成长，能力在增长，所以即使别人再努力做出成就，他也能一朝赶超。

因此，一个人在决定做一份工作还是离开一份工作时，首先要想的是这份工作是否还能再令自己成长，而不是我在这个位置上能不能做出成绩。

＊不要轻易放弃，跨过就是成功

对于刚刚参加工作的年轻人来说，可能有很多不适应的地方，有很多烦心事，但是每一个对工作不适应的人都要再坚持一下，不要轻易放弃，因为跨过工作中的不适应，就是一种成功。

年轻的时候有很多事情都需要去适应。比如，从幼儿园转小学的阶段，从声情并茂的娱乐学习转为枯燥的系统学习肯定不能适应；现在，从学习的环境，转换为一个竞争工作的环境，肯定也不能很快适应；将来，我们还要面对适应一个和爱侣共同生活的环境，从陌生走到互相吸引、彼此融合，那更是一个漫长的过程。我记得有人在婚姻中曾经说过，“问题肯定会出现，我们首先要想的是解决之道，而不是一味逃避。”这里，他们把“离婚”理解为一种逃避行为。然而，“辞职”也是一种逃避的态度，世界上没有任何你想象中的工作和工作环境。如果不能解决工作中的那些不适应，那么你就不能融入竞争合作团队，或者无法适应更多的工作压力，即使换一个工作环境也不会有什么改观。工作可以重新开始，可是心态并不能重新开始；也许在婚姻中你还可以找到无限包容你的人，可是周围的同事永远不可能无限地包容你，而世界上也不可能有绝对的公平。

对于工作中出现的种种不如意，如果想要学会成长，就必须要找寻问题

的解决之道。如果是工作压力太大，就只能提升自己的能力，加速自己在公司的学习，或者多加一些班；如果感觉应付不来同事间的竞争，就应该向人际关系好的朋友多学习一些与人相处之道；如果自己觉得被同事们忽视，就应该多一些互动，多多和同事们交谈请教；如果觉得自己被大材小用了，就应该在岗位上做得更突出，多做出一些贡献，多一些让领导看到自己的机会。

工作上的任何问题都是可以解决的，同时这些问题也是每一个走上工作岗位的人需要解决和适应的。解决这些问题的唯一方法就是：坚持。可能有些人外向，融入公司环境就比较容易一点；有些人内向，融入公司环境就会有些困难。任何一个团体被闯入，都不会感觉太舒服，同事们的敌视情绪你会慢慢体会到，但只要长久地坚持，终究会慢慢融入的。

你也许无法选择工作，但可以选择态度。如果明白无论走到哪里，无论走到哪个单位，所要面对的环境其实都是大同小异的，这些问题都是需要解决的，相信你打算跳槽的时候就会变得谨慎一些。走上社会，就代表着你要适应更复杂的人际关系，更激烈的竞争，因为在这里你除了竞争成绩以外，还要竞争人气和利益。因为，在这里工作的状况将直接决定自己以后的社会地位和可能取得的成就，所以每个人对工作都应该全力以赴。

工作这个战场，其实更多的时候进行的是“持久战”，那种在一气之下放弃战场，或者另辟战场的人，最终会败给那些始终坚持战斗的人。跨过适应阶段，你就取得了人生的第一个成功。无论以后是否会跳槽，是否会待在这个公司，适应工作生活本身对于你就是一项挑战、一个胜利。只要学会了融入社会的技巧，学会了怎样和同事们在竞争中实现双赢，学会了怎样保持对工作的热情，并取得工作的进展，你就能够获得自己所梦想的成功。

在工作中，值得学习的不仅是技术，因为能够取得成功的，不只是个人能力的原因，更应当是人际关系、个人意志力以及个人眼界上实现更大的进步。仅仅为了薪水，或者仅仅因为自己的情绪不愉快而另谋高就是非常幼稚的行为。如果老是去琢磨哪些人自己讨厌，哪些人与自己志趣相投，那么你就错了。你应当想着如何让别人接纳自己，而不是自己能接受什么样的人。这是工作的第一课，如果能够学得好，你就取得了绝对的进步。

从自己的第一份工作开始，就要学着处理许多问题，只有这些问题都有了解决之道，你才能说自己成熟了。自己与同事、领导的关系，慢慢融入是唯一之道，在任何岗位都需要和周围的同事相处，即使你再跳槽多少次，这个问题都要解决。自己和客户的关系，如果你从事的不是公司内部的技术性工作，那么和跟自己有竞争关系的或有敌对情绪的客户打交道是必学的一课。只有正确认识自己，对自己有正确的定位，你才能弄明白“到底是自己本身的错误，还是自己和公司文化之间有冲突”，从而可以帮自己决定是否应该跳槽。

人生就是一次又一次的跨越，而这些跨越，跨过的不是环境的阻滞，而是自己的心态。战胜了自己，就是一种飞跃，就是一种成功。

＊关上一扇门，会为你打开一扇窗

有人说：“成功就是坚持坚持再坚持，然后放弃。”这句话告诉大家，如果一件事情本身没有坚持的必要了，或者不适应这个时代了，那么大家就要学会变通，就要学会放弃。工作中也是一样的，如果你再三坚持，自己却没有任何进展，或者收益并不像自己所想象的，那么换一份适合自己的工作，也许就会得到一个好的结果。

“上帝为你关上一扇门的同时，一定会在别处为你打开一扇窗。”年轻人要学会适当变通，只要不是自己的性格缺陷造成的工作无法继续，而是所在单位整体氛围的问题，你就没有必要妥协，因为此时跳槽对于你来说，倒是一份福祉。

工作很重要，但是它比不上一个人的人生重要，也比不过一个人的心理健康重要，如果工作单位的企业文化和你的信念、意识有冲突，那么在这种氛围里，你会受到极大的摧残。

曾有一个年轻人大学毕业后在一家日企工作过一段时间。那段时间，他每天上班前都要哭一场，工作对于他犹如炼狱，三个月他连瘦了5公斤，精神抑郁，他的家人实在看不下去，逼他辞了职。他本人和日企文化之间有着不可能融合的鸿沟，日企文化严谨，做事一板一眼，工作强度压力都非常大，这和他原本疏懒的性格格格不入，他需要有张有弛的工作环境。他辞职后去了一个创意型公司，精神愉悦了不少，工作也有了很大进展。

无论如何，不应该鼓励年轻人轻易跳槽，但是，如果有非跳不可的理由，或者有更好的选择，或者能够帮自己更好地实现个人价值，跳槽就是一种理智的行为。能够积累自己的经验固然是每个人都希望的，但这个时代允许人们更快地实现自我价值，允许人们有更多的选择，所以一旦机遇来临，你完全可以毫不犹豫地抓住它。

工作只是一个平台，它的意义在于实现自己的人生价值，在于你对于这个世界的贡献。如果有一个岗位，你可以更快、更多地奉献自己，做出更多有意义、有价值的事情，对于你来说不是更好吗？对于工作，人们各自都有自己更独特的见解。对于别人来说是好工作好机会，对于自己来说也许一文不值。因此，如果决定跳槽，就必须找到自己绝对不能容忍的原因，而不仅仅是借口，同时还要为自己找好退路，莽撞的跳槽和辞职是不妥当的。

跳槽对于一个人来说，固然意味着机会，但同时也意味着巨大的风险，想要跳出更大的职业发展空间，跳出更好的薪酬待遇，就要在跳前弄明白自己想去的行业，公司的具体状况，做好各种规划，不能盲目地跳槽。

在跳槽之前，首先要弄清楚自己离开公司的最根本原因是什么，然后才能找到一个更好的工作单位。如果你是因为不喜欢或不适应这个行业，那么跳槽的同时你还要面临着转行；如果你是因为不能融入企业文化而跳槽，那么在收集目标公司资料的时候，就要特别注意其公司文化和你自身意志的一致性；如果你是因为经过努力，可人际关系仍然无法融洽而跳槽，那么最好由人介绍来找工作，避免进入一个自己仍然不能融入的环境；如果你是因为另一个公司的待遇更好，发展前景更广阔而主动跳槽，那么最好了解清

楚这个公司是否有你最不能容忍的情况存在。

弄清楚自己真正跳槽的原因之后，还必须对跳槽有一定的心理准备，因为跳槽的结果不一定是好的，也许会越弄越糟。对此有一个清醒的认识，才不会在将来后悔。在决定跳槽之前一定要清醒地认识到自己需要找一份什么样的工作，多问自己几个问题。比如，我需要进入那个行业？从事什么职务？这种职务需要哪些技能和专业知识？我能否胜任？是否有进修机会？职业前景是否良好？我为此愿意承担怎样的压力？如果这次跳槽失败，我准备在多久以后准备下一次跳槽？想清楚自己适合做什么，对于跳槽是非常关键的。

其次，你需要建立自己的信息渠道，搜集一些目标公司的情报。比如，定期浏览招聘网站，以了解就业市场的情况；利用自己的关系网了解自己希望进入行业和公司的基本状况、待遇情况、公司文化以及人际状况等；或者通过猎头公司，寻找自己满意的工作岗位。同时，还要列出一张有可能的雇主清单，并通过信件或电子邮件的方式和他们进行交流。

最后，准备好这些以后，你就要真正把跳槽提上日程了，与原来的公司和谐地结束雇佣关系，也是一门学问。公司规定雇员最好提前多长时间向公司递送辞职报告？合同中是否涉及违约金的情况？做好离职过渡期的安排，不要在最后的时间里和原公司起冲突。“好聚好散”是名职场中人最基本的职业道德，不要恶言冷语。

30 岁以前，人们大概要经历职业探索和职业发展两个阶段。在探索阶段，要以融入工作环境，适应竞争为主，最少的跳槽，降低职业探索成本；而在职业发展阶段，可跳一两次槽，以找到适合自己的，有发展前景的工作。

第 9 章

别苛求成功一蹴而就，心智成熟要先行

年轻人对于这个世界，会有很多不切实际的期盼、很多失望和愤愤不平，而这一切都是不成熟的表现。一个成熟的人，能够客观地看待这个世界，客观地评价这个世界，并做出适当的心理调整来使自己适应。心中的不平不能成为拒绝成熟的理由，当你看得足够远、足够多时，你就知道不平是一种常态。只有看遍了世态人情，心中仍充满光明和希望，仍对未来和美好的东西有追求，你才能具备成熟的心智。

＊别消极地认为世界对你不公平

总有一部分人会觉得这个世界太不公平了，这个世界太黑暗了，人性太复杂了等。然而，你所追求的当真就是公平的吗？如果这个世界是公平的，你是否就满意了？

问一问自己心里关于这两个问题的答案，也许你会发现，自己在意的从来就不是这个世界是否公平，而是在这个不公平的世界中，自己却处在弱势的一方。如果给自己换一个位置，比如你是个富二代，你可能就会感叹幸亏这个世界是不公平的。

有一次，公司发工资了，好多员工都发现自己的工资卡里多了几十到一百元钱，可是大家却没有在意这件事，认为也许是自己核算错了，说不定哪天自己多加了一个班？公司的会计怎么会算错账呢？因此，没有一个人去找领导，要求退回多发的钱。可是，第二个月，员工们又发现自己的工资卡里少了几十元钱，于是大家都议论纷纷，结果发现很多人的工资数目都不对。于是，大家都会想：就算自己一个人算错了，大家怎么会都算错，肯定是会计弄错了。然后，大家找出了几个代表去找领导反映这件事。

领导来到车间，严肃地看着这些员工们说："你们大家都觉得很激愤吗？难道是因为你们觉得是会计算错了账才去找我的吗？还是因为少发了工资才去找我的？上个月每个人都多发了几十元钱，为什么没人吱声说会计算错了账？"他接着说："这次事件是我安排的，工资可以补发给你们，可是我要你们记住，你们在意的不是公司对你们是不是公平合理，而是有没有亏待你们。你们会迅速忘掉自己得到的好处，而只记得眼前的艰难处境。如果你们继续这样，你们就会一辈子陷在目前的处境里。"

所以，大家以后不要再抱怨这个世界的不公平，而要把精力都放在怎样改变自己目前的处境，怎样改变自己所处的社会地位上。要知道，这个世界没有绝对的公平。不要埋怨自己的父母没有能耐，他们给了你生命已经是

对你最大的恩赐；不要抱怨这个社会不够公平，它允许你作为一个人生活在这社会上已经是最大的宽容了。能生活在这个繁华的社会里，就是人生最大的幸福，不珍惜眼前的幸福，而胡乱埋怨才是对生命最大的浪费。

一个懂得感恩的人，应该把所有的精力都放在感谢这个社会给了自己一个展现自己的环境，感谢人们爱好和平，感谢这个社会如此繁荣，以让自己享受到前人所享受不到的快乐和自由、繁华和便捷，并为社会做出更大的贡献来回报这一切。

如果我们眼中只看到阴暗面，那么我们的人格就会越变越阴暗，越来越不懂得知足，不懂得感恩。这样的人即使有一天走上了成功的巅峰，也注定要因为自己的阴暗人格而失败。一个成熟的人懂得只有永远从积极光明的一面看待这个社会，自己的内心才会更光明，才会更乐观，自己的人生也才会永远都充满希望。

在这个世界上，没有绝对的公平，但是这个世界又是很公平的，它的公平之处就在于，它已经让很多处在社会底层的人有了走上社会顶层的希望和途径；它的公平之处就在于，每一个用自己勤奋和努力为这个世界做出贡献的人都会被认可；它的公平就在于，只要有足够努力就会得到回报，尽管也许并不等价；它的公平之处就在于，处在社会上层的人愿意把本应该属于自己的一份成果分给其他人，虽然他们大可不必这样做。

所以，当你抱怨这个世界怎样怎样的时候，应该想到，幸亏这个社会没有更糟；幸亏自己没处在更糟的位置；自己怎样才能使这个世界和自己的人生变得更好些？这样成熟、积极的心态会帮助你早日登上成功的顶峰，同时让你成为一个让人尊敬、品格高尚的人。

愤怒不是力量，它只能产生毁灭性的后果；人生的意义在于拼搏，只要拼搏了，你的人生才可能有价值、有意义，你才可能被更多人认可和尊重，而这就是天底下最大的公平。

＊没有人会比你更重视你自己

很多年轻人做事的时候，总是喜欢先看别人的反应，或者先征求别人的意见。这是一个很好的习惯，却不要过度培养，因为没有人比你更了解、更重视你自己。在很多时候，当你惶惶然自己是否会给别人留下太坏的印象，或者自己的形象在别人眼里是否像个傻瓜时，大家却已经把这件事忘掉了。

不要把自己看得过重，无论是你的成就还是你的过失，正如一位哲人曾说过的那样，“我们不会飞，是因为我们把自己看得太重。”当有一个很好的机会摆在我们面前，而我们却不小心搞砸了的时候，我们会不会反复向别人解释原因；或者我们做了一件自以为对不起别人的事，是不是会拼命企图解释清楚，直到别人不耐烦为止？或者当我们决定一件事的时候，会反复征求别人的意见，即使你已经确定了别人给自己的意见，却忍不住再三重复询问？

当你这样做的时候，希望你能提醒自己，没有人会比你更重视你自己，在你这里无比重大的事情，在别人那里不过是一个调味剂而已。如果你在马路上不小心摔了一跤，大家可能都会围观、笑话你，让你觉得无比尴尬。然而，他们一转身就会忘记你的窘态，而去忙他们自己的事情，而你还在懊恼自己太不小心了，让人看足了笑话，还在这里羞愤欲死。其实，这是完全没有必要的。

在日常生活中，完全没有必要对别人的反应太过于敏感，一定要有自己的主张，一定要有平和的心态。有这样一个故事，大学生 A 在宿舍里有好几个很要好的兄弟。一天，他突然想搞个恶作剧，于是就藏了起来，打算让大家因找不到他而忙得焦头烂额时，再突然跳起来，吓大家一跳。可是，舍友们涌进了宿舍，又各自拿着饭盒走出了宿舍，嘻嘻哈哈地去吃饭了，根本没有人注意到缺少了他。他觉得非常沮丧，原来自己在别人的生活中是如此微不足道，对舍友们也很生气。可过了不久之后，他就发现自己也一样，当

伙伴中的某个人不在场的时候，自己也常常注意不到。

所以，每个人最重视的就是自己，然后才是自己最亲密的人，最后才是和自己没有多大关系的人。虽然，有的人能够注意到别人的感受，但没有一个人会把别人的感受放在自己的感受之前考虑。你今天讲了一个笑话，反应平平，说不定是因为别人各自想着自己的伤心事，哪顾得上开玩笑呢？你今天出了个大丑，觉得没脸见人了，说不定大家早已经忘记了，起码这没有他们自己的生活重要。

把自己看得太重的人，常常觉得自己了不起，容易处处飞扬跋扈、盛气凌人，一旦稍有不如意，就会愤愤不平；把自己看得太重的人心态容易失衡，往往喜欢钻牛角尖，走向极端。

其实，每个人都希望别人很在乎自己，都希望自己很重要。可事实上，地球却少了谁都照样转，生活中没有了谁，大家都同样生活。懂得这一点，对每个人都十分重要，因为如果你把自己看得太过重要，过于以自我为中心，就会把别人对你的一点点不公平扩大化，就总会觉得自己受委屈，受屈辱，然后就会自怨自艾，严重的时候还会激起对社会的不满，产生反社会人格。

因故意杀人罪而被判处死刑的马加爵，就曾经因为别人不请他吃饭而认为别人歧视他、看不起他，这就是过于“以自我为中心”的表现。如果每个人都有这样的想法，就会觉得每个人都应该尊重、敬佩自己，而这又凭什么呢？是因为你做出了让大家都羡慕的事情，还是你为大家带来了很大的好处，你本身有很高的价值？

年轻人，一定要把自己的位置摆正，一个人重不重要，是别人需不需要他决定的；一个人是否受重视，是由他的价值决定的。明白了这一点，你才会懂得用建设性的方式帮助自己，懂得增加自己的价值，增加自己被需要的程度，从而来提高自己的地位。这样，你的心态才能平衡，才能从基层走向高层次的自我实现，而不会纠结于自己是否受到重视，是否足够重要，是否被别人认同。

＊别把世事看得特别复杂

很多人常把这个世界看得特别复杂，想得特别阴暗，其实完全没有必要如此。虽然，30 岁之前正是人生“看山不是山，看水不是水”的阶段，但大家尽量要从简单处想事情，尽量让自己客观地看事情，因为这样才有利于人生和思想的发展。

贾平凹在他的作品《废都》中，曾有这样一段描述。庄之蝶的夫人牛月清买了一把抓痒挠，结果和别人的礼物重复了，就去商场退货。退货之前，先自己假设了一番说法，别人退又怎样，不退又怎样，是用文雅的态度去对待售货员，还是用蛮横的态度对待售货员，或者是先礼后兵？结果，售货员却轻轻松松二话不说就给她退了。于是，她的丈夫感叹：“我们常常把简单的事情想得复杂了，又把复杂的事情想得简单了。”

似乎不少年轻人就是这样的，做事之前先想后果，然后再战战兢兢地去做事，这样怎么会有好的结果呢？并且，一件事情发生之后，他们总是不肯放过，要在心里前思后想好几遍，看看别人哪个是对自己好的，哪个是明着微笑、暗里动刀的？因此，做事情每每也是前思后想、瞻前顾后。

缜密思考、做事周密、处事委婉是好事，但如果把自己陷入过于复杂的情绪，过于繁冗的事务，以及过于复杂的思考中，那么对于我们做事反而是不利的。有时候，成功就需要直截了当、简单明确。古希腊的佛里几亚王国葛第士曾经以非常奇妙的方法，在战车的轭上打了一串结。他预言：“谁能打开这个结，谁就可以征服世界。”但是，人们却一直没有找到解开这串结的方法。直到公元前 334 年，亚历山大率军入侵小亚细亚，他来到葛第士绳结前，不加思考便拔剑砍断了它。后来，他果然一举占领了比希腊大几十倍的波斯帝国。亚历山大果断地砍断绳结，舍弃了传统的思维方法，但却用最快、最简单的方法解决了问题。

这不禁让人想起了巧解九连环的故事。九连环是一种民间玩具。玩

时，依法使9个环全部连贯于铜圈上，或者经过穿套全部解下来。其解法多样，可分可合，变化多端。得法者需经过81次上下才能将相连的9个环套人一柱，再用256次才能将9个环全部解下。而最简单明了的方法就是一剑斩断，可见解决一件事情最有利的方法，往往就是最简单的方法。有时候，剥茧抽丝的方法还不如快刀斩乱麻。

很多时候，人们生活、工作中的麻烦都是自找来的，如果不是自己思绪万千，也许就不会觉得愤懑。别人的一句话，也许没有别的意思，而我们却要反复思索，想出很多言外之意，觉得别人在嘲笑、侮辱自己。唯一解决这种麻烦的方法，就是以简单对复杂，“任你千变万化，逃不出我的一定之规。”

记得宋太祖赵匡胤就用过这一招，开国之初，别的国家派来使臣恭贺，这位使臣学富五车，言语颇藏机锋，大家都不敢接待这位使臣，唯恐被嘲笑，或者在言语中泄露国家机密。于是，赵匡胤向大家问，哪几个大臣不识字，比较愚钝，大家举荐了几位，赵匡胤就决定由这几个人去接见这个使臣。尽管那位使臣千伶百俐，但这几个大臣却只会木讷的微笑，诺诺而言，就算激将法也没有作用。结果，使臣没有打探到一点消息，只好灰溜溜地回国去了

有一句话说得特别好，“把简单弄复杂，是找事；把复杂弄简单，是本事。”然而，人们似乎都有这样一种习惯，本来很简单的事，却会想得特别复杂，事情还未做就对这件事产生了恐惧心理，而真正做起来，却不是那么麻烦。年轻人要学会把复杂的事用直截了当的方式，并按照程序来办，再复杂的事情也会变得很简单。如果内心把事情复杂化了，那么事情就真的变得复杂了。

人性也许是复杂的，但是归结起来也不过是“趋利避害”。如果大家能够用这四个字去站在别人的立场上想一想，那么任何事情都会变得简单。

✻放飞自己就是成全自己

一个人在世上，总有许多执著坚持，许多万不得已，如果能够不要偏执，学会放飞自己，自然而然地去做事，对于自己未尝不是一种成全。人们常

说:“有心栽花花不开,无心插柳柳成荫。”如果自己明明栽不活花,却偏偏勉强自己去栽花,那就活得太累了,不妨放开自己去做一些想做的事情吧。

陶渊明曾经有一首诗写道:“结庐在人境,而无车马喧。问君何能尔,心远地自偏。”一些人常常在一种出世与入世之间矛盾、徘徊,而这却给他们的人生带来了无限的痛苦。海子曾经想过一种“面朝大海,春暖花开”的日子,这种日子几乎是每一个人的梦想,可是他最终也没有逃脱对世俗承认的追求。也许他需要的并不多,只要有生存的机会,有写诗的机会也就足够了,可是他却选择了卧轨自杀。

一个人对于自己的生命有多么留恋,每个人都是清楚的,一个人不执著到一种程度,是不会选择这条路的。那么,他到底执着在哪里呢?是对艺术苦苦追求而不得,还是对名利苦苦追求而不得?或者是对自己生存价值的怀疑?

有时候,大多数人也会处在一种想不开、想不通的状态之中,非要经历一番激烈的思想争斗不可。这个时候,要学会放飞自己,因为没有什么是过不去的。确实,过后想想,往往对自己曾经的纠结感到好笑。思想的痛苦,可能我们每个人都经历过,但是学会放飞自己的人,才会找到人生的新境界。

李白和杜甫是唐代的两个著名诗人,他们都曾经试图走仕途这条路,而且在这条路上百折不回、不屈不挠,结果他们却在自己情之所钟的那条路上几乎没有任何建树,反而在文学之路上有一番大作为。想象他们如果不追求自己的仕途之路,可能他们人生中受到的折磨要少得多。屈原作为楚国的贵族,他对祖国有政治上的责任,即使诗文再好,也不能泯灭他作为一名大夫的责任,他对自己显然有着清醒地认识,所以他不能放飞自己。而陶渊明则洒脱得多,他一旦明白自己不能“为五斗米折腰”,便辞去了官职,一心归隐田园。

做人能够像屈原那么执著,像陶渊明那么洒脱,都是一种极致,而大多数人的痛苦就在于不满意自己的位置,明明知道自己有一条逃脱的道路,可

就是想不开放不下，于是在欲海中苦苦挣扎，既苦了自己，让别人看起来也很累很难受。人生最难过的就是挣扎，就是犹豫不决，很多人都不能痛下决心，自己到底是要奋斗还是要享受。

人生没有中间路，如果希望自己能够出人头地，能有一番大的成就，能够成为成功人士，那就要对自己下狠心，不怕吃苦，也不要怕风险，不怕失败，只要有这样的执著，就算你今天一无所有，你也肯定能在将来有一番作为。如果不想自己的人生活得那么累，那就甘于做一个小人物，做一个平凡人，而你也就不会有精神上的痛苦，虽然日子会清贫一点，会平凡一点，但只要细细品味，也有一种平凡的快乐。

可是，大多数人都处在一种中间的尴尬状态，既狠不下心吃苦，又不甘于平凡，于是他们整天怨天尤人，羡慕别人的好命，而这一切都是没有意义的。想要走出自己现在的境况，就要学会二选一，平凡或卓越。大多数都是平凡人，就算现在还年轻，也不能保证将来就一定能够功成名就，更不能保证功成名就之后，就能够得到自己想要的，那么你还想奋斗吗？如果还想的话，就去不计一切后果，不计一切代价地努力。如果你一边斤斤计较，计算着付出与回报是否呈正比，一边又不甘于目前状况地努力，那么很有可能，付出了艰辛，却一无所得。与其这样一边努力着，一边不甘着，两头都亏，倒不如干脆放飞自己。放弃所谓的执着，自然地去工作，自然地走向成功。《哈里·波特》的作者J. K. 罗琳，她肯定没有想过自己会一朝成名，没有想过自己会因为一部作品而名利双收。她不过要自己每天都过得踏踏实实，每天做自己喜欢做的事而已。如果我们甘于做一个小人物，不求闻达于天下，只做自己的事，充实自己的人生，那么就算将来不成功，我们也会觉得自己的生活没有什么遗憾。

放飞自己当然需要放下一些东西，比如我们的名利心，我们的生活标准，我们对自己的期待，周围人对我们的评价等。可是，这并不意味着我们将一无所得，你会发现，当我们放飞自己以后，会感到非常轻松，那种为什么所累的沉重终于从我们的心头卸下，我们能够从从容容地做人做事，我们更愿意埋头工作，我们不屑于看别人的脸色，我们做事情也更容易成功。这大概就是一种成熟的状态，而且这种状态给我们带来的丰厚收获是我们所预料不到的，也许我们因此而成就了自己。

＊多点自省，洗去浮躁与冲动

曾子曾说过，“吾日三省吾身。”大概意思是说，一个人每天都要多次反省自己，替人家谋虑是否不够尽心？和朋友交往是否不够诚信？老师传授的学业是不是反复练习实践了？反省，是一个人从幼稚走向成熟的必经之路，也是最快的途径。

不少年轻人每一天都是浮躁、冲动的，常常静不下心来做事，为着微不足道的小事反复思量，或者做事情常常不经大脑，头脑一热就冲动得热血沸腾，好像真的发生了什么惊天动地的大事。难道他们真的需要如此吗？难道生活原本就是这样的吗？有这样一句话，至今仍然非常经典，“人生有几件绝对不能失去的东西，自制的力量、冷静的头脑以及希望和信心。”

年轻人从来都不缺少希望和信心，甚至有时候对自己过分自信，而他们缺少的恰恰是冷静的头脑和自制的力量。你是否习惯在决定一件事之前，把各个方面都考虑清楚？还是一时心血来潮就决定做某件事？或者根据自己的直觉去做事，根本不会思考和考察？很多年轻人做决定前，从来不做实地考察，不会从各方面去搜集资料，决定某件事应不应该去做只凭自己的直觉和喜好。有些年轻人明明犯了错误，却不知道反省自己的行为，只把过错推给客观障碍或别人。这只会让自己日后的行为更不理智、更偏颇。

曹操是一个很少反省自己的人，当年他因为一时冲动，杀害了吕伯奢一家。可是，他不懂得反省自己的冲动和错误，只说：“宁可我负天下人，不可天下人负我。”结果，在赤壁之战中，中了周瑜的反间计，一时冲动杀了自己帐下的蔡瑁、张允两名熟悉水战的下属。如果他平时做事能够少一些冲动，多一些反省，就会在这时考虑一下，而不至于后悔了。

在平时，有些年轻人也很少反省自己，当中年人认为年轻人做事浮躁冲动、不计后果的时候，总有人觉得心里不舒服，觉得有失偏颇。可是，你要承认很多年轻人的确存在这种不足。难道你没有吗？回想一下，你是否也有心血来潮的时候，突然想要去做某件事，家人无论如何也不能劝阻？是否有时候一激动就不顾一切和别人吵翻，决定辞职了，再也不能忍受了？希望你能够三思，找个地方冷静一下，反省一下自己的行为，是真的要去做这件事，还是一时兴起？是深思熟虑，还是一时冲动？

当你做某个决定的时候，不要轻易地下结论，一定要用更多的耐心去考察，去反复论证，不断反省自己，不断考虑可能出现的情况。当你结束了一天的工作，不妨把今天的经历仔细地整理一下，看看自己有哪些方面需要改进？看看自己一天中犯了哪些错误？

只有及时反省自己，我们才不会犯更大的错误；只有及时反省，我们才能知道自己错在哪里，才能增长做事的经验；只有及时反省，才知道自己原来是这么幼稚。尤其是一个月，或者一年以后的反省，更是具有巨大的意义。也许，当时我们不理解，但是当回头再看这件事的时候，我们就会发现原来自己是那么不懂事。

年轻人做事，往往只图自己痛快，很少替周围人去想，这会导致自己与周围冲突不断。事实上，我们认真地想一想，就知道自己平时有很多地方都考虑的不够周到，自己有很多错误。无论是处世还是为人，都应该多反省自己，少要求别人，别人不会因你而改变，因此能够让自己觉得快乐的方法就只能是改变自己的做法。

儒家有很多思想是很实际的，个人的不停反思，才能导致集体意志的觉醒。一个人想要让自己更少碰壁，就要不断反思自己。年轻人应该用深刻的自省来洗去因年龄问题而带来的浮躁、浅薄及冲动，让自己冷静理智地对待事情，让自己慢慢平静下来，厚重起来，然后内心才会感到一种安宁，才会感到快乐，而这就是成长的真相。

＊收敛个性，切忌特立独行

年轻人大多喜欢特立独行，虽然有自己独特的个性是好事，但个性太强往往也意味着要遭受更多挫折。有才华是好事，有才华和个性也是好事，但空有个性而没有才华，或者在才华展现出来以前就要个性，则是一大悲剧。

只有不成熟的环境，或者处于转型期的阶段，才接受“要个性”的不成熟行为。一个成熟的、已经成型的环境，会视不融于主流文化的“个性行为”为异类，并加以剿灭。比如，秦朝的主流文化是“法家”，于是那些提倡“百家思想”的学者们都被“焚书坑儒”了；汉朝开始奉行“无为而治”，经过了汉武帝多少年的改革，才实现了“以儒治国”的目标；宋朝的“理学”，虽然现代人看起来格外反感，但当时却没有人敢反驳。

目前的这个社会是一个开放的社会，也是一个正处于转型期的社会，各种思想和潮流都被允许，那些“另类”行为虽然不鼓励，但也绝没有被“剿灭”的风险。但是，这并不意味着，年轻人就可以无限度地“要酷”、“要个性”，因为大多数人只能够接受比较传统的行为。“要酷”、“要个性”为什么不被接受呢？不外乎以下三个原因。

(1)太有个性对工作不利，很难被公司管理人员认同和提拔。当你只是一名工薪族的时候，老板需要的是一个“听话的”“配合的”员工，而不是“要酷”、“要个性”的“小祖宗”。商业意味着“规范”，只有“规范”才有利于管理，如果每个人都太有个性，那么公司的运行就会出问题，这时候更需要的是“规范”的行为，即符合传统道德意识的行为。由此可见，如果你只是一名“被管理者”，那么就应该收敛一下自己的个性，以免和公司管理发生冲突。

(2)太有个性会在人际关系方面造成困扰。个性太强的人，大多数是任性、桀骜不驯的，这样的性格将使其人际关系很不融洽。脾气再好的人，也不想和一个“倔头”交往。一个人对于周围人的不逊，不仅会造成与他交往人的尴尬，还会损伤别人的自尊心。贝多芬曾经讽刺歌德对贵族过于“卑躬

屈膝”，使得歌德终生都不能够原谅他。这是因为贝多芬的桀骜不驯和歌德的“谦恭有礼”的对比，虽然在表面上贝多芬显示出了自己的高尚品格，但却伤了歌德的面子。

有很多人为了表现自己的“与众不同”，不但伤及领导的面子，还伤及同事的自尊。要知道那些在社会上摸爬滚打了一大圈的人，绝对比你“火眼金睛”，谁犯了错误，谁有责任，他们比谁都清楚，别人之所以“不出头”是因为知道这样的头出不得，沉默才是金。而你的出头，绝对是得罪了所有人。而得理不饶人、倔强不妥协、宁为玉碎不为瓦全等个性更容易得罪更多的朋友，使自己的人际关系一直陷在泥淖里。

(3)个性太强，不懂得妥协的艺术，将会使自己的人生充满荆棘。无论是为人处世，还是工作婚姻等，如果不会妥协，你的人生就不能和谐。适时地抬头，适时地低头，才能让自己不碰壁。如果你总是想怎么做就怎么做，甚至触犯了别人的利益也不自知，绝不首先低头，绝不妥协，这样的性格会为自己四处树敌，使自己处在绝对地对峙中。这时，你还能想自己有多大的成就，人生有多平顺吗?

如果一个人没有一点个性，就会淡然无味，让人觉得平庸、碌碌无为，甚至软弱可欺。个性能够增加人的情趣和魅力，使自己与众不同、卓尔不群。然而，有个性并非都是好事，太有个性往往伤人又伤己。是否追求个性，就看能不能把握技巧，能否适度。一个人有个性是好事，有个性才能有成就，也才能与众不同，但这样的个性如果阻碍了自己的发展，阻碍了自己人际关系的和谐，那么还是改掉的好。

个性越强，就越会遭遇挫折。如果你不希望自己在涉世之初遇到太多阻碍的话，那么就要先平和地融入这个社会，熟悉社会环境，然后再慢慢来体现自己的“个性”。只有这样，你的“个性”才有生存和展现的空间，而你也才能发挥自己的才华和魅力。最重要的是，优秀的人往往既是有个性的，又是可亲的，只有做到这一点，才能算真正的成熟。

＊认识现实的压力，重视生存的能力

无论有多高的理想，有多大的志向，你都要承认生存能力是第一位的。如果你不能在现实的压力中生存，就算有再高的志向又如何？如果30岁之前过于单纯幼稚，30岁之后你就会生存得倍加艰辛，更不要说实现理想。

很多年轻人眼高于顶，觉得一般的工作不能体现自己的价值，总觉得自己眼前的工作似乎配不上自己，觉得自己在“掉价”。曾有过这样一个小故事。一个即将毕业的研究生对他的导师说：“现在的大学生就像街上的土豆，既多，又廉价。”后来，导师请他吃饭，却让他待在厨房里看两种土豆，“看到这种土豆没有，既小，卖相又难看，还有毒，白给也没人要；然而，另外一种土豆，个头又大，卖相又好，营养丰富，有多少卖多少。”最后，导师语重心长地说：“土豆和土豆也是不一样的。”

是啊，现在的年轻人，面临的竞争如此激烈，现实如此严酷，如果自己没有真本事，仅凭着一纸文凭，一腔热血闯天下，恐怕不容易啊！所以说，现在并不是一个适合“指点江山，激扬文字”的时代，无论有怎样的梦想，都不能忽视生存的问题，因为这个时代虽然繁华，但如果生存能力低下，那么你恐怕还不如一个普通人活得自在、潇洒。正如，理想很重要，爱情也很重要，但没有面包，所有的重要都会消失。

美国最古老的一所中学——纳尔逊中学的门口有两尊黑色大理石的雕像，左边是一只苍鹰，右边是一匹奔马。三百多年来，这两座雕像都是纳尔逊中学的标志。这其中包含着两个小故事。左边的那只苍鹰，是一只被饿死的鹰。这只鹰为了实现飞遍世界的远大理想，苦练各种飞行本领，结果忘了学习觅食的技巧，它在踏上征途的第四天就被饿死了。右边的那匹马则代表的是一匹被剥了皮的马，它开始嫌主人——磨坊主给它的活多，上帝把它换到了农夫家；可它又嫌农夫给的料少，最终它来到了皮匠家，那里既没有工作，饲料也多，可是没几天，它的皮就被皮匠剥了下来。

由此可见，美国人对自己孩子的生存能力是多么的重视。而现在的年轻人在这方面受的教育要少得多，少年时还常常处在不知愁的阶段，可如果二十几岁的时候，还不懂得重视自己的生存能力，到了三十几岁还在当“啃老族”，恐怕你自己也不好意思吧。

有理想固然不错，但人不能单靠理想过日子，最切实的是生存问题。年轻人一定要靠自己的能力来解决自己的生存问题，这样才能为自己的理想负责。然而，能够负责的人，才能够做一个独立、自由的人，才能够谈理想，谈哲学，谈精神世界。

一天，一位哲学家问一名船夫说：“你懂得哲学吗？”船夫回答：“不懂。”

“那你失去了一半的生命。”“你懂数学吗？”“不懂。”“那你失去了百分之八十的生命。”不久一阵大风把船打翻了，船夫问：“你会游泳吗？”“不会。”船夫大声说：“那你将失去百分之百的生命。”

听到这个笑话，你还为自己有多少才华，有怎样的文凭，怎样的抱负，而洋洋自得吗？要知道任何一家企业要的都是能够为它带来利益、带来发展的员工，而不是有多少才华的“志士”，也就是说企业最重要实现的是自己的利益，而绝不是你的理想。如果你想实现自己的人生价值，就要让自己的理想为企业服务，并与企业宗旨站在同一条线上。

只有这样，你才能生存，而现在年轻人的现状是普遍的浮躁，眼高手低。刚刚一接触某项工作，就觉得这项工作低贱，不能实现自己的理想。而当工作真正上手了，又觉得自己的能力不够，这时候如果没有挑战自我的勇气，反而想着退缩，想着从事更为简单而薪水高的工作，沦为最现实的“物质主义者”，然而这样的好事哪会有？

在现实生活中，只喜欢好吃懒做，就注定只能任人宰割；只有懂得辛勤工作，才能把自主权握在手里。年轻人必须要让自己沉下气来，进入工作的角色，而越早进入就意味着越早摆脱“书生意气”，步入事业的轨道。每天都要让自己更加成熟一些，更加现实一些，才能减少浮躁之气，也才会变得更加稳重，堪当大任。

只有这样的历程才有助于你逐渐靠近自己的梦想，达成自己的“大志向”；而那些“这山望着那山高”的念头，则会让你始终处于一个“看得见，吃不着”的尴尬境地，最终被理想和现实双双抛弃。

＊别好高骛远，现实社会需要脚踏实地

现实社会需要脚踏实地做事的人，尤其是一个年轻人，一无工作经验，二无实践本领，三无人脉关系，如果总想着一鸣惊人，那么注定就要遭遇挫折。但是，现在的不少年轻人做事都比较浮躁，好高骛远，不肯从最基本的小事做起，总想着遇到一个绝好的机会，以成就一番大事业。于是，一次又一次地，与可能成就自我的机遇擦肩而过。

现实需要人们脚踏实地地开始自己人生的第一步，人有抱负是好事，但是如果不屑于从身边的小事做起，就永远不会做大事，也做不成大事。事实上，有很多企业都特别重视年轻人做小事的态度，认为一个人必须认为自己从事的工作是重要的，踏踏实实去做好自己工作中的一切细节，而这样的人才值得托付更重要的工作。

福特汽车公司的创办人亨利·福特在发迹以前曾有这样一件逸事。那时候，他刚刚大学毕业，去一家汽车公司应聘，和他一起应聘的三四个人都比他学历高，他觉得自己希望不大。轮到他的时候，他敲门走进了办公室，但突兀的是办公室门口的地上有一张纸，于是他弯腰捡了起来，发现是一张废纸，便顺手把它扔进了废纸篓里。然后，来到董事长的办公桌前，自我介绍了一下。董事长说：“很好，很好！福特先生，你已被我们录用了。”福特惊讶地问他原因，董事长说：“福特先生，前面三位的确学历比你高，且仪表堂堂，但是他们的眼睛只能‘看见’大事，而看不见小事。你的眼睛能看见小事，我认为能看见小事的人，将来自然能看到大事，一个只能‘看见’大事的人，他会忽略很多小事，从而永远也不会成功。因此，我才录用你。”

董事长的预言没有错，凭着踏实肯干的精神和注重一切小事细节的习

惯，福特日后创办了以自己名字命名的福特汽车公司。

可是，有一些年轻人，却觉得自己生来就有多么了不起，一心想成就一番大事业。但是，“一屋不扫，何以扫天下”，年轻人没有经验和资历，不可能有人冒着风险把自己事业的赌注放在一个年轻人身上。再者，就算有人欣赏你，看重你，把重任托付给你，但你所做的事情也必定是平凡、琐碎的。

曾经有一个伟人说过这样一段话，“要想成为伟大的人，要选择伟大的时机和伟大的伙伴，但是具体事情要非常世俗地按规矩操作。所谓创造历史，就是在伟大的时刻、伟大的地点与一群伟大的人做一件世俗的事。”所以说，具体到做事上，永远是平凡、琐碎的小事，按规矩操作的世俗之事。再伟大的事业，也都是这样完成的。万里长征伟大吧，其实说白了，就是每天走一段路，如果你觉得走路太平凡了不屑于去做，那你就错过了长征；航天事业伟大吧，实质上就是按照流程去操作那些看起来非常烦琐的程序和按钮，在具体的步骤上并不比开汽车更有趣、更伟大。

俗事往往就是这样，看起来很平凡的一件事，千遍万遍的完美重复，就变成了伟大。年轻人幻想做大事业是怎样一番局面，其实和你的工作一样无趣和琐碎，一定要按规则操作，而并不像想象中的那样惊天动地。妄想一鸣惊人固然是不可取的，对于未来事业的过度幻想只是一个人浮躁的表现。

年轻人好高骛远往往是被自己崇高的理想所误导，觉得自己有多么大的志向，一定要做成怎样经天纬地的大事业，一定要每天轰轰烈烈地做事。其实，世界上没有那么多精彩的事情。所谓的精彩，常常是回想起来觉得多了不起，实际操作的时候只会感到琐碎和无聊。但是，只有这样的坚持才能帮助你成就了不起的人生。

年轻人不要好高骛远，当你把目标定好以后，就要实实在在地一步一步按部就班地去实现它。如果你浮躁，如果你不顾自己的实际情况，妄想一步登天，那么注定会跌得很惨。成熟的人懂得用理智的眼睛看待平凡的小事，懂得想要成就伟大的自己，就必须把自己的基数变小，用时间为自己创造复利价值，就像在棋盘上放米一样，在第一格棋盘上放上一粒米，第二格放上两粒米，然后用幂的指数增长积累自己，最终你将无可限量。

＊准确定位，用自己的特长求发展

把自己定位成一个怎样的人呢？现在，如果问你这个问题，形容一下自己，你会怎么回答？大多数人可能会回答："我是一个二十几岁的，长得还过得去，没有事业，没有房子，没有车子，赚钱也不多的业务员。"或者诸如此类的其他回答。如果回答是这样的话，那么你的将来很可能就一片黑暗。

怎样定位自己和你将来能够取得的成就有很大关系，那些在一流大学上学的学生在高中阶段是怎样形容自己的呢？他们总是把自己看成最有希望的一群种子选手。正如，把自己看成雄鹰，你就会努力学习飞翔；把自己看成土鸡，你就只会低头觅食。

一个人一定要懂得全面、准确地定位自己，学会用自己的特长求发展。因为，只有这样，你才能用最大的努力去实现自己的价值，也才可能真正获得成功。年轻人最容易犯的错误有两种，一种是因为对自己的认识不清醒、不到位，自我设限，而将自己定位在错误的位置上。比如，明明有经天纬地之才却将自己定位在公务员等很有限的位置上；很多商海沉浮的人都曾经苦恼于自己清闲的位置，最终化茧成蝶，成就了一番事业。而另一种，则是很清楚自己的优势在哪里，很清楚自己应该在哪方面发展，可是却因为懒惰，因为耽于安逸，而宁愿留在安逸的地方，做一个普普通通的小人物。

动物园里，小骆驼在向他的爸爸请教问题："爸爸，我们的背上为什么要有驼峰？""因为我们在横越沙漠时要储存脂肪和水分呀！"骆驼爸爸说。"那我们为什么要有长睫毛呢？""因为沙漠风沙很大，长睫毛可以保护我们的眼睛呀！""那我们的脚底为什么要长肉垫呢？"小骆驼又问。"这样比较容易横渡沙漠呀！"骆驼爸爸很自豪地说。最后，小骆驼问："那……那我们现在在动物园里干吗？""因为，我们在动物园里可以不受狂沙的侵袭。"

骆驼爸爸对自己认识得很清醒，知道自己最大的特长在哪里，可却将自己定位在了动物园的位置上不敢超越一步，真的是一种悲哀。很多人也知道自己的优势在哪里，却因为对优越环境的眷恋，对转换位置的担心等，而宁愿留在原地。这样对于你就真的是好事了吗？其实未必。

每个人都有自己天生特定的位置，骆驼养在动物园里固然能够养尊处优，避免风沙之苦，可是它们的寿命却会大大缩短，也许它们身上的优势也会慢慢退去。如果到那时再把它们放进沙漠里，就等于直接杀了它们。

你是否对自己现在的处境满意？我相信大部分年轻人都是不满意的，可是他们却未必有改变自己眼前处境的勇气。其实想一想，走出去固然可能有生存风险，可是待在你不适合的位置上，大材小用不说，当你发现周围曾经那些不如自己的人已经取得了远远超过自己的辉煌成就时，你的内心难道真的能够平静，没有一丝遗憾吗？再者，你现在的位置看起来也许风光无限，也许能够维持你很好的生活水平，可是这个位置并不适合你。并且，在这个位置上你无法施展自己全部的才能。总有一天，这个位置不再是你的荣耀，而是你的累赘，到时候你再想挪动却已经无力回天了。

每个人天生都有自己的舞台，只有在那里，才可能得到最好的发展，你的人生也才可能走向圆满。有时候，一个人竭尽全力去做一件事而没有成功，并不一定是他的性格有缺陷，或者做事的方法有问题，很可能是因为他选择了不适合自己的事情。对此，西德尼·史密斯曾说过，“不管你擅长什么，都要顺其自然；永远不要丢开自己天赋的优势和才能。”无论你想从事何种职业，你的特长才应该是你未来发展的方向。只有认准了这一点，你在职业的道路上，才能走得更远，更成功。

＊生命的意义不只是抗争

在日常生活中，可能人们在面对不平时，都会有一种反抗的冲动。而反抗的方式有很多种，有的是毁灭性的，有的是冷漠的，有的却是建设性的。

一个贫苦家庭出身的孩子，费尽千辛万苦从小山村来到了大城市，却未免受到歧视，那么他应该怎样面对这些歧视的眼光才算合适呢？一种人会拼命忍受那些屈辱，直到忍受不住爆发出来，便会拼命地报复那些歧视的眼光。另一种人会对这些歧视的目光冷眼旁观，直到自己觉得麻木；或者用一种讨好的态度去对待那些眼光，不过效果也许并不好；或者用自怜的态度觉得自己非常可怜，一直缩在自己的壳里；还有一种人则用自己的自尊去面对那些歧视的目光，用自己的成就去证明自己的实力，让大家佩服他。

年轻人不一定都受过歧视，但不可否认，不少年轻人都曾忍受过别人质疑的眼光，忍受过同事、前辈对自己"毛头小子"、"初生牛犊"的论调。虽然，一些浮躁自大的年轻人，使得社会上一些人群对自己有很不好的印象，觉得他们华而不实，做事不可靠，不踏实。

面对偏见，值得提倡的方式是沉默的反抗，既不辩解，也不承认，因为根本用不着把这种事放在心上。大家只需要去做自己该做的事情，用自己的成果来改变人们对自己的印象，而不要采取过激的行为来对抗。

生命是美好的，任何用伤害生命来宣泄自己内心的不平或者和"强者"对抗的行为都是可鄙的，都是懦夫的行为。一个人的生命怎样才有意义？怎样才有价值？真的是在对抗中才会显示出所谓的"意义"和"价值"吗？在崇尚抗争的时候，大家是否想过坚韧才是解决问题的最好方式？

生命怎样才有价值？只有做出了一定的成就，被人们所认可，所尊重，这时才体现出个人的价值。只有你做的事情，给别人带来了好处，带来了方便，给这个世界增加了价值，你才能有价值，你的生命也才有意义。别人不认同，那是因为你做得不够好，不够多，不足以改变他们的看法。

南非总统曼德拉为了自己的政治目标，曾经度过了17年牢狱生活，甚至在牢狱之中，他都在改变身边犯人和监狱警察的暴躁性情，让大家都更平和一些，更友好一些。事实上，他做到了，并且在他出狱后成为南非的第一任黑人总统，让黑人和白人在南非处在一个平等的地位上，而没有过激的反抗和暴力。印度的甘地也曾经发起过"非暴力不合作"运动，这种坚韧持久，然

而并不暴力的运动最终获得了胜利。这一切也许并不痛快淋漓，可是痛快淋漓并不能够解决所有问题，起码年轻人不被接受的问题，就不能由痛快淋漓的反抗形式取得。

对于不公的愤愤不平，不能对自己的人生和社会产生任何价值。因此，要想办法改变这种状态，就要对现状做出有建设性的改善，而不是一味发牢骚、一味批评、一味悲愤。有些人对这些毫无所觉，只是鼓动人心对所有的事情产生不满，只是让自己处在一种愤怒和不满之中，这是哗众取宠还是幼稚？

对于轻蔑最好的回击方式就是证明自己是值得重视的，任何对于自己的人生有价值的思想和行为，我们都应该积极地去遵从；任何对于我们生命没好处的负面的想法，我们都应该从思想中驱逐。当面对一件事的时候，首先想到的不是这件事情是否公平，不是以暴制暴，更不是反击，而应该是怎样想怎样做对自己最有利，怎样做对大家最有利？要追求互利，而不要因为一时意气做出损人不利己、两败俱伤的行为。

30岁以前，年轻人很容易意气用事，但如果一味用倔强、不妥协对抗的方式来处理事情，就很难开展工作，进而很难有自己的成就。因此，最有意义的思想和行为都是能够为自己的人生增加价值的建设性行为。

人生最重要的就是能够为自己的人生增值。只有懂得这一点，才能使自己更好地处理问题，使自己更成熟，使自己的人生更有意义。

下篇

修心养性　静待流年

第10章

定心修身，宠辱不惊：心晴的人生没有阴天

《幽窗小记》里面有这样一副对联：宠辱不惊，闲看庭前花开花落；去留无意，漫随天外云卷云舒。寥寥数语，却深刻道出了人生对事对物、对名对利应有的态度：得之不喜，失之不忧，宠辱不惊，去留无意。现代社会中的我们，也应该拥有这样一份饱经世事的心态，才可能心境平和、淡泊自然。只有做到了宠辱不惊，方能心态平和，恬然自得；只有做到了去留无意方能达观进取，笑看人生！

＊世事无常，唯有心定方能成大事

生活中，我们常希望自己和他人“万事如意”，但这也只是我们美好的愿望，事实上，世事多变，雨雪风霜，人生中有许许多多我们始料不及的事情。如果我们希望成就一番事业，就必须做到内心淡定，始终朝着目标前进。很多成功者在经历种种坎坷后，回望身后的辛酸血泪之路，都会发现，内心淡定的人才是最后的赢家。

从前，有一个养蚌人，他想培育一颗世界上最大最美的珍珠。

这天，他来到大海边挑选沙粒。他问遇到的沙粒，它们愿不愿意经过磨练变成珍珠。这些沙粒一听，变成珍珠要经受很多痛苦，没有阳光雨露，没有空气，远离海洋，就都摇头。

养蚌人一次次被拒绝，他都快绝望了。可就在这时，有一粒沙子答应了。因为，它一直想成为一颗珍珠。旁边的沙粒都嘲笑它，说它太傻。但这颗沙粒还是坚持和养蚌人走了。

一转眼，几年过去了，那粒沙子已经长成了一颗晶莹剔透、价值连城的珍珠，而曾经嘲笑它的那些伙伴们，有的依然是海滩上平凡的沙粒，有的已化为尘埃。

事实上，我们成长成才的过程又何尝不像这颗珍珠呢？你忍耐着，坚持着，当走完黑暗与苦难的隧道之后，就会惊讶地发现，平凡如沙子的你，不知不觉中已长成了一颗珍珠。

宠辱不惊的人在面对生活的得意和失意之时都会有一种淡然的心态，会懂得如何对待与处理问题。

首先，他会明确自己的生存价值，能够以这样的格言来勉励自己：由来功名输勋烈，心底无私天地宽。一个人若心中无过多的私欲，又怎会患得患失呢？

其次，他会认清自己所走的路，不过分在意得失，不过分看重成败，不过

分在乎别人对自己的看法。他会坚信：只要自己努力过，只要自己奋斗过，做了自己喜欢做的事，还有什么心里放不下的呢？诚然，有时候，我们会遭遇一些命运的挫折，但除了认清事实、勇敢接受外，我们还必须努力改变现状，争取走出困境，争取美好的生活。当然这个过程，必定是个经受痛苦的过程，因此，保持一份平常心就尤为重要，否则，就会永远在痛苦中打转，找不到解脱的光明之路。

人的一生，会遇到成功，也会遇到失败，有一帆风顺的惬意，也有遭受挫折的沮丧，有不期而至的欣喜，也有排遣不去的惆怅，曲曲折折，是是非非，如何面对，关键是心态问题，适时调整好自己的心态，真正做到去留无意，也不是一句话的事。

首先，我们需要拥有一颗感恩的心，善于发现事物的美好，感受平凡中的美丽，以坦荡的心境，豁达的胸怀来应对生活中的每一份酸甜苦辣，让原本平淡乏味的生活焕发出迷人的色彩，那时你会发现，磨难与逆境也不过是飘来的“浮云”。其实，挫折也是人生的一笔财富。没有挫折的人生，从某种意义上来说是黯然失色的。说“挫折是人生的财富”，最主要的一点是挫折会让我们变得聪明，变得坚强，变得成熟，变得完美。当然，这需要我们经得住挫折。

其次，我们需要拥有一颗平常心。人生不可能总是大红大紫，不可能总是处于巅峰状态，也有可能处于低谷，也可能遭遇不顺，这就是人生。但总的来说，人生是平淡的，对待平淡的人生，我们也应该让自己的心静下来。懂得了这个道理，得意时你才不会猖狂；失意时你才不会绝望，孤独时你才不会心情惆怅。

总之，如果你能在荣辱面前泰然处之，在思想修养和意志磨练上下工夫，勤勤恳恳工作、实实在在做人，便能做到“宠辱不惊，闲看庭前花开花落；去留无意，漫随天外云卷云舒”，漫漫人生，必将少去许多烦恼，增添几多欢乐。

＊把心放平，低调一点更受欢迎

中国有句俗语："低调做人，高调做事"，这其中的"低调做人"就是一种心态淡然的体现。

美国曾有位总统，为了庆祝自己连任，他曾向社会开放白宫，这天，他接见了前来参观白宫的一百多位小朋友。一位叫约翰的小朋友问："你小时候哪一门功课最糟糕，是不是也挨老师的批评？""我的品德课不怎么好，因为我特别爱讲话，常常干扰别人学习。老师当然要经常批评的。"总统告诉他说。总统的回答使现场气氛非常活跃。约翰问完后，一个叫玛丽的小女孩说："我每天都不愿意去上学，因为我怕在路上遇到坏人。"此时，总统收起笑容，严肃地说："我知道现在小朋友过的日子不是特别如意，因为有关毒品、枪支和绑架的问题，政府处理得不理想，我希望你好好学习，将来有机会参与到国家的正义事业之中。只有我们联合起来和坏人作斗争，我们的生活才会更美好。"

总统告诉小朋友们，自己的过去和他们一样，也常被老师批评，但只要经过自己的努力，也会成长为有用的人。总统在认同小朋友对社会治安的担心时，还鼓励小朋友参与正义事业，因为那样正义者的力量会更大。

总统放低姿态的谈话方式使小朋友们发现，总统和他们之间没有任何距离，也像他们一样是普通人，是可亲近的、可以信赖的"大朋友"，从而紧紧抓住了小朋友的心。即使场外的大人们看到这样的对话场面，也会感到总统是一个亲切的人。

相反，我们的周围，总是有一些人，他们确有实才，但却不懂得为人处世之道，让人觉得狂妄自大，因此别人很难接受他的任何观点和建议。他们多半都想表现自己，显示自己的优越感，但却常常适得其反。妄自尊大，高看自己，小看别人的人总会引起别人的反感，最终在交往中使自己走到孤立无援的地步，失掉了在朋友中的威信，而那些谦让而豁达的人总能赢得更多的

朋友。

从前,有个很出名的画家。这天,他闲来无事,和弟子一起去画廊看画。看到有客人来,画廊一位漂亮的小姐出来接待。他们一路看,小姐都紧随其后,为其介绍。

这时,画家在一幅画面前停了下来,他开始细细地读画上题的诗句。但这幅画上的诗句是用草书写的,画家读到一处,便停下了,皱着眉琢磨一个认不出的字。就在这时候,那个画廊的漂亮小姐开口了:"您看不出来啊!是意思的意嘛!"只见画家脸色一整,沉声骂道:"这里有你多嘴的份儿吗?"跟着一转身,怒气冲冲地走出了画廊。

画廊小姐的错误之处在于急于表现自己,让画家没面子,因为爱出头而造人嫉恨。

在这个错综复杂、五彩缤纷的世界上,不同的人有不同的命运,有的人一生乐观豁达、与世无争,他们谦虚好学,平步青云,一路欢乐,让人赞扬和钦佩;有的人则骄傲自满、处处受阻,最终导致郁郁寡欢,碌碌无为,抱恨终生,遭人非议、鄙视、唾弃。很明显,我们都愿意做前者。其实,这两种人生境遇的差异,究其原因,是因为做人"调"的不同,低调做人是一种生存的大智,是一种韧性的技巧,是做人的一种美德。

＊满怀热情,积攒积极的力量

有人说,生命就像一次旅行。在这段旅行中,我们会遇到艰难险阻,会遇到暴风骤雨,会遇到阳光灿烂,会邂逅美丽风景,会遭遇荆棘丛生,但无论如何,只要我们和自己的心灵有约,就会以全身心拥抱生命,即使饱经风霜,我们依然对生命充满热情,感悟生命中的点点滴滴;更要感受到生命之旅中,那些沉重的雨点扑向大地时所带来的震撼和激情。的确,夕阳落下了还有明天;鲜花落下了还有果实;青春落下了还有阅历。只要你会驾驶,帆落了还有桨;只要心中充满希望,月亮落下了,还会升起太阳。

对生活充满热情，我们的旅途就会时时处处生长着绿意和生机，我们的生命就会无与伦比的美丽。

有这样一个年轻人，他认为自己已经看破红尘，于是，他什么都不干，每天只是懒洋洋地躺在树底下。有一个智者见到此景，想开导他，于是就问他："年轻人，你年纪轻轻的，怎么不去工作、赚钱？"年轻人说："没意思，赚了钱还是要花掉。"智者又问："你怎么不结婚？"年轻人说："没意思，现在多少离婚的！"智者说："你怎么不交一些朋友？"年轻人说："没意思，交了朋友弄不好会反目成仇。"智者给年轻人一根绳子说："那这样吧，你干脆用它了结生命吧，反正也得死，还不如现在死了算了。"年轻人说："我不想死。"智者于是说："生命是一个过程，不是一个结果。"年轻人幡然醒悟。

这就叫"一句话点醒梦中人"。一个年纪轻轻的人，却变得暮气沉沉，什么都不愿尝试，对生活失去热情，这样的生命还有什么意义呢？安诺德曾说："世界上最糟糕的事，莫过于人类丧失了他的热情。只要仍保有热情，即使失去了一切，他仍旧能够东山再起。"热情的原义是"神在其中"，我们原本都拥有它，而我们应该做的，便是使它重燃再现。

生命是一个过程，不是一个结果，如果你不会享受过程，结果也没有任何意义。生命是一个括号，左边括号是出生，右边括号是死亡，我们要做的事情就是填括号，要争取用精彩的生活、良好的心情把括号填满。

怎么享受生命这个过程呢？把注意力放在积极的事情上。生命如同一场旅行，记忆如同摄像，态度决定选择，选择决定内容。

因此，每天清晨，当我们起床后，都应该给予自己积极的心理暗示。有时候，如果你在内心告诉自己，我是健康的、积极的，那么，你就会健康、积极起来。假装热情，你也就会变得热情起来。然后照照镜子，给自己一个微笑，永远用你漂亮的面容，温暖而热情地对待你的家人。别忘了，是你主宰了你的家庭生活，你可以让每一天都光辉灿烂，也可以让每一天都阴暗忧郁。

曾经有一位演说家，很会鼓舞人心。一次，他到一家大型公司为员工们

演讲,但就在他即将飞往这家公司时,班机却出现了一些故障,不得不停飞,于是,他辗转其他航线,终于抵达目的地。为此,主持人不得不打乱演讲人的顺序。但主持人极为不明白的是,这位演说家却在后台不断地跳上跳下,还一直捶打自己的胸膛。当主持人介绍完这位演说家后,演说家跑上台,作了一次非常精彩的演讲。午饭时间,主持人与演说家一起用餐,他说:“你知道吗?你简直快把我吓坏了,你出场前在后台究竟在做什么呀?”他回答说:“激励他人是我的工作,而且,我每天都在做。但在某些日子里,我实在打不起劲儿来,就像今天。我在后台只是‘做出’热情的样子,然后我就会变得活力十足了。”

从这个例子中,我们可以学到很重要的一点:每天都充满热情,不但自己受益,还能感染他人,从而使他们和我们一样,享受积极而快乐的生活。

总之,无论我们经历过什么,从今天起,都要做个简单的人,脚踏实地,不沉溺幻想,不庸人自扰。积攒热情的力量,要快乐,要开朗,要坚韧,要温暖,永远对生活充满希望,对于困境与磨难,微笑面对。

✻心无邪念,正直坦荡地做人

中国人自古把人分成二类:一君子,一小人。二者泾渭分明,难以混同。君子与小人有很多的划分标准,但在人们眼中,是否正直、坦荡则是最重要的标准之一。当一个正直坦荡,让人尊敬有加的君子,是做人的最高境界。的确,做人要正直、做事要正派,堂堂正正,才是立身之本、处世之基。身正不怕影斜,脚正不怕鞋歪,身正心安魂梦稳。品行端正,做人才有底气,做事才会硬气,心底无私天地宽,表里如一襟怀广。心术不正、口是心非,用心计,耍手腕,当面一套,背后一套,台上说君子言,台下行小人事,必惨淡收场。所以,做人一定要走得直,行得正,坐得端,一定要问问自己是否正直、公道。

在人类几千年的文明历史进程中,我们的先哲们在谈到正直为人时积累了许许多多的至理名言，给我们树立了做人的典范。孔子讲："君子坦荡荡，小人常戚戚。"莎士比亚说："世上没有比正直更丰富的遗产。"普柏说："正直的人是神创造的最高尚的作品。"我国唐代的魏征以正直谏言而被君王称为自己的一面镜子；开国元帅彭德怀不畏名利、顶着危险敢上万言书；共产党员张志新抱定信念宁死不屈；科学家李四光不服定论，硬是在北纬四十度以上找到大庆油田，为新中国建设立下赫赫功勋。因此，做一个正直的人不仅是个人发展的需要，更是社会进步的呼唤。

在正直的人心中，似乎有一种内在的平静，使他们能够经受住挫折甚至是不公平的待遇。

亚伯拉罕·林肯曾参加 1858 年参议员竞选活动，他坚持要发表一次演讲，但这次演讲却对他的竞选有负面作用，为此，他的朋友劝他不要发表。对此，林肯的态度是："如果命里注定我会因为这次讲话而落选的话，那么就让我伴随着真理落选吧！"他是坦然的。他确实落了选，但是两年之后，他就任了美国的总统。

这就是正直的力量，它能给人带来心怀的坦荡，赢得他人的信任和尊重。

那么，什么是正直呢？所谓"正"就是正确、公正、正气，就是不偏不斜、不虚伪、不轻狂，就是光明磊落，从汉字"正"上下左右笔画的工整写法，我们可以看出祖先对正的理解和判断。所谓"直"就是豁达、坦率、真实，就是直来直去、不弯不绕，不随波逐流。正直在汉语里是重叠词，表达同一个意思，但从人品的生成和实践来看，二者是有逻辑关系的。先有"正"才能"直"，只有正才不怕邪；没有正确、公正的"直"，只能叫作鲁莽、傻直。

我们生活的周围，有这样一些人，他们饱经世事，但他们并没有因此变得圆滑、世俗，而是依旧秉持着正直坦荡的做人原则。

当然，生活中的诱惑太多，我们要做到正直、坦荡，就必须要做到：

(1)高标准地要求自己。许多年前，一位作家因为投资失误，损失了一大笔财产而陷入了经济困难中，为此，他决定用以后赚取的每一分钱来还

债。三年以后,他已经小有名气,当地的一些媒体采取以募捐的方式来帮助他结束这种折磨人的生活,但他拒绝了。他把这些钱退还给了捐助人。后来,他的一本轰动一时的新书问世,他偿付了所有剩余的债务。这位作家就是马克·吐温。

(2)有高度的名誉感。伟大的弗兰克·劳埃德·赖特曾在美国建筑学院发表演说时说:“什么是人的名誉呢?那就是要做一个正直的人。”弗兰克·劳埃特·赖特正如他所说,他不愧为一个忠实于自己做人标准的人。

(3)道德至上,遵从自己的良知。马丁·路德·金在他被暗杀前对他的敌人说:“去做任何违背良知的事,既谈不上安全稳妥,也谈不上谨慎明智。我坚持自己的立场;上帝会帮助我,我不能做其他的选择。”

可见,正直是人类的一种优秀品德,也是人类社会对个体性格的一种理想追求。正直同公正、善良、智慧、勇敢、诚实等高尚品德一样,一直受到赞赏和褒扬,并且成为当代社会思想道德建设的核心。

✻水到渠成,不可急于求成

生活中,人们常说:“心急吃不了热豆腐。”指做事不要急于求成,只有踏实做事,才能水到渠成。的确,总是想着成功的人,往往很难成功;太想赢的人,往往不容易赢。欲速则不达,凡事不能急于求成。相反,以淡定的心态对之,处之,行之,以坚持恒久的姿态努力攀登,努力进取,成功的概率却会大大增加。我们都听过《揠苗助长》的故事:

从前,宋国有个农民,他做事总是追求速度。因此,对于田间的秧苗,他总觉得长得太慢,于是,他闲来无事时,就会到田间转悠,然后看看秧苗长高了没有,但似乎秧苗的长势总是令他失望。用什么办法可以让苗长得快一些呢?他思索半天,终于找到一个他自认为很好的办法——我把苗往高处拔拔,秧苗不就一下子长高了一大截吗?说干就干,他就动手把秧苗一棵一棵拔高。他从中午一直干到太阳落山,才拖着发麻的双腿回家。一进家门,

他一边捶腰，一边嚷嚷："哎哟，今天可把我给累坏了！"

他儿子忙问："爹，您今天干什么重活了，累成这样？"

农民洋洋自得地说："我帮田里的每棵秧苗都长高了一大截！"他儿子觉得很奇怪，拔腿就往田里跑。到田边一看，糟了！早拔的秧苗已经干枯，后拔的也叶子发蔫，耷拉下来了。

揠苗助长，愚蠢之极！每一棵植物的成长都是需要一个过程的，需要我们每天辛勤地浇灌、耕耘，才能获得成果。每一个生命的成长也如此，千万不要违背规律，急于求成，否则就是欲速则不达。

其实，不光是例子中的这个农民，在现实生活中，这种急功近利的人也大有人在，他们来也匆匆，去也匆匆，以至于不想喘息就要直达终点。急于求成，心态浮躁，会把最简单、最熟悉的小事都办糟，何况富有挑战性的大事呢？

任何一种本领的获得、一个人生目标的达成，都不是一蹴而就的，而是需要一段艰苦历练与奋斗的过程，正所谓"梅花香自苦寒来，宝剑锋从磨砺出"，任何急功近利的做法都是愚蠢的，做任何事情都要脚踏实地，一步一个脚印才能逐步走向成功，一口永远吃不成一个胖子。急于求成的结果，只能适得其反，结果只能功亏一篑，落得一个揠苗助长的笑话。

一位渴望成功的少年，一心想早日成名，于是拜一位剑术高人为师。他问师傅要多久才能学成，师傅答曰："十年。"少年又问如果他全力以赴，夜以继日要多久。师傅回答："那就要三十年。"少年还不死心，问如果拼命修炼要多久，师傅回答："七十年。"

这里，少年学成并非真的要七十年，师傅之所以如此回答，是因为他看到了少年的心态，少年可谓是不惜一切想尽快成功，但没有平和的心态，势必会以失败告终。渴望成功、努力追求都没有错，但渴望一夜成名的心态反而会使事情适得其反。

强扭的瓜不甜，强求的事难成，以淡定的心态面对，却往往会水到渠成。因为人们的主观愿望与实际生活总是有差距的，我们千万不可把自己的主

观意愿强加于客观的现实中，我们应该学会随时调整主观与客观之间的差距。凡事顺其自然，确实至为重要。有些事情就是很奇怪，你越努力渴求的，它越迟迟不来，让你等得心急火燎、焦头烂额。终于，你等得不耐烦了，它却从天而降，给你个惊喜满怀。

可见，急于求成、急功近利的思想要不得，凡事都必须先深思熟虑，再做出行动，否则，只能是事倍功半，甚至是瞎忙活，不但没有什么效果，还会平添许多烦恼。如果我们能遵循事物的客观规律，多思考，就会获得事半功倍的效果。

孔子曰："无欲速，无见小利。欲速，则不达，见小利，则大事不成。"真正能成大事者，都有一个特点，那就是有十足的定力，遇事不慌不乱，这也是一种智慧的胸襟。人要学会用长远的眼光看问题，不仅要看到眼前的得失，更要着眼于未来。只有凡事不急于求成，才能真正有所成就。

当然，顺其自然，不是一种消极避世的生活态度，而是站在更高层次来俯视生活。

＊不以物喜，不以己悲

生活中，世事难料，因为任何事情都有一个变化发展的过程，一时的不如意并不代表一生不幸，此时你满面春风并不代表你一生顺利，人生充满得失，虽然我们不能掌握变化无常的世事，但我们可以掌控自己的心态。"不以物喜，不以己悲"这种淡定通达的心态，正是现代人要追求的。正如《老子》五十八章中描述："祸兮福之所倚，福兮祸之所伏。孰知其极？其无正。正复为奇，善复为妖。人之迷，其日固久。"无论遇到什么事，都不要迷于单向度的追求，而是要了解相依转换的道理，然后调整心态，走上自立自足的生活。祸福本身就是可以互相转换的，因此，不管你现在得到了什么，失去了什么，都不要纠结于一时，心态是自己选择的，祸会转化为福，福也会转化为祸，何不敞开心扉，坦荡地面对呢？

“塞翁失马，焉知非福”的故事，我们已经了熟于心：

从前，在中国的边塞，有个智者，大家都叫他塞翁。有一天，塞翁的马从马厩逃出去了，并跑到了胡人境内，很明显，这匹马归别人了。邻居们纷纷过来，向塞翁表达悲哀之情，但塞翁一点都不难过，反而笑笑说：“我的马虽然走失了，但说不定是件好事呢。”

又过了几个月，这匹马居然自己跑回来了，而且还带来了一匹胡地的骏马，这不是意外之财吗？大家都过来向他道贺，塞翁这回反而皱起眉头对大家说：“白白得来这匹骏马恐怕不是什么好事！”

塞翁有个儿子很喜欢骑马，有一天，他心血来潮，要骑这匹“外来马”，结果一不小心从马背上摔了下来跌断了腿。邻居们知道了这次意外又赶来塞翁家，慰问塞翁，劝他不要太伤心，没想到塞翁并不怎么太难过、伤心，反而淡淡地对大家说：“我的儿子虽然摔断了腿，但是说不定是件好事呢！”

儿子摔断了腿，塞翁居然觉得是好事，邻居每个人都莫名其妙，他们认为塞翁肯定是伤心过头，脑筋都糊涂了。过了不久，胡人大举入侵，所有的青年男子都被征调去当兵，但是胡人非常剽悍，所以大部分的年轻男子都战死沙场，塞翁的儿子因为摔断了腿不用当兵，反而因此保全了性命，这个时候邻居们才体悟到当初塞翁所说的那些话里所隐含的智慧。

塞翁的确是个智慧的老人，他懂得“福祸相倚”的道理，因此他既不以福喜，也不以祸忧。后来这个故事在民间流传了几百年，成为人们经常用来规劝他人的一个成语，比喻一时虽然受到损失，也许反而因此能得到好处，也指坏事在一定条件下可变为好事。但生活中，我们是否能做到既不以福喜，也不以祸忧呢？答案是否定的。人都是情绪化的动物，一些人一遇到悲伤之事，便委靡不振，而在竞争中获胜，便高兴不已，甚至得意忘形。显然，大喜大悲都不是一种好的处事心态。

因此，无论得失，我们要调整自己的心态，要超越时间和空间去观察问题，要考虑到事物有可能出现的极端变化。这样，无论福事变祸事，还是祸事变福事，都有足够的心理承受能力。

放下人生路途中得失成败的压力,需要我们保持一颗平常心,对"花花绿绿""流光溢彩"不生非分之心,不做越轨之事,不做虚幻之梦。面对外界种种变化与诱惑,依旧保持一颗平常心,不轻易为之所动,宠辱不惊,去留淡然,白天知足常乐,夜晚睡眠安宁,走路步步稳健。总之,拥有一颗平常的心,能让我们拿捏好尺寸,把握住幸福。

总之,人生之路,不会总是阳光灿烂,不会总是枝繁叶茂,不会总是掌声不断,也会有阻挡在前的高山和荒凉的沙漠,也会有阴天时的迷雾重重,也会有他人的冷落。只有拥有平淡的真实,才会真正懂得品味人生,抒发人生,才会拥有自我,心存淡泊。拥有平淡,那才是人生的至高境界,才会得到坦坦荡荡,自自然然的快乐。

✻心若不死,路就会在脚下延伸

生活中, 几乎每一人都期望一帆风顺。许多人都说:前进的路上,即使没有莺歌燕舞,没有众人的掌声,那么,最好也不要有风雨和挫折。但是,人生就是一本包含着酸甜苦辣的词典。人活尘世,既有宽敞的阳关道,也有狭窄的独木桥;既有醉人的幸福,也有恼人的苦难。你需要承受的太多,尤其是在追逐人生目标的过程中,更是免不了失败。苦难来临时,你也许会无比惶惑,你也许会绝望,也许想到过轻生,想到过放弃,想到过破罐破摔、得过且过……

其实,我们的一生正是因为磨难的出现才精彩。百无聊赖的人生,感受不到成功的喜悦,最终得到的是冰冷的失落。不曾遭遇失意和痛苦、欢乐和幸福,人生只能是浮浅的、脆弱的;经历磨难,而不能泰然处之,也就永远不会真正地实现辉煌的人生。因此,我们应该学会接受人生的磨难和挑战。如果我们困于这种"不如意"之中,终日惴惴不安,那生活就会索然无味。反之,如果我们能以平和的心态面对,把那些磨难当成人生中的小插曲,那么,灿烂的主旋律必定会为你弹奏。

古人说："哀莫大于心死。"一个人最可怕的莫过于心存放弃。这种灵魂的死亡比起肉体的死亡更为可怕。而唯有激励自我，方可以焕发青春，扬起生命的希望之帆。

从前，有一个农夫，靠驴拉货为生，有头驴跟了他十几年，已经年迈。一天，在运货过程中，这头驴不小心掉进了一个枯井里，农夫想尽办法救驴出来，但都无济于事，最后，农夫不得不放弃，他想他为什么要大费周章地去救这头年迈的驴子呢？农夫便打算用泥土埋了这头驴，免除它的痛苦。

那位农夫叫邻居来帮忙，他们就用铁铲挖起泥土扔进枯井里。这头驴似乎很聪明，它意识到厄运的降临，便没再发出那凄惨的叫声。人们出人意料地发现那头驴子没有再叫出声音：那头驴子把那些将要埋葬它的泥土用身体抖落，然后踩在泥土上。

这样，人们挖土扔在它的身上，它就把泥土抖落下踩在脚下，很快，驴子的身体一点点地靠近井口。人们惊讶地注视着这头驴子。驴子悄悄地离开了注视它的人群。

在这个寓言故事中，如果那头驴听从命运的安排，它可能已经被活埋了。幸好那头驴子聪明地用智慧逃离了厄运。

人的一生难免会遇到一些困难，正如那句名言所说："面对困难，把它举在头上，它就是灭顶石，但如果把它踩在脚下，它就是垫脚石。"

其实，在生活中，那些我们遇到的困难和挫折就好比压在人们身上的"泥土"，我们只要以锲而不舍的精神将它抖落掉，然后站上去，"泥土"就变成了成功道路上的垫脚石。"艰难困苦，玉汝于成。"困难可以练就人的素质，提高人的才干，磨练人的耐性及承受能力。只要你能坚持不懈，困难自会低头，成为磨练我们坚强性格的磨刀石。

"宝剑锋从磨砺出，梅花香自苦寒来。"画家梵·高横眉冷对世俗的嘲笑，勇往直前，把困难踩在脚下。自古英雄多磨难，从来纨绔少伟男。"左丘失明，厥有《国语》；孙子膑脚，兵法修列；不韦迁蜀，世传《吕览》……《说难》、《孤愤》；诗三百篇，大抵圣贤发愤之所为作也。"

巴尔扎克曾说："挫折和不幸，是天才的进身之阶；信徒的洗礼之水；能人的无价之宝；弱者的无底深渊。"所以说，没有经历过失败的人生不是完整的人生，敢于把困难踩在脚下的人才是真正的英雄，成功属于他们。

面对失败，你必须要选择你的态度：是消极被动地害怕和逃避，还是积极主动地面对和接受？若我们存有消极态度，那么，你将被局面控制，如果你积极主动，则能反过来控制局面。如果你希望能够通过自己的努力使自己的力量一点点变得强大，同时让自己变得更完美，就必须选择积极主动的态度，逆境这朵"浮云"自然会被你驱赶出心灵的天空。

说到底，决定心态的是人的理想、人生观、世界观。一个成大器的人具有远大的目标，正确的人生观，以及胸怀宽广，执着进取，挑战自我，坚信自己。因而，我们一定要保持良好的心态，即使生活给予我们挫折，我们也要怀着理解的心态还它一个微笑！

第 11 章

静心善思，乐享现实：人生要耐得住寂寞

生活中，在与人共处时，我们扮演着人际交往中不同的身份，有着不同的对应轨迹。有的人宁愿面对别人，也不愿单独面对自己。其实寂寞是最自由的，人因为习惯了角色与名分，面对这份自由时，反而显得不知所措、彷徨与空虚。而心境淡定的人，懂得怎样去开发自己的生活快乐源泉，会在寂寞的时候给自己安排一片只属于自己的小天地。所以我们要特别珍惜独处的光阴。在喧闹的尘世生活中，不论何时，总要努力寻找一些悠闲的时光用于独处，此时你暂放自己的尘心，静心感受一下心灵的自由与成长，倾听宇宙的静谧节奏，感受一下天地万物的神奇——这是寂寞所给予我们的最丰盛的礼物。

＊沉下心来，让自己思考更多

人是群居动物，因此，独处的时候，我们常常会感到寂寞。寂寞的时候，你是品品茶，喝喝酒，还是唱唱歌、翻翻书？你是安静地坐一坐，还是悠闲地散散步，抑或是赶快到人群中去寻找情感的共鸣、心灵的慰藉？实际上，耐得住寂寞的人，或者懂得排遣寂寞的人，忍受得住孤独的人，或者会享受孤独的人，即使成不了伟大的人物，也必然会有一颗伟大的心灵。因为乐享寂寞的人心态必定是淡定的，他们常会选择以独处的方式来思索人生，思索问题，进而提升自我，

那些真正内心淡定的人，崇尚简单的生活，极少抛头露面，对人生、对社会的宽容、不苛求，心灵清净。他们像秋叶一样静美，淡淡地来，淡淡地去，给人以宁静，活得简单而有韵味。

淡定的人，即使再忙碌，也会偷出空闲，滋养自己，白日的尘埃落定，夜晚会在灯下读点书，修复日渐粗粝的灵魂，使自己依然温婉和悦。

朱自清先生在散文《荷塘月色》中写过这样一段话："我爱热闹，也爱冷静；我爱群居，也爱独处。"人在独处之时可以想许多事情，可以不受他物的牵绊，让自己的思想尽情遨游，在深思熟虑中获得生命的体验与感悟。这便是孤独的妙处吧。

曾经有一位总统，他远离公务和烦琐的生活，来到一间寺庙，他每天的工作只剩下两件事：拜佛和念经。

一天，寺庙的住持来探望他，他很疑惑地问住持："师父，庙里的桂花为什么这样香？"

住持说："哪儿的桂花不香呢？"

他说："总统府的桂花就没有香味！"

住持有些奇怪，问："总统府的桂花全是从雪岳山移过去的，怎会没有香味呢？"言毕，唤一童子进来，说："冬天快来了，送一盆夜来香，伴总统念佛。"

说完，住持便离去了。

一年以后，住持又来看这位总统，总统指着小茶桌上的夜来香，说："这盆夜来香想必是名贵品种吧。"住持不解其意，问："何以见得？"总统说："它不仅夜里香，白天也香！"住持说："这是从房前随便挖来的一棵，它不是名品，是不能再普通的一种。"总统说："过去我家也有一盆夜来香，可是，白天从没有闻到过香味。这盆不同。"

住持说："过去一位禅师说过：'夜来香其实白天也很香，人们之所以闻不着，是因为白天，心太躁了！'现在你能闻到香味，可能是心境不一样了。"

两年后，总统离开寺庙前往首都服刑。这位总统的名字叫全斗焕，1980年至1988年任韩国总统。现在他住在陕川郡，过着平民的日子，品味着桂花的芳香。

这位住持的话让我们深有感悟，的确，当我们心情浮躁的时候，又怎能感受到那份宁静的幸福呢？曾经有一个百岁老人谈起他的长寿秘诀："我每活一天，就是赚一天，我一直在赚。"这就是生命的真谛：豁达，坦然。

尘世中的我们，又是否有这样一颗安然、宁静的心呢？你是否已被这纷乱的世界扰乱了思绪呢？

的确，人世间有太多会扰乱我们心绪的因素，对此我们要懂得调节。

学会让自己安静，把思维沉浸下来，慢慢降低对事物的欲望。把自我经常归零，每天都是新的起点，没有年龄的限制，只要你对事物的欲望适当降低，就会赢得更多的制胜机会。所谓退一步海阔天空。

假如你遇到心情烦躁的情况，你可以喝一杯白开水，放一曲舒缓的轻音乐，闭眼，回味身边的人与事，对新的未来可以慢慢的梳理，既是一种休息，也是一种冷静的思考。

阅读也是让我们凝神静气的方法，像是一个吸收养料的过程，你的求知欲在呼唤你，要活着就需要这样的养分。

＊心不孤独，寂寞不是毒药

有人说，生命就像一艘船，穿过了一个个春秋，经历过风风雨雨，才驶向了宁静的港湾。然而，习惯了喧嚣尘世中的人们，当寂寞来临时，他们却手足无措，不知如何排遣。有人说，孤寂是吞噬生命和美丽的沼泽地。寂寞不可怕，可怕的是心灵的孤独，因此，寂寞的时候，我们需要一点精神上的寄托与追求，去打破寂寞，学会在寂寞中寻求彼岸。

曾经有个服刑的犯人在监狱中写下了一篇忏悔的日记：

自从穿上了这身囚服，我才知道什么叫寂寞，我才发现自由是多么可贵。我仿佛有一种无法倾诉的无奈，仿佛置身在没有一丝风的沙漠中。牢房里，虽然不乏各种新闻，也不乏各种话题，但我不感兴趣。环境特殊吧，彼此都害怕对方窥视自己的内心世界，所以人人都不得不心墙高筑。在这种氛围里，那份孤独就显得更加沉重。

于是，为了打发时光，空余时间我便拿出书来读。刚开始，我看的是一些修养身心的书，我不急不躁，细嚼慢咽，居然读了进去。接下来，我又喜欢上了一些道德、法律方面的书，竟让我读出了心得，读出了情感。到后来，我已不光读，而是在“听”了——听哲人谈人生道理，听名人谈生活经验，听学者谈对世事的看法，听强者谈怎样面对挫折。

时间久了，读的书多了，我更加后悔以前的行径，以身试法是多么愚蠢啊，不过现在还来得及。于是，我拿起久违的笔抒发对亲人的思念、检讨曾经的过失……一篇文章的构思过程，就是一次心灵净化与充实的过程，虽然难免有忧伤，有惆怅，但我却不浮躁，不空虚。曾经失落、沮丧的心绪已渐渐舒展，漫长的时光已不再无聊，不再孤寂。这是否算一种境界，一份收获？

我曾经暗叹牢狱生活是如此的漫长，如今却发现如果能够做到把刑期当学期，便可以学到许多对自己有用的知识，学会在寂寞中充实自己，人生才会感到精彩，才能得到许多意想不到的收获！

看到这篇日记，我们感到欣慰，孤寂的牢狱生活并没有让他再次堕落，他选择了以读书来充实自己的内心。的确，心与书的交流是一种滋润，也是内省与自察。伴随着感悟与体会，淡淡的喜悦在心头升起，浮荡的灵魂也渐归平静，让自己始终保持着一种纯净而又向上的心态，不失信心地契入现实，介入生活，创造生活。

英国作家汤玛斯说："书籍超越了时间的藩篱，它可以把我们从狭窄的目前延伸到过去和未来。"读书是一趟深入自我的探险旅程，是实现自身价值的一种途径，书籍的背后是一种文化的力量。有了这种探险的历程和这种文化的力量，我们定会在一本本书中看清自己，看清过去和未来，并在不间断的思考中挖掘出自己的潜能，走出狭隘，驱散浮躁，在心中开启一扇智慧之窗，开阔视野，涵养性情，丰富自我，修炼人格，为步入幸福的殿堂开辟一条绿色通道。

寂寞是一柄双刃剑，淡定的人会在寂寞中锻炼自己的心性；而愚蠢的人却在寂寞中迷失方向，从此一蹶不振，脱离了成功的轨道。寂寞是喧闹世界的陪衬，就像绿叶对鲜花一样。

学会在寂寞中寻求彼岸，我们需要对自己充满信心。人的一生好比船在大海上航行，不可能永远一帆风顺，难免会遇到狂风、怒涛、暗礁等各种各样的危险。同样，寂寞也只是我们通向成功路上的一个小小的挫折，只要我们有信心，有勇气，我们就可以去搏斗，去尽享奋斗人生的快乐，从而把寂寞当做成功路上的垫脚石。如果一个人在寂寞中失去了信心，那么他只会越陷越深，最终被寂寞吞噬。所以，多给自己一点信心，相信自己一样能够创造奇迹。

学会在寂寞中寻求彼岸，需要我们时刻怀有一颗追求和进取的心。寂寞中，如果追求和进取委顿了，那么就如同身心已死，四肢的活力不再蓬勃，生命也等于已经消亡，而只要有追求，前景就永远是一片灿烂。歌德说过："人人心中有一盏灯，强者经风不熄，弱者遇风即灭。这盏灯是理想。"若想要理想之灯放出光芒，就需要我们不断付出艰辛的劳动甚至是一生的努力。

在寂寞中，有的人像阿 Q 一样整天处在幻想中，把未来的生活描绘得五光十色，然而却只能雾里看花、水中望月罢了。没有追求的人，就像一艘无舵的孤舟，终将被大海吞没；不懂进取的人，就像一颗黑夜的流星，不知会陨落何方，所以任何时候请不要放弃自己对理想的追求，不断进取方能克服寂寞，从而找到彼岸。

学会在寂寞中寻求彼岸，需要我们主动去开垦我们的寂寞。寂寞的时候，请不要一味地抱着消极的心态去打发时间，可以去做一些有意义的事情，比如读书。古人云："书中自有黄金屋，书中自有颜如玉。"读书可以让我们增长见识，让我们身心放松。你可以坐在阳台上，也可以蜷缩在沙发里，随时随地都可以进入书的海洋。除此之外，我们还可以静静地听歌、发呆或者写一些随心随意的文字，总之只要你不在寂寞中沉迷，让自己的四肢忙碌起来，你就会找到一个充实的全新自我。任何时候都要记住，寂寞不是自己放纵的理由。学会开垦自己的寂寞，不气馁、不消沉，辛勤地耕耘，你最终也将走出寂寞。

*难得寂寞，珍惜和自己相处的时间

紧张的忙碌工作之余，你离开办公桌，沏一杯咖啡，来到窗前，静静俯瞰这城市中匆匆行走的人们，是否觉得自己累了太久，寂寞好难得？在万籁俱寂的子夜时分，你沉沉地睡去，但一想到次日依旧要面临繁杂的工作、生活，你是否觉得心力交瘁？你听够了上司的训导，同事的唠叨，孩子的哭闹，家人间的争吵，你是否很渴望能独处？

的确，在人的一生当中，寂寞、独处的时间实在太少了，尤其是在这喧哗的世界里，难得寂寞一回！在大都市里，寂寞真的是一种少有的平静，没有压力，没有喧哗，只有安静，只有自己的呼吸，只有平平淡淡。在万物沉睡的凌晨，在肃静的内室，在空旷的郊野，在所有这些寂寞的时候，凡尘的烦琐事务离我们远去了，忧虑与烦忧也不再侵害我们，我们的内心自然会生出许多

平安欢喜之情，此时思绪静止，内心安详而淳朴，你会感到一种与天地同在的醉意。

刘女士的儿子刚上小学，孩子所在的小学离刘女士原先的单位有一个多小时的车程，为此，她辞了职，在儿子学校附近的一个公司找了份工作。

“自从到这边来上班，几乎就没有了独处的时间，办公室是三个人公用的，似乎什么都是大家的领地，好在大家相处是愉快的，事情也做得顺意，总有忙不完的事情。工作之余的时间，多是给了孩子，给了家庭，偶尔的独处，也是在阅读中掩藏自己。‘寂寞’这样奢侈的享受已经远离了自己。

今天下午开会然后放假，我是带着提前放假的孩子来的。会后，大家都回家，我一个人在办公室，继续上次未完成的一段视频编辑。孩子和陈先生家的儿子一起玩着，而我一直坐在计算机前，同事们都走了，后来孩子也给他爸爸接回去了，只有我一个人坐在空空的办公室，等待着文件的生成、刻录。寂寞中，于是有了整理心情的想法，于是诞生了连续几篇散乱的文字：

本来还是正好的夕阳，不觉间夜色肆意蔓延开来，偌大的校园已经是寂静一片。站在窗前，视线是极好的，不远处已经是灯火阑珊，围墙外的道路上，街灯安静而闲适，总是让我怀想起10多年前的一些黄昏。高中时一个人走在上晚自习的路上，冬日的黄昏，橘黄色的街灯点缀着深蓝色的天幕，有时飘雨有时落雪，更多的时候也无风雨也无晴，一如自己的大脑，疲惫后的宁静与超然；还有的黄昏，站在学校七楼的寝室窗前，眺望不远的山上忽明忽暗的灯光，嘉陵江的水声仿佛穿透夜色低语着。思绪不知去向，似乎总也不知道家在何方，总有着无限的希冀，当然也有过彻底的绝望，那时候彻底地明白了一句话：热闹是他们的，而我什么都没有。

寂寞的、超脱的，一种很微妙的感觉似乎成了自己对黄昏最热切的期盼。而毕竟我们都是红尘俗世中纠缠着的众生，谁也超脱不了。

文件制作完成，我于是关上窗户，收拾心情，踏上回家的路。明天，又是一个不短的放假天，真好！”

故事中的刘女士是个懂得享受生活、享受寂寞的人，然而，现实生活中，人们往往因为难以忍耐寂寞而寻求群体生活，这不但曲解了寂寞，得不到寂寞的益处，也同时严重误解了群体生活。许多人参与群体生活的缘由乃是他们不能够独居，不能够忍受寂寞，他们需要借助外界的喧闹来驱除内心的空虚。而群体生活却永远也不能治愈空虚，它只是经由精神的麻醉而暂忘记了寂寞与空虚的存在，结果反而更加重了这种空虚。

为此，当独处时，我们可以有很多选择：

旅游，旅游是很多现代城市人放松自己的方法，长时间游走于钢筋混凝土中的人们，应到大自然中去。

读书，读感兴趣的书，读使人轻松愉快的书。抓住一本好书，爱不释手，那么，尘世间的一切烦恼都会抛到脑后。

听听音乐也会让你身心放松下来。音乐是人类最美好的语言。听好歌，听轻松愉快的音乐会使人心旷神怡，沉浸在幸福愉快之中而忘记烦恼。放声歌唱也是一种气度，一种潇洒，一种解脱，一种心灵的呼唤。

总之，寂寞是一种宝贵的情感，凡庸的人总不能够享用寂寞，难以在寂寞中寻求灵魂的清静与成长，而内心淡定的人则能抓住难得的寂寞时间来洗涤自己的心灵，享受一个人美妙的世界！

＊心碎神伤，忍受漫无止境的寂寞

爱情是世间最美好的东西，爱情应该是世间万物自然孕育而成，它本来是无形的，所以不能刻意地给它总结答案。不要给爱过重的负担，它才能够是快乐的。爱情源于自然，只有自然而生成的爱情才会更持久。爱情会遁形于我们内心的深处，只有融入到我们心灵深处的爱才是最美丽的事物，所以，爱情来临时，我们不要爱的盲目，也不要爱的愚痴，要爱的轻松，轻松的心情才会快乐。而当那份爱情已经不值得你留恋时，也不要过于执着，任何失去自我的爱情都失去了原本的意义，要试着把自己的双手慢慢地放开。

把双手放开时，才明白越是自然、越是随意的情感才会让人心情放松。

生活中，很多人经常充当情感的导师，当周围的朋友遇到阻碍，即将放弃的时候，他们常常都会对他说坚持到底，坚持就是胜利，但实际上，并不是所有的坚持都会等到最终的胜利。我们不妨先来看看一个女人的情感日记：

“现在我终于承认，一切都结束了，我也能面对自己了，这是一次情感的欺骗，我也不得不面对现实，早已怀疑这份感情的真实程度，可一直还是愿意相信自己是个值得爱的女人，所以宁可相信这份感情真实存在，所以无视诸多端倪。

或许很久之前，我就应该给自己一个了结这次情感的机会。背叛在前，事实当前还是选择原谅，因为珍惜，现在看来完全是因为无知，这段时间精神恍惚了，无心工作，无心玩乐，今天终于可以放开纠结。

真的下定决心不再爱，因为不值得……是呀，朋友说的一点没错，我是遭受了太多的感情挫折，太孤独太没人疼爱，貌似坚强的外表下是太脆弱的内心，才会对眼前看似存在的，其实漏洞百出的感情深陷其中。其实不是那么合适……我应该感到欣慰才是，今天我在内心告别的是一个不爱我的人，或者是一个不懂得珍惜爱的人，而被告别的他失去的是一个爱人。

我的感情付错了方向，到今天我彻底承认，一个不懂得珍惜的人，一个不懂得坚持的人，一个不懂得爱的真谛的人，一个不懂得顾念我的感受的人，一个不会牵挂关爱的人根本不会懂爱情，跟这样的一个人谈感情是何等无知何等虚幻的一件事情。

别了，我曾经的，短暂的爱情，别了，我曾经希冀过的未来……”

是啊，一个根本不值得自己爱的人，一段不值得留恋的感情，为什么还要苦苦迷恋呢？然而，生活中却有太多对于爱情过于执着的人，爱是一种那么模糊的东西，你说不明白它到底是什么。它或许是你早晨睁开眼睛的一个微笑，或许是你杯子中热腾腾的绿茶，或许是恋人的一个脉脉的眼神，或许是爱人在你肩头的一个细微的抚摸，或许是深夜孤独时美丽的灯光，或许

是你寂寞时节里的一个祝福的短信……

爱是一种缘分，佛说前生千百次的回眸换来今生的擦肩而过。我们常常将不可名状的人生际遇归于缘分。你我偶然的相遇，却从此开始一段凄美浪漫的情感故事。今天相聚的记忆，凝聚来生的缘分。白发如新，倾盖如故，怎一个缘分了得！那么，对于爱情中的离合聚散，我们也应该做到随缘，以“入世”的态度去耕耘，以“出世”的态度去收获，这就是随缘人生的最高境界。

一个人失恋不可怕，可怕的是失去自己，没有勇气重新开始。一个为爱而自怜伤叹，每晚伤心抽泣的人，到头只能得到他人的耻笑，而不是同情！

许多人会在恋爱中迷失了自己，找不到自我，甘心付出很多，结果却是一败涂地。如果说杰克死后，露丝也跟着沉到海底，那么就没有了那感人至深、赚了观众无数泪水的《泰坦尼克号》了。爱情的意义不是让一个人为另一个人牺牲，而是两个人共同付出，彼此幸福。你最需要的是从童话中走出来。

我们都是尘世中的人，都无法真正摆脱情缘，也逃不出爱与被爱的旋涡。心碎神伤后，是漫无止境的寂寞。或许真的会内心寂寞吧！但是细细体会寂寞后的洒脱，想想除他以外的快乐，想想再也不用为了猜测他的心思而绞尽脑汁，会不会轻舒一口气，感觉轻松一点？

＊放松自己，在冥想中释放内心

生活中，我们每个人每天都要为生计奔波，都要面临繁重的工作压力，我们常常需要周旋于各种应酬场合中，我们似乎很少静下心来，思考人生，思考自己，立身于尘世中太久，你是否经常有种孤独、落寞的感觉？你知道自己要的到底是什么样的生活吗？你的心是否曾经被一些自私自利的狭隘思想笼罩过？你是否已经变得人云亦云？处于闹世中的我们，都要做到给自己一段独立思考的时间，尝试着在冥想中释放内心。

曾经有位事业有成的年轻人，他在朋友的劝说下来看心理医生，因为他觉得自己的工作压力太大了，心灵好像已经麻木了。

诊断后，医生发现他身体毫无问题，却觉察到他内心深处有问题。

医生问年轻人："你最喜欢哪个地方？""我不清楚！""小时候你最喜欢做什么事？"医生接着问。"我最喜欢海边。"年轻人回答。医生于是说："拿着这三个处方，到海边去，你必须在早上9点、中午12点和下午3点分别打开这三个处方。你必须同意遵照处方办理，除非时间到了，不得打开。"

于是，这位年轻人按照医生的嘱咐来到海边。

他到达海边时，正好九点，没有收音机、电话。他赶紧打开处方，上面写道："专心倾听。"他走出车子，用耳朵倾听，听到了海浪声，听到了各种海鸟的叫声，听到了风吹沙子的声音，他开始陶醉了，这是另外一个安静的世界。快到中午的时候，他很不情愿地打开第二个处方，上面写道："回想。"于是他开始回忆，想起小时候在海边嬉戏的情景，与家人一起拾贝壳的情景……怀旧之情汩汩而来。接近下午3点时，他正沉醉在尘封的往事中，温暖与喜悦的感受，使他不愿去打开最后一张处方。但他还是拆开了。

"回顾你的动机。"这是最困难的部分，亦是整个"治疗"的重心。他开始反省，回忆生活工作中的每件事、每一状况、每一个人。他很痛苦地发现他很自私，他从未超越自我，从未认同更高尚的目标、更纯正的动机。他发现了造成疲倦、无聊、空虚、压力的原因。

在这个故事中，这位年轻人接受医生的建议来到海边，通过倾听、回想、回顾这三个过程，最终认识到了自己的症结——自私、从未超越自我、从未认同他人，这就是他感到空虚、压力大的原因。心理学家曾说过："人是最会制造垃圾污染自己的动物之一。"正如清洁工每天早上都要清理人们制造的成堆的有形垃圾一样，我们要想彻底消除倦怠，也必须经常反省自己，时刻清洗心灵和头脑中那些烦恼、忧愁、痛苦等无形的垃圾，真正让自己时刻心如明镜，洞若观火，以最好的状态去投入工作，而释放这些不健康心灵毒素的方法之一就是冥想。

的确，身处紧张、忙碌的现实世界中，我们的思想却渴望得到放松，冥想就是让你放松下来，当头脑、身体和心灵真正安静和谐时，当头脑、身体和心灵完全合二为一时，我们便得到释放了。

冥想是能量的彻底释放，是一种放空自己的方法，是一种忘怀之道，完全忘怀对自己、对世界的所有想象，人就有了截然不同的心灵。冥想还能帮助我们审视自己，审视周围的世界，看到自己的言行。然而，冥想只有在安静的内心环境下才会产生积极作用，否则，很容易产生扭曲和幻觉。

因此，我们不难发现，独处是让我们内心静下来的好方法。独处能让我们看清自己，看清自己的整个人生大部分时间把精力都倾注在了什么地方，是钱？是情？是权？还是其他什么？它是不是你痛苦的根源？你能不能稍稍放松一下自己？独处让自己暂时不再置身其中，去体验没有任何东西可以让你疼痛的感觉。

独处，就是要消化这些不平衡的感觉，消化所有的不能接受的结果，消化种种的抗拒，消化以往未了的事情。随着冰雪消融，我们的心渐渐地柔软了，渐渐地喜悦了，渐渐地伸缩自如了，于是，智慧的力量应运而生。抓住自己跟自己在一起的美好感觉吧，当这种美好的感觉越来越稳定的时候，我们的心便不再黏连在各种烦恼上。在这种情形下，我们的心才是自如的，喜悦的！

＊倾听心声，探究另一个自己

我们都知道，人是一种社会性的动物，需要与同类交往，需要爱和被爱，否则就无法生存。世上没有一个人能够忍受绝对的孤独。但是，绝对不能忍受孤独的人却是一个灵魂空虚的人。不知是哪位诗人说过："爱你的寂寞，负担它那以悠扬的怨诉给你引来的痛苦。"而事实上，我们可能忽视的一点是，这种因寂寞而引发的痛苦却恰恰是我们最应该珍视的礼物，其中就包括自我认知。寂寞使我们进入一种孤立的境地，而正是在这些孤立的时候，

我们才更易于接近我们的灵魂,从而帮助我们认识到另外一个自己,这是信仰的开始,是省悟的开始。

的确,我们不是在喧嚷中认识自己,也不是在人群之中认识自己,而恰恰是在寂寞的时刻认识自己,于独居的时刻认识自己,犹如深夜的月光洒落在纯净无瑕的窗户之上。任何一个拥有自我的人,都能做到静静地倾听自己内心的声音,以此认识到自己不为人知的另一面。这一面或许是为人处世中的不足与优势,或许是某种特长,但无论是什么,只要我们能及时探知,就有利于自身的发展。

富兰克林并不是出身官宦之家,相反,他小的时候,家境很穷。他只在学校读了一年书后就不得不出去工作,但童年的艰辛并没有磨灭他的理想和意志,反而激励他更加努力。最终,他成功了,他成为美国人心中杰出的政治家和外交家。富兰克林并不是天才,那么,除了刻苦勤奋外,他是不是还有什么成功的秘诀呢?事实上,在富兰克林的身上,有一种非常重要的品质,那就是经常反省自己。正是这种品质,促使他不断地发现自己的缺点,不断改进,成为一个拥有很多美德的人,最终走向成功。

每天晚上,富兰克林都会问自己:“我今天做了什么有意义的事情?”

他检讨自己的缺点,发现自己有13种严重的缺点,而其中最为严重的是,喜欢与人争论、浪费时间、总被小事扰乱心绪,他通过深刻的自我检讨认识到:如果要成功。就一定要下决心改造自己。

于是,他设计了一个表格,表格的一边写下自己所有的缺点,另一边则写上那些美好的品质,比如俭朴、勤奋、清洁、谦虚等。他每天检查,反省自己的得与失,立志改掉缺点,养成那些美德。这样持续了几年,他终于成功了。

的确,我们每个人都不可能永远不犯错误。因此,挖掘出自身发展过程中不足的部分往往是纠正自身错误、实现快速转变的关键所在。面对激烈的竞争,面对瞬息万变的环境,那些不愿意反省自己或者不愿意及时改正错误的人,必将面临淘汰的结局。同时,在快节奏的信息社会中,一个人如果

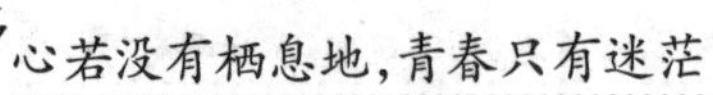

不能及时察觉自身的缺点，不能用最快的速度修正自己的发展方向，也必然会在学业和事业中落伍，被无情的竞争所淘汰。

现实生活中，一些人在人生发展的道路上，却把命运交付在别人手上，人云亦云，盲目跟风，他们忽视了自己的内在潜力，看不到自身的强大力量，甚至不知道自己到底需要什么，不知道未来的路在哪里，于是，他们浑浑噩噩地度过每一天，一直在从事自己不擅长的工作和事业，以至于一直无所成就。

要挖掘出另一个自我，我们就需要养成在寂寞中思考、在独处中倾听内心声音的良好习惯。你一个人待着时，是感到百无聊赖、难以忍受呢，还是感到一种宁静、充实和满足？对于有“自我”的人来说，独处是让内心静下来的绝好方法，是一种美好的体验，固然寂寞，但却有利于灵魂的升华。

在独处时，我们能从人群和烦琐的事务中抽身出来，这时候，我们独自面对自己，开始了理智与心灵的最本真的对话。诚然，与别人谈古论今、闲话家常能帮我们排遣内心的寂寞，但唯有与自己的心灵对话、感受自己的人生时，才会有真正的心灵感悟。和别人一起游山玩水，那只是旅游；唯有自己独自面对苍茫的群山和大海之时，才会真正感受到与大自然的沟通。所以，一切注重灵魂生活的人对于卢梭的这句话都会有同感：“我独处时从来不感到厌烦，闲聊才是我一辈子忍受不了的事情。”这种对于独处的爱好与一个人的性格完全无关，爱好独处的人同样可能是一个性格活泼、喜欢广交朋友的人，只是无论他怎么乐于与别人交往，独处始终是他生活中的必需品。

因此，我们需要安静下来问自己，我们到底是在不断提升自己，还是只顾面子，不肯跟自己“摊牌”呢？或许有直言不讳的指导者，曾经指出你所犯的错误，可是却遭到你的当面驳斥，因为你实在是不愿意相信，你并不如你自己想象中那样好。

总之，我们每个人都要做一个耐得住寂寞的人，只有这样，才能够挖掘出另一个自己，你也许会发现自己的某些惊人的力量，也可能会发现自己的

缺点或者做得不够好的地方，然后加以改正，使自己不断进步，并能够扬长避短，发挥出自己的最大潜能，从而不断获得成功。

＊开阔心境，空谷幽兰独自香

我们的生活中，有这样一些人，他们似乎就是为闹世而生，他们最怕的就是独处，让他们和自己待一会儿，对于他们简直是一种酷刑。因此，只要闲下来，他们就必须找个地方去消遣，要么去游戏厅，要么找人聊天、逛街、看电影。即使一个人在家里，他也会打开电视机，看一些无聊的肥皂剧，或者把音响开到最大，他们极其害怕孤单，他们的日子表面上过得十分热闹，实际上内心极其空虚，他们所做的一切都是为了想方设法避免面对面看见自己。

实际上，凡是对寂寞感到恐惧的人，其实质是不敢面对自己，而原因则在于心境狭窄。一个心境开阔的人，必然会因寂寞更加深刻地反省自身，也就更坚定地成就自身，完善自身。

寂寞是一种宝贵的情愫，凡庸的人体会不到寂寞带给他的礼物，也难以在寂寞中接受灵魂的馈赠。因此，如果你不懂得欣赏和珍惜寂寞，那么，对于寂寞，你只会觉得恐惧，这种空虚与恐惧啮咬着人们的心灵，足以使人毁灭。

人们常说“寂寞难耐”，为了避免这一点，人们宁愿在觥筹交错、纸醉金迷中消磨度日。对于这些人来说，寂寞是一种可怕的在任何时候都应该极力避免的情感经历。而如果我们能在寂寞中历练自己的心灵，那么，无论外面的世界多么繁华与喧嚣，我们也可以放飞自己的心灵，什么都可以想，什么都可以不想。一人独处的静美随之而来，清明随之而来，温馨随之而来。一人独处的时候，贫穷也富有，寂寞也惬意。

享受寂寞，也是忙碌的现代人调剂生活的主要方法。对此，我们可以想方设法给自己制造空闲或尽可能地给自己留出一些可以让自己随意放纵的私密空间，可以有机会让自己面对自己的真实内心。你可以选择周末休息的时间，远离工作，暂时支开家人，穿上舒服的睡衣，开点轻音乐，把室内灯光调到明暗适中的状态，然后就去很随意地想想自己要做点什么，或者就这样静静享受一个人独处的美妙光景。或者，去自己心爱的书架上随意取出一本自己喜爱的好书，也可以去小心翼翼地翻阅把玩自己珍藏的很珍贵的收藏品……我们有太多可以在寂寞中开阔心境的方法。

你可以把自己的身心交给大自然来净化，漫步于河边，倾听空谷中鸟儿们的绝唱，尽情地吮吸着花儿的芬芳，不要谁来做伴，只有自己，而在这时你是最真实的。抬头仰望天边云卷云舒。让心儿随着自己无边的思绪飘飞。此时，这个世界属于你，你也拥有了整个世界。

你还可以捧一杯香茗，让香气随着空气慢慢弥漫，然后，打开一本好书，让自己在这份难得的宁静中，解读关于生活、关于情感的文字。

你也可以播放轻缓温柔的小夜曲，静静地赖在床上，什么都不想，什么都不做，只让自己沉浸在难得营造出的氛围里。让身心此刻回归本真，默默地享受音乐带给我们的心灵的栖息，让音乐来诠释我们对浪漫的渴求。

你可以背上简单的行囊，到向往已久的地方去，不要害怕一个人孤单，不要与谁为伴，随时出发。也许你会如孩童般滚过一片青青的草地，找寻回儿时的天真与顽皮。也许，你会大喊一声，打破这宁静的时刻，让孤独的内心得到释放的快乐。

成长本身就是一种疼痛。就在这独处的时光中做回真正的自己。在陌生的地方，没人认识你。让这阳光完完全全地照亮那些想呐喊却没有呐喊出的日子吧！在这里，一人独处的时光，便是绝顶美妙的时刻！

总之，无论生活多么繁重，我们都应在尘世的喧嚣中，找到这份不可多得的静谧，在疲惫中给自己心灵一点小憩的时间，让自己属于自己，让自己剖析自己，让自己鼓励自己，让自己做回自己……

第12章

心之从容，摒弃烦忧：于流年中笑看红尘过往

每个人都有七情六欲和喜怒哀乐，烦恼也是人之常情，是人人避免不了的。但是，由于每个人对待烦恼的态度不同，所以烦恼对人的影响也不同。多愁善感的人喜欢自找烦恼，一旦有了烦恼，就忧愁万千，牵肠挂肚，离不开、扔不掉憋屈难受。而内心淡定的人一般很少自找烦恼，他们善于淡化烦恼，所以活得轻松，活得潇洒。因此，很多时候，想要拥抱幸福并不难，只要我们懂得摒弃烦恼！

＊知足常乐，让心更加安然

我们都知道，人无完人，但对于生活，人们却不能以同样的心态面对。他们总是希望生活可以过得更好，总是希望“万事如意”，而“万事如意”不过是人们相互祝福的颂词，“人生不如意事常八九”才是现实生活的真实写照，人们所面对的总是一些不尽完美的事情。我们无法控制事情，使事事顺心，但我们可以保持一颗淡定的心，做到坦然面对，该放则放，不要把一些“垃圾”总堆在心里，把乌云总布在脸上，把牢骚总挂在嘴上，否则你就会变成倒霉蛋，周围的朋友也觉着你很烦人。

卡耐基曾经遇到过这样一个女士：

这位女士一见到卡耐基，就开始抱怨，先是她的丈夫，她说她的丈夫不好好工作，接下来，她又开始抱怨她的孩子，说她的孩子不好好学习。总之，她有很多不满意的地方。等她抱怨完了，卡耐基对她说：“这位女士，您太追求完美了。”当她听到这句话后，非常吃惊地看着卡耐基，过了好一会才说：“卡耐基先生，您认为我非常追求完美吗？可我并不这样认为啊！而且像我这样相貌也不好、学历也不高的女人，根本不会去追求完美的。”

卡耐基说：“您刚才跟我介绍过你的情况，您想想看，您的丈夫现在才三十几岁，但却有了自己的公司了，这已经是成功人士了，您为什么还认为不够好呢？而您的儿子，他才小学四年级，每次也能考个不错的成绩，您又为什么不满足呢？这不是在追求完美吗？”听了卡耐基的话后，那位女士很长时间都没有说话，最后认同了卡耐基的说法。

其实，生活中有很多这样的人，他们总是对生活现状不满，总是不断追求完美。有的人表现为对自己要求特别严格，而另外一些人则对别人非常严格，但总体表现，就是看不到生活中美的一面，他们的脸上总是愁云密布。其实，如果他们能转个角度，那么，生活中便处处充满美好。就如上文中那位女士一样，在卡耐基的点拨下，她看到了“儿子学习成绩不错”，“丈夫事业

有成”这两点。

“不如意事常八九。”这是古哲在总结了历朝历代人类生活状态所做的总结，就是说一个人的一生不如意的时候占去了生命的十之八九，只有十之一二生活在快乐之中。这一分析未必准确，但人的一生中忧比乐多却是不争的事实。

曾有人用“失意”和“诗意”来形容人类生活的如意与否，确实很贴切。人在快乐的时候，似乎看到的周围的一切都是美丽的，天空是蓝的，空气是新鲜的，甚至孩子的吵闹声也成了赞美诗；而在不如意的时候，周围的一切都是噪声，春雨成了泪滴，阳光也刺眼得让人想躲起来，“感时花溅泪，恨别鸟惊心”，就是失意的真实写照。

但是，我们必须清醒地看到，诗意和失意都是人的心理感受，不同思想境界的人会对同样的人生做出不同的诠释。

你说的失意在别人看来，可能是诗意，同样是失意，一个人可能深陷其中不能自拔，另一个人可能从中奋起走向诗意的前程。因此，我们不妨转换一下思维，当贫穷时，你不妨把它当成一种财富，它让你体会到人生不易，苦中作乐，以苦为荣，这也正是一种诗的意境。

认为自己可以获得更多，总是苛求生活，是导致人们不快乐的主要原因之一。他们总要按照一个不切实际的计划生活，总要跟自己过不去，总觉得生不逢时，机遇未到，所以整天郁闷不乐。而快乐的人明智地选择了从美的角度去欣赏生活，在他们的眼里，总是透露着知足、开心，于是，工作得心应手，生活有滋有味。他们懂得生活的艺术，知道适时进退，取舍得当，快乐把握今天，而不是等待将来。事实上，如果我们每天可以做自己喜欢的事情，不在乎表面上的虚荣，凡事淡然、不苛求，那么快乐、幸福就会常伴我们左右。

追求圆满的人生，是每个人的愿望，但这个愿望，却是一种幻想，因为它不存在。生活中，很多人穷其一生，都在追求所谓的圆满，真的值得吗？每个人都有缺陷，每件事都会有缺憾。看人看事，都应该先看到其美妙的一面，假如你先入为主，认为此人不值得付出，那么，你看到的都是对方的缺陷。把眼光总盯在丑恶的方面，你永远都找不到快乐，永远不会有好的心情。

比如，失恋是失意，但反过来想，人家既然离开了你，就说明不爱你，缘分已尽，何必强求，前边有芳草，前边也有美妙的诗篇。

再比如，我们认为工作压力大、工作时间长是失意，但如果我们反过来看，年轻时不是正应该努力奋斗的年纪吗？努力工作，才会有灿烂的明天！当你工作的时候，你应全身心地投入，你高吟豪放派的诗歌，把工作当成享受，你乐而不疲，一切失意都会烟消云散。

而当有一天，你离开了工作岗位或者没有了往日的荣耀，你也不必灰心，更不必埋怨人走茶凉，你不必奢求儿孙绕膝，你可以读书，你可以作画，你可以与老友们一起徜徉于琴棋书画中，你还可以采菊东篱，种豆南山，那不也诗意盎然么？此时，我们的心情大致就变成“人生如意事常八九”了。

＊烦恼自找，选择靠近快乐

生活中，我们每个人都会遇到一些烦恼，我们常常被这些烦恼困扰着，而事实上，这些烦恼大多都是我们自找的。一个浮躁的人才乐于给自己找麻烦。你可以追寻美好的生活，可以追寻甜蜜的爱情，但你绝不可以自寻烦恼。

每个人都有喜怒哀乐，人的烦恼，这是避免不了的。但不同的人对待烦恼的态度却是不同的。积极乐观者，一般很少自找烦恼，而且善于淡化烦恼，善于从烦恼中发现快乐，而悲观失望者却总是喜欢无病呻吟，一旦有了烦恼，忧愁万千，难以自拔。

大多时候，人的烦恼都是自找的，有些问题其实根本不是烦恼。举个很简单的例子：你已经是一名主管，管理着一大批人，但你却一直觊觎经理的职位，让你没料到的是，这一职位却被一名资历不如自己的人抢走了，你心

里很不痛快，而你忽视的一点是，主管的职位已经是很多人羡慕的了，再说位高烦恼多，经理也有经理的烦恼，经理的烦恼可能会多过自己的烦恼。还有的人为钱而烦恼，有了一万想两万，有了两万想三万……还是烦恼，可惜你除了想过钱多的得意，有没有想过钱多的烦恼？钱少的人或许没有钱多的人那么神气，但钱少的人也没有钱多的人那么多担忧。平民小户没有大富人家对盗贼绑架的担心，恐怕也少有为争夺家产使兄弟反目，甚至相残的悲哀。

当我们在为种种苦恼之事感到失落甚至掉泪时，其实快乐就在身边朝我们微笑。做一个快乐的人其实并不难，拥有一个幸福的人生也很简单，只要我们不自找烦恼。

从前，佛祖遇到了一个不喜欢他的人，这个人连续几天都跟着佛祖，并用各种方法辱骂佛祖，但奇怪的是，佛祖似乎没听到这些，从不跟他计较。这人很纳闷，问佛祖是怎么做到的。

佛祖反问道："若有人送你一份礼物，但你拒绝接受，那么这份礼物属于谁？"

那个人答："属于原本送礼的那个人。"

佛祖微笑着说："没错。若我不接受你的谩骂，那你就是在骂自己。"

那个人恍然大悟，摸摸鼻子走了。

这里，佛祖要告诉我们的是，只要你对别人给你的烦恼采取不理不睬，不接受的态度，那么无论别人如何谩骂你、如何对待你，都影响不了你的快乐，夺不走你的高兴。其实，生气是拿别人的错误来惩罚你自己，真正的受害者也是你自己。因此，不要扰乱了自己的心，烦恼往往都是自找的。只要你不接受"烦恼"这份礼物，任何人都破坏不了你的好心情。

美国心理治疗专家比尔·利特尔经过研究认为，一个人若有以下心理或做法，必定会促使其自寻烦恼、无事生非：

(1)总把原因归结于自己，你是不是认为别人不喜欢你是因为你的原因？你是不是认为同事被上级领导批评也是因为你的原因？把消极原因都

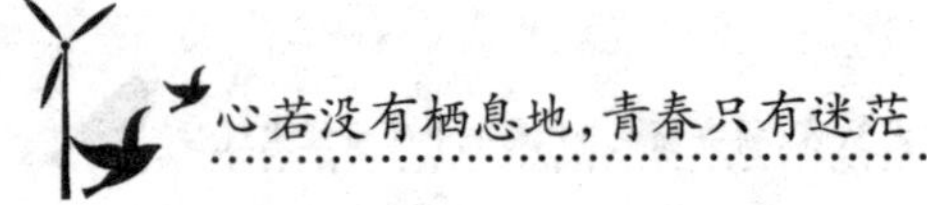

归结于自己，那么要不了多久，你就会烦恼成疾。

(2)喜欢做白日梦，最可怜、可悲的人莫过于那些总是做白日梦的人，如果你不重新调整你的目标，那么，那些无法实现的目标同样让你烦恼不断。

(3)盯着消极面，不要总是把眼光放在你曾经受到的冷遇上，也不要总是计算自己吃了多少次亏，如果你这样做，你就会运用这种消极的思想来给自己制造烦恼。

(4)制造隔阂，你从未赞美过他人，总是挑刺儿、埋怨，好与人争论，这是制造隔阂、自寻烦恼的妙法。

(5)总是拖延问题，问题一旦出现，你就要解决，因为此时解决很容易化解，而如果你采取拖延的方法，那么，问题只能像滚雪球一样越滚越大，最后一发不可收拾，因此不要“如果错过了解决问题的时机，索性再往后拖拖”。这样，只会使问题变得更糟，必定会导致你的愤怒和苦恼与日俱增。

(6)把自己摆在殉难者的位置，你可能经常会听到家庭中的主妇们会这样抱怨：“没有一个人真正心疼我，对我们家来说，我不过是个仆人而已。”而男人们也会抱怨：“我的骨架都累散了，谁也不把我当回事，大家都在利用我。”要知道，经常这样想，必定会使你烦恼异常，而且还会使周围的人感到讨厌，令你的感觉变得更糟。

做一个快乐的人其实并不难，拥有一个幸福的人生也很简单，只要我们摒弃以上心理或做法。要知道，世界上没有一个人因烦恼而获得过好处，也没有一个人因烦恼而改善过自己的境遇，但烦恼却在随时随地损害着我们的健康，消耗着我们的精力，扰乱着我们的思想，减少着我们的工作效率，降低着我们的生活质量。

人生在世，其实是在为自己而活。活着，本身就是一种幸福。每个人来到这个世界上都是不容易的，也是幸运的。所以，珍惜和善待我们的人生吧，快乐和充实地度过每一天，才是远离烦恼的正确选择。

＊何必完美，让自己活得真实

人生不可能事事都如意，也不可能事事都完美。追求完美固然是一种积极的人生态度，但如果过分追求完美，而又达不到完美，必然会产生浮躁。过分追求完美不但得不偿失，还会令自己陷入泥沼。

从前，有个国王，他有七个女儿，这美丽的七位公主是国王乃至整个国家的骄傲。这七位公主都有一头美丽乌黑的长发，为此，国王送给她们每个人一百个漂亮的发卡。

这天早上，大公主醒来，准备梳头，却发现自己的发卡少了一个，于是，她就去二公主房间拿走了一个；同样，二公主也发现自己的发卡少了一个就去三公主那里拿了一个，就这样到最后，七公主的发卡只剩下九十九个。

隔天，邻国一位英俊的王子忽然来到皇宫，他对国王说："昨天我养的百灵鸟叼回了一个发卡，我想这一定是属于公主们的，而这也真是一种奇妙的缘分，不晓得是哪位公主掉了发卡？"公主们听到了这件事，都在心里想说："是我掉的，是我掉的。"可是六位公主头上明明完整地别着一百个发卡，所以都懊恼得很。只有七公主走出来说："我掉了一个发卡。"话才说完，一头漂亮的长发因为少了一个发卡，全部披散了下来，王子不由得看呆了。故事的结局，自然是王子与公主从此一起过着幸福快乐的日子。

为什么我们一有缺憾就想拼命去补足？一百个发卡，就像是完美圆满的人生，少了一个发卡，这个圆满就有了缺憾，但正因缺憾，未来就有了无限的转机，无限的可能性，何尝不是一件值得高兴的事！

同样，现实生活中，我们的生活也是充满遗憾和不完美的。比如，我们都知道家是一个人心灵的港湾，是释放自己的场所，如果因自己追求完美，而对家人增加了许多的限制，这不准那不行，令家人不开心，也会使自己不愉快，家中的每个人都忙碌了一天，都在努力保持自己的形象，回到家再受到限制，当然都会不开心的。所以力求完美，也要看时间、地点、场所，过分

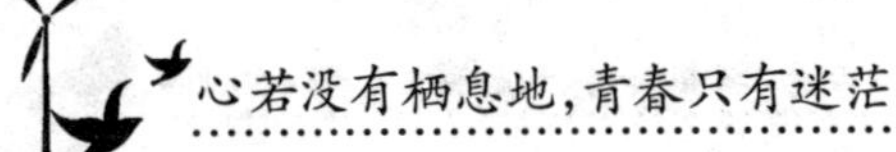

要求完美反倒不完美了。

再比如，许多交往中的男女，为了给彼此留下最好的印象，都极力让自己表现得完美，于是，对于自己的缺点和小瑕疵，他们都会隐瞒起来，并用审美的眼光去看彼此，因达成的美感而步入婚姻。而一旦成为夫妻后，渐渐地发现，彼此不再是初识的那个人，于是在相互的失望中对爱情、对婚姻、对人性、对所谓完美都失去了信心。其实呢，王子也好、公主也罢，都还是婚前的那个人，不同的是他们恢复了真正的自我，那些令我们陌生的发现，其实决非突然出现，只是以前没看到或看不到而已。

生活毕竟是烦琐的，适度的放松实在比事事力求完美更重要，否则把自己和周围的人都弄得紧张兮兮的，会十分疲惫。不完美就让它不完美吧！既然无法达到完美，一味地追求完美岂不是给自己增添许多烦恼？所以，学会和遗憾、不完美为伴吧。

人生不可免的缺憾，你怎样面对呢？逃避不一定躲得过，面对不一定最难受，孤单不一定不快乐，得到不一定能长久，失去不一定不再有，转身不一定最软弱。别急着说别无选择，别以为世上只有对与错，许多事情的答案都不是只有一个，所以我们永远有路可以走。

你能找个理由难过，你也一定能找到快乐的理由。

在现实生活中，我们对人、对事都不宜过于苛求，否则，最终会让自己成为孤独的人，生活在孤寂和焦灼之中。生活的目的在于发现美、创造美、享受美，而不善于发掘它的闪光点和长处的人，就难以找到真正的美。

人生是没有完美可言的，完美只是在理想中存在，生活中处处都有遗憾，这才是真实的人生。事实上，追求完美的人是盲目的。“完美”是什么？是完全的美好。这可能么？“凡事无绝对”，哪里来的“完全”，更不要提“完美”了。既然没有“完美”，那又为什么要去寻找它呢？

＊淡化烦恼,别放大你的疼痛

有个笑话说,一位农夫在收鸡蛋时,不小心打破了一个,他想:一个鸡蛋经孵化后就可变成一只小鸡,小鸡长大后成了母鸡,母鸡又可以下很多蛋,蛋又可孵化很多母鸡。最后农夫大叫一声:“天啊!我失去了一个养鸡场。”

这个农夫看来着实有点可笑,但在现实生活中像农夫这样的人却大有人在。

夫妻二人,在亲朋好友的祝福下走入婚姻的殿堂,两个人难免有磕磕碰碰的时候,拌几句嘴也属正常,可偏偏有人钻了牛角尖,将拌嘴升级为打斗,本来可亲可爱的人露出了凶恶面孔,即使战火止息,也难免伤了感情,甚至闹到以离婚收场。

刚上学的孩子学习速度慢,几个星期下来,大字不识几个。看着自己的孩子不如别人家的聪明,想想他今后糟糕的学习成绩,那上大学肯定有问题,上不成大学,哪里来的好工作——父母亲便如热锅上的蚂蚁坐卧不安,对孩子没有了好声气,夫妇之间也少不了要互相报怨。面对如此让人烦心的问题,再坚强的心也会被击垮。但这样的父母也未免太有“远见”了。孩子还小,理解力有限,也许一个偶然的提示就能让他转过弯来,孩子依然会收获自己的成功。

一些老年人,容易瞎想,会“想象”出很多痛苦,如退休金没人家多;住房没人家宽敞;孩子的工作没人家的孩子好……放大痛苦,结果是有百害而无一利。

我们总觉得活得很累,我们总有宣泄不完的痛苦,这是为什么?原因很多,但原因之一肯定是我们常犯一种错误——放大痛苦。

在面临不幸的时候,如果一味地放大痛苦,问题就会越来越糟;如果辩证地想一想也许就豁然开朗了。任何人都难免失误,但正确面对失误,把失误局限化,并积极寻求解决和弥补的办法,这才是我们应有的生活态度。

卢梭说过："除了身体的痛苦和良心的责备以外，一切痛苦都是想象出来的。"俗话说得好：生活像面镜子，你哭它就哭，你笑它就笑。让我们生活中的笑更多些，千万不要放大痛苦。

有一天，古刹内来了一位富态的中年妇女。她对方丈说，自己最近失眠，还食不下咽，浑身乏力，做什么事都没有激情，很想了却尘缘，遁入佛门。方丈观人无数，且颇懂医术，听完那位妇人的描述后，便说："不忙，待老衲先给施主把把脉如何？"妇人点头应允。

切完脉，观完舌苔，方丈微微一笑："体有虚火，并无大碍。"顿了一下，方丈又接着说："我看施主定是心中烦恼太多。"

中年妇女一听，心想方丈果真是高人，便把心中所有事情逐一向方丈倾诉。方丈很随意地跟她聊着："你家相公与施主感情如何？"

妇人脸上有了笑容，说："感情很好，几十年来都是相敬如宾，从未红过脸。"

又问："施主膝下有无子女？"妇人眼里闪出光彩，说："有个乖巧、漂亮的女儿。"方丈又问："家里的生活不好吗？"妇人赶忙摇头说："家里世代都是做生意的，生活算得上是镇上的富人家了……"

方丈铺开纸墨，边问边写，左边写着她的苦恼之事，右边写着她的快乐之事，然后把写满字的纸放到妇人面前，对妇人说："这张纸就是治病的药方。你把苦恼之事看得太重了，所以忽视了身边的快乐。"

说着，方丈让徒弟取来一盆水和一只苦胆，把胆汁滴入水盆中，浓绿色的胆汁在水中淡开，很快就不见了踪影。方丈说："胆汁入水，味则变淡。人生何尝不是如此？施主，不是您承受了太多的苦痛，而是您不善于用快乐之水冲淡苦味啊。"

其实，生活中的我们，何尝不是和这位妇人一样，不懂得淡化自己的烦恼和痛苦，反而放大它们呢？而当我们为种种苦恼之事感到失落甚至掉泪时，其实快乐就在身边朝我们微笑。

生命仿佛是一片神秘的原始森林。有时，我们谁也不知前方是什么，只

是不停地追求，探索。挫折就是森林中的野兽，不知什么时候就会侵占你的领土。痛苦是心灵中的一株野草，在挫折“光顾”你的领土时，痛苦若是过度繁殖，那么它就会占据你心中的阳光、水和空气，你心中的快乐、希望、幸福就会消失。

因此，当我们遭遇挫折时，我们应该告诉自己：“不要放大痛苦！”

＊停止抱怨，何必空耗你的人生

生活中，我们常常听到身边的人抱怨道：“哎！工作太累，天天都有做不完的活，连喘口气的机会都没有！”“看看我们公司的那伙人，那是什么素质简直没法说！”“我们家那位一天只知道挣钱，连结婚纪念日都忘记了。”“我怎么就生了这么笨的一个儿子，学习好像从来不用脑子。”抱怨就像瘟疫一样在我们周围蔓延，愈演愈烈。他们好像从来就没有过顺心的时候，无论什么时候和他们在一起，你都会听到有人在抱怨。高兴的事情抛在脑后，不顺心的事情总挂在嘴上。因为抱怨，他们不仅把自己搞得很烦躁，也把别人搞得很不安。相反，那些内心淡定的人，他们总是如快乐的小鸟，当别人抱怨时，他们却倍加珍惜时间，因为他们深知，抱怨毫无用处，充实内在，用行动说话才是硬道理。

有这样一个故事：

画家列宾和他的朋友在雪后散步。他的朋友瞥见路边有一片污渍，显然那是狗留下来的尿迹，就用靴尖挑起雪和泥土把它覆盖上了。没想到列宾发现时却生气了，他说：“几天来我总是到这来欣赏这一片美丽的琥珀色，而你现在却把它涂抹了。”

在生活中，当你埋怨别人给自己带来不快，或生活不如意时，想象那片狗留下的尿迹，其实，它是“污渍”，还是“一片美丽的琥珀色”，都取决于你自己的心态。

比如，早上起床晚了，抱怨的人会想：“家里人为什么不叫我一声？真是不负责任！”不抱怨的人会想：“也许他们是想让我多睡一会儿。”

出门走路，与别人撞了一下，抱怨的人会想：“挺大个活人都看不见，长眼睛干什么的？”而不抱怨的人会想：“他肯定有什么急事儿，没看见，也怪我没注意。”

到了公司，同事从对面走过来却对你视若无睹，抱怨的人会想：“他对我有意见？牛什么？我还懒得理他呢。”不抱怨的人可能想都不会想，顶多会想：“他准是想着心事，没留神。”

你辛辛苦苦做完一件工作，满以为会得到上司的夸赞，但谁知道上司不哼不哈，连个高兴的脸色都不给，抱怨的人会想：“遇到这样的上司，活该我倒霉，一辈子都没有出头之日了。”不抱怨的人会想：“这本就是我分内的事。”

下班了，原本打算早点回家的你，却被临时通知要开会，抱怨的人会想：“下班都不让人轻省，这是什么破公司！”不抱怨的人会想：“也许真有什么重要的事情。”

好不容易回到家，爱人还没回来做饭，抱怨的人会想：“一天忙得要死，却连顿现成的饭都吃不上！”不抱怨的人会想：“今天有个一显身手的机会了，我要给爱人一个惊喜。”

……

为什么抱怨的人会说生活得这么累，因为他只看到自己的付出，而没有看到自己的所得；而不抱怨的人即使真的很累，也不会埋怨生活，因为他知道，失与得总是同在的，一想到自己的所得，他就会感到高兴。

的确，抱怨只会让我们浪费掉大把的时间，因为它会破坏我们原本积极的潜意识。你可能有过这样的体会，只要我们的头脑中有一丝抱怨的意识，那么我们手中的工作就会不由自主地慢起来，然后为自己鸣不平、讨公道，甚至是抱怨老天不公。在这种坏心情的影响下，不仅我们的工作和生活都受到了影响，我们的心态也会改变，而真正的勇者，他们从不抱怨，他们总是能淡定、冷静地看待世界，审视自己，最终成就自己。

其实,没有一种生活是完美的,也没有一种真正让人满意的生活。如果我们能做到不抱怨,而是以一种积极的心态去努力进取,那么,收获的将会更多,而如果我们一旦养成抱怨的习惯,那就像搬起石头砸自己的脚,与人无益,于己不利,于事无补,生活就成了牢笼一般,处处不顺,时时不满。所以,每个人都应该认识到:自由地生活着,其实本身就是最大的幸福,哪有那么多抱怨呢?

因此,不要抱怨你的专业不好,不要抱怨你的学校不好,不要抱怨你住在破宿舍里,不要抱怨你的男人穷或你的女人丑,不要抱怨你没有一个富爸爸,不要抱怨的你工作差、工资少,不要抱怨你空怀一身绝技却没人赏识,不要抱怨你的老板不近人情,不要抱怨你的同事素质低……生活是你的朋友,不是你的敌人。虽然现实有太多的不如意,但就算生活给你的是垃圾,你同样能把垃圾踩在脚底下,登上世界巅峰。

＊忘却不快,接受转身而来的快乐

纷纷扰扰的尘世中,人们不断追逐着自己想要的生活,但终极目标却始终是快乐。然而,生活毕竟是生活,它就如一枚绿橄榄,慢慢咀嚼,既有清泉般的甘醇,也有难以诉说的苦涩。如何去坦然面对这一切,人人都有自己的方法。但唯有保持身心愉悦,热爱生活,才不至于活得太沉闷,太矛盾。内心淡定的人即使遇到不快之事,也会以忘却的方式来洗涤心灵,让自己的心灵更纯净,从而接受转身而来的快乐。

有个老人,他的爱好就是摆弄盆景,每天他把大部分时间都会花在这上面。

一天,老人去外地看亲戚,出门前,他告诉儿子一定要细心照看好那些他视若珍宝的盆景。

父亲的话,儿子不敢怠慢,于是,在老人外出期间,儿子很精心地照料着这些盆景。尽管如此,花架上还是有一个盆景在儿子浇水时不小心被碰倒了，打碎了。儿子因此非常害怕，准备着等父亲回来后接受处罚。

老人回来后知道了此事，不但没有责备儿子，还说："我栽种盆景是用来欣赏和美化家里环境的，不是为了生气的。"

老人说得好，种植盆景，并不是为了生气。因此，他的心情也不会因盆景的得失而受到影响。如果无欲无求，了无牵挂，则气无处生。

人不是为了生气而活着的，只有心平气和，才不会愚蠢到去拿别人的错误来惩罚自己。

很多时候，人们都是为过去所累，过去的冤怨，过去的争吵，过去的误解，过去的情感，包括过去的辉煌与荣耀。其实那些，不过只是飞过头顶的一片云彩，飘过眼前，便云消雾散。懂得忘记不快的人是豁达的、成熟的、美丽的。

忘却是内心豁达、经历世事沉淀后的表现。人生无常，无论发生什么，生活还得继续，忘却那些悲痛、那些过往，你才有勇气继续赶路！

忘却也是一种内心成熟的表现，在每一个无人的夜晚，梳理思绪，不要再有目光穿透伤悲，活在当下，更真实地拥抱自己！

忘却更是一种心灵美丽与空灵的写照。你不必刻意去遗忘，但只要是你想抛弃包袱，没有什么不可能的。而无意的遗忘，是一种不深刻的体现，也体现了人生的练达旷意。

当然，无论你是否富有，无论你有怎样的社会地位，你都免不了烦恼，甚至有些烦恼是自找的。因为人是现实的，不是超脱凡俗的圣人，既然这样，我们就要学会善于淡化烦恼，忘记烦恼。

那么，如何才能淡化和化解烦恼呢？你可以试试以下方法：

(1)反方向思考。如果发生了什么天灾人祸，死伤多人，是为不幸。而对于那些幸存者，莫不是最大的庆幸；

(2)把一切交给时间。时间能治愈好一切痛苦。倘若你主动从时间的角度来考虑一下，心中对烦恼之事的感受程度可能就会大大减轻。比如，如果你失恋了，刚开始的第一个月，你痛苦万分；第二个月，你心有隐痛；第三

个月,你便能走出过去,重新寻找爱情了。

(3)不要逃避。现实已经摆在眼前,我们再后悔、哀婉都无济于事,我们要做的就是先接受现实,然后进行弥补,最大可能地减少损失,否则过多的后悔、不休的责备,不仅于事无补,而且还会扩大事端,增加烦恼。

(4)做事件的旁观者。俗话说:旁观者清,当局者迷。就烦恼之事来说,也是如此,置身于烦恼之中的人,往往执着一点,甚至钻"牛角尖",千丝万缕难找出头绪,甚至自己无法控制自己,此时局外旁观者的劝导,往往可以起到指点迷津,淡化烦恼的作用。如果你正处于烦恼之中,你不妨做一下自己的旁观者。

当然,忘却不快,并非是简单地对过去的遗忘,而是把往昔的痛苦与烦恼沉淀于心底,更好地主宰自己的命运,把握未来。学会遗忘,走出烦恼泥潭,便会倍感生命的可贵,生活的绚丽,从而让生命更富于朝气和力量。

请记住一句话:烦恼就像天空上的一片乌云,如果你的心中是一片晴空,那么烦恼不会对你有丝毫影响。

*放慢脚步,收获一路的风景

谈到幸福,很多人可能会问:"什么是幸福?""到底怎样才能获得幸福呢?"每个人都有自己的生活,也许100个人就会有100种对幸福的理解,甚至会有1000种不同的答案。幸福是属于自己的,幸福其实很简单,只要你细心一点,你就会发现,即使缝隙中,幸福也会存在。

生活中,很多人认为自己不幸福,认为自己活得累,并不是因为他们真的不幸,而是因为他们只是一味地盯着前方的目标,而忘了欣赏沿途的风景。同样,如果我们对生活越是苛求,越是盯着那些得失不肯放手,就越容易中途失去力气,为无果而沮丧;如果我们能让心情愉悦,并放慢脚步,聚焦"细节",抓住缝隙中的美丽幸福,反而能收获一路的风景。人生的路很长很长,相信幸福一直在路上,只等一颗宁静和细致的心去发现。

罗丹说："这个世界不是缺少美，而是缺少发现。"幸福也是如此。心态淡定的人还有一双眼睛，它不是长在脸上，而是长在心中。这双眼睛比自然的那双眼睛更为重要，因为从这双眼睛中，我们看到更为美丽的、细腻的世界。

杨眉有着众多女性羡慕的生活，自己经营着一家皮具公司，有自己的品牌，生意红红火火，而她的老公，因为生意上的失利，最终赋闲在家，当上了全职"煮夫"，每天接孩子、做饭、洗衣服。但杨眉心里是不乐意的，因为在外人看来，她的丈夫很没出息，于是，经常一回到家，她不管遇到什么不开心的事儿，都会朝老公发脾气。幸好，老公是个好脾气的男人，从来不跟她计较。时间一长，她觉得，自己赚钱养家，老公似乎就该忍受自己的坏脾气。但经过一件事之后，她才发现，原来，自己一直以来都是身在福中不知福。

这天，她正在办公室看资料，看到不明白的地方，她打电话给秘书小吴，但电话却占线，于是，她走到小吴的办公室，原来，小吴和家人在通电话，好奇心驱使她继续听下去。她隐约听到小吴说："我知道了，晚上要吃红烧鱼，家里要来客人？你放心，我一会儿下班就去买菜。女儿还是我接？那行吧，我买完菜去学校门口等女儿……"

小吴终于挂了电话，杨眉在门外叹了一声：好辛苦的女人！凑巧小吴看到了站在门外的杨眉，于是，她赶紧说："董事长，不好意思，家里有点事，刚占用了点工作时间。"

"没事的。我看你，每天得工作，还得照顾家庭，这不是很累吗？"

"是啊，我真的羡慕董事长您，每天回到家里，您爱人都能理解您，自己做家务。有时候，人们常说，应该男主外，女主内，其实我看，任何一种模式都可以有幸福的生活。我虽然累点，但是每天下班就能看到丈夫在家，看到父母健健康康的，也就不累了。"

是啊？自己怎么没看到这些幸福呢？

这天下班后，她回到家，听到丈夫说："回来了？赶紧来洗手，马上开饭。"看到系着围裙在厨房做饭的老公，杨眉第一次发现，原来自己这么幸

福，她忍不住走到老公身边，抱住老公，对他说："亲爱的，辛苦了。"听到妻子这么说，丈夫也会心地笑了。

的确，从这个温馨的瞬间，我们发现，要找到幸福，并不在于正在发生的事，而是在于你是否具有发现幸福的能力。世界上其实不缺乏幸福，而是缺乏感受幸福的能力。

其实幸福很简单，如果你具备感受幸福的能力，那么，下雨时的一把伞、饥饿时的一碗饭、寒冷时的一盆炭火，都能让你觉得幸福。我们要懂得感知幸福，幸福就是奋斗；幸福就是付出；幸福就是成功的喜悦；幸福就是一种乐趣。幸福永远在路上。

从现在起，我们不妨带着一双发现美的眼睛，为生活中的"小幸福"而欢呼：当清晨醒来，阳光透过窗帘缝隙洒到你的房间，又是一个阳光灿烂的日子，你不必为上班而匆匆忙忙，你可以懒懒地躺在床上，你能感觉到幸福；在一场飘渺的秋雨之后，你站在宽大的窗前，呼吸着窗外清新的空气，看着晶莹的雨珠从树枝上滑落，雨洗后的草坪愈加葱郁和青翠，孩子们快乐地在上面嬉戏、打闹的时候，你也能感觉到生活的惬意与美好。幸福常常是如此简单，简单到一句话，一首诗，一个清晨，一个问候，一个场景，简单到我们日常生活中的点点滴滴，都无不蕴藏着幸福。我们要为每一次日出、草木无声的生长而欣喜不已；我们要重新向自己喜爱的人们敞开心扉；我们要热情地置身于家人、朋友之中，彼此关心，分享喜悦。

总之，我们若想得到幸福，就要学会发现那些细腻的幸福，就要学会享受简单的快乐。生活越简单，幸福快乐越多。我们需求得越少，得到的自由就越多。多一分舒畅，少一分焦虑；多一分真实，少一分虚假；多一分快乐，少一分悲苦，这就是简单生活所追求的终极目标！

第13章

心之达观，怡然自得：转个身生活更美

人活于世，我们不可能只活在自己的世界内，每个人都要与人接触，于是，就产生了人与人之间的竞争、利益的争夺等。对此，内心淡定者会选择忍耐而不是逞一时之气，忍耐是一种承担、一种等候。忍耐并不是逆来顺受，不是消极颓废，也不是在沉默中悄然降下信念的帆。忍耐是当一根火柴燃烧到一半的时候，接受另一半炙热的煎熬。学会忍耐，挺起坚强的脊梁，用快乐和潇洒清扫尘灰般的意志，人生不论是低迷还是高涨，你的人生都将壮美如画。

*一笑而过，忍耐是一种淡然

人活于世，难免会受到一些伤害，有些伤害是可以通过法律途径解决的，而有些伤害，是没有什么机构可以为你申冤叫屈的。面对他人带给你的伤害，你是会把它滞留在心里，还是一笑而过呢？

我们来看看富兰克林是怎么做的：

富兰克林出生在一个世代打铁的工匠家庭，12 岁的小富兰克林后来流落到费城，有一个叫凯姆的阴险狡猾的人雇佣富兰克林帮他管理印刷厂。当时富兰克林已经是一个熟练工人，他想，既然答应接受这份工作，就应该尽力做好。于是，他就每天教其他工人一些技术，甚至把自己发明出来的制作字模的方法也传授给了这些人。

过了一段时间，凯姆发现自己廉价雇佣来的工人已经基本掌握了排版印刷技术，于是就开始无缘无故找富兰克林的麻烦，无端克扣他的工资。富兰克林说："凯姆，别绕弯子了，你可以赶我走，不过，你放心，我富兰克林不会因为你的卑鄙就传授给他们错误的技术，将来你解雇他们的时候，他们凭借自己的手艺也可以很容易地找到工作。"说完，富兰克林收拾行李离开了。

富兰克林的做法是大度的，不与卑鄙小人置气，选择离开，是一种淡定的表现。

人生需要更多的智慧，用这些智慧来解决问题。不以消灭对方或简单暴力的方式结束彼此关系，可以给自己和冲突方最大的回旋余地，何乐而不为？比如，对待一个长舌妇，以牙还牙就失去了身份，一笑而过、沉默不语也未必不是一种很好的还击方法，必将使之感到羞愧。

忍耐并非懦弱，而是一种淡定。俗话说：忍字头上一把刀，这把刀让你痛，也会让你痛定思痛。这把刀，可以磨平你的锐气，但也可以雕琢出你的勇气。百忍成钢，当你的心性修炼得有如镜子般明彻、流水般圆润时；当你切切实实生活在不以物喜，不以己悲的宁静中时；当你发觉胸中不断流动着

"虽千万人而吾往矣"般的勇气时，历经千锤百炼，你的刀也就炼成了。

其实，我们不难发现一点，那些事业有成或者能力突出者，反而会成为人们抨击、伤害的对象。当你事业有成时，你可能不会再为日常生活中的柴米油盐和孩子的学费发愁，也不再像事业初创时期那样疲于奔命，但新的问题又来了，那就是那些嫉妒者的诽谤，竞争者的诋毁，于是，在你的生活圈内，关于你的谣言四起，攻击你的语言风起云涌。比如，他们会谣传因第三者的出现，你与爱人即将离婚；你与某个明星走得很近等。面对种种谣传，你该怎么做？

你绝对不能因此而生气，更不能大动肝火，如果真这样，你只会越描越黑，让他人产生很多无端的猜忌，另外，你也会因为这些空穴来风的话而大伤脑筋。其实如果你能做到内心淡定，并包容这些伤害，凡事不做过多的解释，一笑置之，那便是最好的证据和回击的武器。

有一天，在拥挤喧闹的百货大楼里，一位女士愤怒地对售货员说："幸好我没有打算在你们这儿找'礼貌'，在这儿根本找不到！"

售货员沉默了一会儿说："你可不可以让我看看你的样品？"

那位女士愣了一下，笑了。售货员的幽默打破了他们之间的尴尬局面。

可见，事情弄得很紧张、很严重的时候，如果我们能大度一点，笑对他人对我们的伤害，便可巧妙地避免麻烦和纠纷。如果那位售货员对于争吵也采取一种较真的态度，或者大发脾气，那对大家又有什么好处呢？无非是更加激化双方的矛盾。正因为意识到这一点，这位售货员巧妙地批评了那位女士的无礼，从而制止了进一步的争论。

其实，人生只要不存在原则上的对立，就没必要战争，没必要硝烟，没必要对抗，更没必要老死不相往来。淡定者往往能表现出豁达包容的气度，他们更能得到别人的尊重和帮助，他们会因为谦和的姿态避免成为别人的攻击目标，他们有着更加和谐的人际关系，从而使自己的工作、事业、生活顺风顺水。

所以，请淡定一点吧，如果是恶意的伤害的话，你可以一笑了之，因为一

定是你在某一方面做得很好，可能别人是出于嫉妒的心理，对于这一类人你可以不用管他，继续走自己的路，过自己的生活。

＊以退为进，看到更广阔的风景

当今社会，处处存在激烈的竞争，与对手较量，难免会产生利益冲突。此时，那些以大局为重的聪明人绝不会逞一时之勇，与对手斗气，而是先隐忍过去，以退为进，隐藏实力，并伺机而动，厚积薄发。尤其是当自己还羽翼未丰时，更要懂得韬光养晦，这是保存实力、积蓄力量的重要手段。“退避三舍”的故事就说明了这个道理。

春秋时候，晋献公因为听信谗言，杀了太子申生，又派人捉拿申生的异母兄长重耳。重耳事先知晓此消息，就逃出晋国，在外流亡十几年。后来，经过一番跋山涉水，他来到了楚国，楚成王是个有远见卓识的君王，他认为重耳日后必定大有作为，在闻讯重耳来到楚国后，便以国君之礼相迎，待他如上宾。

一天，楚王设宴招待重耳，两人饮酒叙话，气氛十分融洽。忽然楚王问重耳：“你若有一天回晋国当上国君，该怎么报答我呢？”重耳略一思索说：“美女侍从、珍宝丝绸，大王您有的是，珍禽羽毛，象牙兽皮，更是楚地的盛产，晋国哪有什么珍奇物品献给大王呢？”楚王说：“公子过谦了，话虽然这么说，可总该对我有所表示吧？”重耳笑笑回答道：“要是托您的福，果真能回国当政的话，我愿与贵国友好。假如有一天，晋楚之间发生战争，我一定命令军队先退避三舍（一舍等于三十里），如果还不能得到您的原谅，我再与您交战。”

四年后，重耳真的回到晋国当了国君，就是历史上有名的晋文公。晋国在他的治理下日益强大。公元前633年，楚国和晋国的军队在作战时相遇。晋文公为了实现他许下的诺言，下令军队后退九十里，驻扎在城濮。楚军见晋军后退，以为对方害怕了，马上追击。晋军利用楚军骄傲轻敌的弱点，集

中兵力，大破楚军，取得了城濮之战的胜利。

这就是“退避三舍”的故事，以退为进，然后诱敌深入，从而给自己留下了主动出击的后路，获得最后的成功。

懂得减速和停止，是人生的一种境界。一味地追求高速度和高效益，也许并不能达到预期的目标，反而会适得其反，用了多大的冲劲，就能招致多大的损伤。或许就是因为有了喘息的机会，才有足够的体力进行下一步的飞跃。

生活犹如爬山，你的周围是群山峰峦，有上坡就有下坡。“上坡容易下坡难”，这是众所周知的道理。上坡大家都会一鼓作气地向前冲，或许中间不需要停下，但下坡时，如果你不懂得如何停止，那么你很可能摔得头破血流。

即使是平地亦是如此。平地的时候你需要停止，因为你看不清楚前面的方向，就更需要适时地停下，或休息调整或稳定前行。

其实，当今社会，与人交往亦是如此。不少人争强好胜，锋芒毕露，给人咄咄逼人的感觉。其实用点心机，适当“示弱”，并不是表示你无能，有时反而起到化解矛盾、以柔克刚的作用，取得意想不到的妙效。承认“无知”，多学多问，是铺设走向成功之路的必备素质。学会了妥协，就能学会以屈求伸，以退为进，以静制动，以柔克刚，你才可能成为最后的胜利者。

以退为进，是平心静气后的理智思考，有利于自己找到目标。打个比方说，人走在沙漠中，不知往哪个方向走，会心慌意乱，这就是为什么有些人会死在沙漠中。倘若能冷静下来，借助星辰找准方向，朝着一个方向走，结果会大不一样。

以退为进，也不是一味忍让，而是为了实现双赢。在《将相和》的故事中，蔺相如一而再，再而三地忍让着廉颇，终于使廉颇认识到自己的错误，使自己和廉颇都能各尽其用，使赵国繁荣昌盛。李嘉诚不贪小利，对于失败的竞争对手，他并没有死追穷打，而是留条财路给他人，最终使他自己成为亚洲第一富豪。以退为进，不仅为自己，也为了别人。

可见，进，是我们每个人都追求的目标；退，则是为了更好地进。进退之间，方显智慧。

“退让”并不等于怠惰、麻木、迂腐和世俗，毫无忧患意识和危机感；退让是自我意识的校正，自我心态的调整，是退一步海阔天空的气度，退让是绝处重生后的喜悦。退让是一种战术，也是战略，更是成大事的智慧。

不过，我们也不可能事事退让，妥协要看具体情况，要看你的大目标所在。为了达到大目标，可以在次要的目标上做适当的让步。这种妥协并不是完全放弃原则，而是以退为进，以屈求伸。我们要有长远的眼光，以大目标为我们的根本动力，适当的时候妥协，才会离我们的大目标更近一步！

*宽待他人，退一步海阔天空

俗话说：忍一时，风平浪静；退一步，海阔天空。这是一种包容忍耐的气度，而不是胆小怯懦的退缩。有句老话说得好：吃亏者长在，能忍者自安。所谓忍，不是忍气吞声，而是一种大度；退，不是惧怕而退，而是谦让宽容。退一步，不是怯懦、退缩、屈服与逃避。退一步，是忍耐、坚韧，大度的胸怀。

与人打交道的过程中，那些做事太过认真，爱较真的人，在人际交往中，总是吃不开。这就再次证明，“难得糊涂”确实是一剂人生“良药”。小则使自己免受伤害，大则能助自己飞黄腾达。正因为如此，“难得糊涂”已经深入到许多成功者、或希望成功的人的心头，真的成了人生的信条。

美国第三任总统杰斐逊与第二任总统亚当斯从交恶到宽恕也是这个道理的显现。杰斐逊曾是美国总统，在他就职前夕，他来到白宫，目的是想表明自己的立场，想告诉亚当斯：他希望针锋相对的竞选活动并没有破坏他们之间的友谊。

然而，就在杰斐逊准备开口前，亚当斯居然暴跳如雷，说：“是你把我赶走的！是你把我赶走的！”之后好多年，他们二人都没有来往。

后来一次，杰斐逊的几个邻居去探访亚当斯，这个坚强的老人仍在诉说

那件难堪的事，但接着冲口说出：“我一直都喜欢杰斐逊，现在仍然喜欢他。”邻居把这话传给了杰斐逊，杰斐逊便请了一个彼此皆熟悉的朋友传话，让亚当斯也知道他的深重友情。后来，亚当斯回了一封信给他，两人从此开始了美国历史上最伟大的书信往来。

这个例子告诉那些还在为鸡毛蒜皮的小事而与朋友老死不相往来的人，那些为了一些不值一提的小事与人大打出手的人，懂得退让是一种多么可贵的精神！我们要以宽容的心态对人，宽容是解除人际间的误会和不快的最佳良药，宽阔的胸怀能使你赢得朋友，能和那些伤害你的人化干戈为玉帛，因为宽容代表了理解，它是一扇心灵的大门，把心放宽一点，门就不会挤了。受到伤害，心中不快乃人之常情，但唯有以德报怨，唯有容人之过，才能赢得一个温馨的世界。释迦牟尼说：“以恨对恨，恨永远存在；以爱对恨，恨自然消失。”

古时候，有两个人，分别叫王黎和陈昆，他们是邻居，祖祖辈辈住在一起。一天夜里，王黎偷偷地将隔开两家的竹篱笆向陈昆家移了一点，以便让自己的院子宽一点，恰好被陈昆看到了。王黎走后，陈昆不但没有追上去大骂一顿，反倒将篱笆又往自己这边移了一丈，使王黎的院子更宽敞了。王黎发现后，很是愧疚，不但归还了侵占陈家的地方，而且还将篱笆往自己这边移了一丈。

陈昆的主动吃亏，让王黎感到内疚，他觉得自己是在“以小人之心度君子之腹”，这就欠下了陈昆的一个人情，即使他还了这个人情，但每当他想起时，他还是会内疚，还是会想法报答陈昆。

这个故事中，陈昆在看到邻居王黎的行为后，不但没有抓住机会“讨回公道”，反倒给对方更大的空间，表面上是陈昆吃了点小亏，但实际上因为他会吃亏，反而赢得了王黎的友谊和尊重。

说起来简单，但现实中又有几人能付诸行动？在别人不小心触犯到你的利益时，一句“我不介意”大可以一笑了之；在别人犯了无心之失时，你也可以说一句“没关系”；在与别人观点发生分歧时，说一句“这没什么。”这寥寥数语虽然人人会说，可又有多少人能将它深植在心中？世间有多少人为公车上的磕磕碰碰争得面红耳赤？多少人为生意场上的蝇头小利争得你死我活？多少人为了学术上的不同观点弃斯文于不顾？在那一刻这些人有没有想到“退一步海阔天空”的道理呢？我们的世界五彩缤纷，每个人都是独立的个体，任何人都不能将自己的思想、行为强加于人，而我们又必须在同一片天空下生活，人类要和谐共处就必须要学会宽容，如那尊弥勒佛，展开胸襟，绽开笑脸，接纳天下事，这时，心灵便比大地更厚重，比天空更广阔。

那么，我们该如何做到退一步呢？这需要我们站在他人的角度来思考问题，或者多想想这件事情所带来的好处，凡事都有它的两面性。

其实，生活中有很多事都是我们所无法掌控的。大家都想占便宜，又哪里有那么多的便宜让人来占呢？保持一颗平常心，吃得起亏，也许真的会成为人生的一大幸事。在现代交际中，我们也要学会忍耐和包容，自己吃点亏，也是一个很好的交际方法，这会让我们在对方眼里变得豁达、宽厚，让我们获得更深的友谊，会使对方更心甘情愿地帮助我们，为我们做事。

＊夫唯不争，故天下莫能与之争

古往今来，人们都强调竞争的重要性，敢于争取、勇于竞争，才能为自己赢得一席之地。尤其是在当前的社会转型期，市场经济条件下的竞争已呈现在社会的每个角落，人际间的竞争结果往往与人们的生存质量息息相关。因而，人们再也不能固守着自己的一片天地高枕无忧了。但我们还应该看到，一味地竞争，杀机四伏，着实会令草木皆兵，给人际交往带来重重障碍。如果我们能做到“淡泊名利”，不与人争抢，并加强合作，进而弱化竞争，就会给双方带来安全感，也只有这样，人们才愿意与你结交，才愿意和你一道工作。这是优化交际环境，提高交际质量的根本策略。

老子说：“不自见，故明；不自是，故彰；不自伐，故有功；不自矜，故长；夫唯不争，故天下莫能与之争。”不与人争抢，这是一种大智慧。正像“水”一

样，利万物而不争，以其善下之，故能成其大；以其性柔弱，攻克天下之至坚。生活中，我们常能看到一种现象，有些人争强好胜，却常常事与愿违；有些人不争不抢，而常常坐享其成。这正应了人们常说的一句话："有意栽花花不开；无心插柳柳成荫。"《菜根谭》中"烦恼皆因强出头"和心理学上讲的所谓"性格悲剧"不就是这个道理吗？不与人争又是一种大境界。"不争"其本身就是一种与人为善，就是对他人的一种宽容。就是这"退一步"、"让一时"能减去多少争执，少去多少烦恼甚至避免多少灾难！

清康熙年间，在海宁，有个学富五车的人，但却孤傲自大，不肯为朝廷所用，让康熙费尽心机。最后，这个人终于答应进京面见天子。

那么，该由谁去接他呢？康熙又开始犯愁了，因为此人不仅富有学问，口头表达能力也让人惊叹，他有说不完的话。此次迎接活动，纪晓岚都推辞了，他觉得自己不能胜任，自知不是海宁人的对手。康熙很尴尬。

还是宰相说了一个人选，皇帝很满意。

宰相推荐的这个人是谁呢？原来是一个听力有障碍的人，一个大字不识几个的武官，长相倒是很儒雅。倘若你骂他，他就装着听不见；你表扬他，他比谁都听得清楚。

于是，此人出发了。接到海宁人以后，海宁人谈天说地，卖弄本事，倒真是个上知天文、下通地理之人，说话即是吟诗，开口就是学问。而这个武官马步站桩，坐在船头，不时"唔唔嗯嗯"。任凭你口吐莲花，口燥唇干，他只是捻须微笑，一个字也不发。

这海宁人开始还饶有兴趣，谈古论今，闹腾到后来，觉得索然无味，及至上了岸，到了京城地面，像经了霜的茄子，恹恹的提不起半点精气神。他始终没弄明白康熙派来的接船人到底有多大学问。

这只是一个故事，但这其中却蕴含着一个很大的哲理。现实中我们通常会见到某些人为了一些小事而争论不休，最后不搞个面红耳赤、不可开交决不罢休，人之患在好为人师，与人交往，退后一步，反而更有利于前进，正验证了"无欲则刚，有容乃大"这个道理。

成大事者，不会是小气的人；成气候的商人，也绝对不是目光短浅，斤斤计较的人。因为他们懂得，暂时的谦让也许会带来更多的机会和收益。

与人交往，凡事争第一，很容易成为众矢之的；而只有做到低调行事、懂得隐藏自己，即使吃点亏，你也赢得了人心，那么你自然就是别人眼中的“好人”，拥有了好人缘，荣誉和信任必将接踵而至。

＊大智若愚，不必两败俱伤

当今这个时代，每个角落里都散发着竞争带来的紧张气氛。诚然，在你追我赶的现代社会，竞争对于提升自我价值与空间有很重要的作用，人们可以从中发现自己的不足，并以此作为一种前进的动力来鞭策自己。然而，这一效果是在良性竞争中才会产生的，恶意的斗争只会两败俱伤。

从前有两个人，喜爱打猎，这天，他们和往常一样来到森林中，却看见两只老虎在吃人肉，其中一个人很是气愤，他迫不及待要去杀了这两只老虎，而另外一个人则上前制止，并说：“人肉是老虎最爱吃的，现在两只老虎都抢着吃人肉，一定会争得你死我活，力气比较小的那只肯定会被比较强的那只打死。最后，比较强的那只也一定会伤痕累累。等到那时，我们不用花什么力气就可以把两只老虎都打死，这不是做了一件事就能获得双倍好处吗？”果然，两个人很轻松地就把两只老虎抓住了。

自古以来，人们就知道“鹬蚌相争，渔翁得利”的道理，并且，他们还善于运用这个道理来谋取自己的利益，但为什么当人们置身于事件之中时，却还非要与对方争个你死我活呢？即使你赢了，你也可能失去更多，比如，友谊、健康、快乐等。明白了这个道理，面对利益、观点、意见的分歧，我们也就能做到淡定处之，不与人争斗了。

陈飞和邹伟都是刚毕业的大学生，他们进了同一家企业。新人新气象，在工作半年后，公司决定在新员工中提拔一批干部，以激发公司员工的活力。这些新手们都知道这是一次难得的机会，也知道人情世故的重要性。

于是，在得知公司要提拔新人的消息后，所有人都“出动”了。

陈飞是一个精明的人，他花了半年的薪水买了一些烟酒，亲自送到主管家，果然，这个爱好烟酒的主管很乐意地接受了陈飞的礼物，陈飞认为自己会成为新干部的候选人，于是，他在家敬候佳音。但实际上，送礼的人远不止他一个。邹伟是个憨厚的年轻人，这件事似乎和他一点关系也没有，家人都劝他去活动一下关系，而他还是和以前一样，朝九晚五地上班，对待同事也是笑脸相迎。所以，那段时间，整个办公室的年轻人，似乎就他一个人真正在忙工作。

主管在接受了众多礼物后，无法抉择，而上级领导一直催促他要本着“公平公正”的原则为公司选拔人才，在左思右想后，这位主管做出了“英明”的决策：提拔邹伟为领导干部。很多人感到不解，他的理由是：一个不争抢名利的人，才是真正能把精力放在工作上的人，也才是能倾心倾力为公司负责的人。

案例中的主管为什么没有选择送礼的下属，反而选择毫无表示的邹伟呢？正如他所想的，一个内心淡定的人，不热衷于名利的争夺，才会全身心把精力投入到工作中，这样的人才是真正有担当的人。

其实，不仅仅是职场，在这样一个竞争激烈的社会中，对于钱财、权威，淡定一点是最明智的生存之法。少说话、多做事、充实内在，你自然能脱颖而出。

可能你会发出这样的疑问，万一对方有意与自己较量，又该如何？此时你不妨装装傻，选择沉默。这是很简单的道理，如果你装聋作哑，别人是不会与你计较的，也就不会产生争斗，因为斗了也是白斗。对方如果一再挑衅，只会凸显他的无理取闹，因此面对你的沉默，这种人多半会在几句话之后就无话可说，如果你能装出一副听不懂的样子，那么更能让对方败走！

当然，这并不代表默默承受别人的侮辱，而是一种大智若愚。对所遇到的事情，多用眼睛去看，多用耳朵去听，多用脑袋去思考。这并不是让你没有自己的意见，而是要你谨慎地做出结论，用不着把所有的东西都展示在大众眼前。总之，与人交往，遵循“闭上嘴巴，默默地充实自己”的原则，才会多一份深度，少一些冲动，多一些涵养，少一些抱怨！

＊人生苦短，包容现实的残酷

岁月漫漫，人生却是苦短的，我们走过多少个春秋，有时候会突然发现自己的生活如此普通。所有的日出日落，寒来暑往，一切的欢笑、泪水如戏剧，一幕幕地上演着。面对人生，我们顿时觉得自己很渺小，渺小得像一束远方的微光；渺小得像漫天飞舞的蒲公英，随风飘扬；渺小得像一粒沙，被人忽视。为此，我们惆怅，我们感叹。其实我们不必悲叹，因为生活本来就是这样，现实本来就是残酷的，我们本来也就是如此渺小。但渺小不是人生之光的黯淡，不是生命之火的熄灭，不是超然物外的冷漠。

生活给予我们挫折，我们要用理解的心态面对，用达观之心去包容现实的残酷，然后勇敢地接受挫折给予我们的挑战。白云为每一个平凡变幻多姿；彩霞为每一个平凡增添亮色；繁星为每一个平凡星光闪耀；蝴蝶为每一个平凡翩翩起舞；小鸟为每一个平凡引吭高歌。我们是平凡的，渺小的，但正是无数个平凡的日子组成了我们绚丽多彩的一生，正是平凡的日子组成了灿烂的世界，这就是生活。

现实生活中，总有人一味沉溺在已经发生的事情中，不停地抱怨，不断地自责。这样一来，将自己的心境弄得越来越糟。这种对已经发生的无可弥补的事情不断抱怨和后悔的人，注定会活在迷离混沌的状态中，看不见前面明朗的人生。他们之所以这样，是因为经历的磨炼太少。正如俗语说的那样：天不晴是因为雨没下透，下透了，也就晴了。

富兰克林·德拉诺·罗斯福总统 39 岁时，一场高烧使他染上了脊髓灰质炎。这突如其来的灾难差点把他打垮，开始他不肯接受这一残酷而不容改变的事实，不断做着一些无谓的挣扎，结果带给他的是一个又一个无眠的夜晚。终于在经过一段时间的自我斗争后，他无奈地接受了现实，开始以顽

强和乐观态度适应它。他下肢瘫痪并从此终生与支架或轮椅相伴，他把这飞来的横祸当成上帝早已预定的命运之约。生理的残疾没有使他性格乖戾和愤世，反而在此后的生命中的各个时段里，他以乐观和坚强赢得了那些政敌的肯定。

的确，尘世之间变数太多。事情一旦发生，就绝非一个人的心境所能改变。伤神无济于事，郁闷无济于事，一门心思朝着目标走，才是最好的选择。如果跌倒了就不敢爬起来，就不敢继续向前走，或者就决定放弃，那么你将永远止步不前。

放下悲伤，接受现实，才能重新起航。朋友，别以为胜利的光芒离你很遥远，当你揭开悲伤的黑幕，你会发现一轮火红的太阳正冲着你微笑。请用一秒钟忘记烦恼，用一分钟享受阳光，用一小时大声歌唱，然后，用微笑去谱写人生最美的乐章。

从处世和处事态度来说，达观与包容有一定的区别：包容是主动为之，而达观是被动为之，有随遇而安之意。同时，这两种不同的心态所产生的环境也有所不同："达观"多半产生在人生低谷时，或情感不顺，或仕途失意时。包容多是产生在人生高潮，虽然是人生得意，但却能做到"宰相肚里能撑船"。

虽然这两者产生于不同的环境，也是不同的心理状态，但却有着极为明显相同的一点，即持这两种心态处事的人应对环境的态度都是积极的，低谷时不能一蹶不振，高潮时不能得意忘形。只有正确处理好和环境的关系，才能对自己、对他人、对社会产生积极的作用，才能达到和谐进步。

由此看来，很多情况下，一个人的处世态度，也可以说是人生观、价值观直接影响着他的人生经历、人生体验。即使出生背景一模一样的两个人，如果人生态度不同，人生历程也将会迥然不同。同样，固然人生命运多舛，只要有积极向上的处世态度就能享受成功的快乐，品味生活的乐趣。范仲淹也说："不以物喜，不以己悲。居庙堂之高，则忧其民，处江湖之远，则忧其君。是进亦忧，退亦忧。然则何时而乐耶？其必曰'先天下之忧而忧，后天

下之乐而乐’乎。噫！微斯人，吾谁与归？”

心态不仅体现一个人的智慧，更决定一个人的生活、命运和价值的取向。心态是我们成功的关键，生活中每一个成功者无不是心态的主人。良好的心态对于我们的成功具有决定性的作用，不管我们做什么，首先我们应该学会保持良好的心态。人的心态决定着一个人的生活是幸福还是不幸，是快乐还是忧伤，是成功还是失败。决定人心态的是人的理想、人生观、世界观。正确的人生观，就是要胸怀宽广，执着进取，挑战自我，不屈命运，坚信自己，积极思考。

＊洒脱一点，人比人气死人

中国人常说：人比人，气死人，这话没错。我们每个人都在过自己的生活，没必要拿自己与别人对比。人与人不同，其优点、能力、长处也各不相同，争强好胜有时候就是给自己刻意制造压力，这是对自身的一种摧残！然而，当今社会，我们发现每个角落似乎都充斥着竞争带来的紧张气氛，人们比吃、比穿、比排场。相比之后，优胜者就会有一种荣誉感，会得意洋洋、傲气十足；而失败者则会有一种羞耻感，自以为在众人面前抬不起头来，这样无疑就加重了自己的心理负担。

因此，如果我们希望快乐起来，不妨选择一种怡然自得的心态，不与人争强好胜，换来的就是心灵的洒脱。晋代陶渊明，虽然贫困一生，但却真正做到了与人无争怡然自得。

公元405年秋天，为了养家糊口，陶渊明不得不来到离家不远的彭泽县当县令。这年冬天，他得知，有一位官位高于他的上司要来彭泽县视察，此人极为傲慢，还未到彭泽县地界，就派人吩咐县令来拜见他。陶渊明虽然心里很看不惯这样的上司，但也不得不马上动身。但谁知出门前，他的师爷却拦住他说：“参见这位官员要十分注意小节，衣服要穿得整齐，态度要谦恭，不然的话，他会在上司面前说你的坏话。”此时，陶渊明再也忍不住了，他长

叹一声说："我宁肯饿死，也不能因为五斗米的官饷，向这样差劲的人折腰。"他马上写了一封辞职信，离开了只当了八十多天的县令职位，从此再也没有做过官。

这就是不为五斗米折腰的故事，这就是一种气度，一种追求真实自我的洒脱！的确，生命只有一次，而且时间是有限的，人生在世只有短短的几十年而已。所以，每个人都应该珍惜自己的生命，在有限的时间里不要让自己陷入争斗的旋涡，要让自己过得快乐一点。人活一世为了什么？就是为了快乐，快乐是人生最大的财富。再奢侈的物质，都不能弥补精神世界的空虚所带来的遗憾。

然而，现代社会中，人们每天都要承受来自各方面所施予的压力，这种压力一旦集聚起来，就超过了人们的承受范围，最终把我们压垮，而要避免这一情况，我们就决不能自不量力，争强好胜！如果我们注重内心世界的感受，或许我们能淡化争强好胜的心。

美国街头有一名男子，弹着吉他，为过路的人弹唱。有一个中国姑娘路过，很吃惊，问这男子："你这么年轻为什么在街头卖唱？"这男子很吃惊。说道："我觉得这样很好呀！这样能给大家带来幸福！我每天过得很充实，不觉得低贱。难道金钱就可以决定幸福与否吗？"

从这件事可以看出，价值不是用金钱与物质衡量的，幸福不是金钱带来的。只有放下对物质的追求，注重精神世界的充盈，人们才能真正活出自我，才会得到真正的幸福！然而，好虚荣、要面子的心理焦虑具有一定的普遍性，要调整这种心理状态，应该客观地认识自己、认识面子问题，不要对自己提出超出实际的期望。

争强好胜，表面上看起来是益与福，其实却是损与祸；谦虚忍让，表面上看起来是损与祸，其实却是益与福。在处理人际关系时应遵循的基本原则是：谦虚忍让，柔以待人。

当然，现代社会中的人们，不可能和陶渊明一样，完全做到"隐于市"，但至少我们可以用正确的心态对待竞争。良性的竞争有助于自我鞭策与激

励，进而充实内在；而恶性的竞争却会使人们陷入不达目的誓不罢休的旋涡。诚然，我们少不了有竞争对手，但我们绝不可对其恶语相加，甚至打击对手。实际上，人们在被对手贬低的时候，都会有一种反击的心理。你的打击可能是让对方努力的动力。

诚然，每个人都应该具备超越自己、超越别人的勇气与心志，但积极归积极、进步归进步，每个人都应拿捏好分寸。只有切合实际的超越、对比，才会使自己不断进步，才能使自己受益多多，才会让生活充满活力！

第 14 章

心凝形释，善待自己：人生时时修剪欲望

生活由于有了太多的计较和在乎，所以我们常常感觉到很痛苦，失去了快乐，感受不到幸福。事实上，你真正去探究那些你所计较和在乎的东西，便会发现它们只不过是过眼云烟，根本没有你想象的那么重要。因而，如果我们能淡然一些面对生活，那么，你会惊奇地发现，原来自己也可以这么快乐，日子可以这么幸福地过。

＊消除浮躁，全神贯注陶冶性情

生活中，总是有太多的诱惑，让我们身陷“囹圄”，焦躁不安。这时候，人往往需要迅速让自己的内心平静下来。否则，你总是生活在亢奋当中，濒临崩溃的边缘。当然，打开心结是关键。可是，既然你如此纠结，那么心结也不是一时半会能够释然。这时，不妨听点音乐，看个漫画，抑或是喝杯清茶，读一本好书，以此来陶冶性情。在不知不觉中，你的心就会慢慢地平静下来了。

在一次朋友的聚会中，欣然被一个漂亮的女孩深深地吸引住了，一打听得知，女孩是某医院的护士，刚好也没有男朋友。欣然喜出望外，展开了对女孩的疯狂追求。

他从朋友那里要来了女孩的电话，经常给女孩打电话，两人在电话里聊得很好。后来，欣然大胆地约女孩吃饭，女孩也没有拒绝。当欣然表白之后，女孩却说两人只适合做朋友。这让欣然多少有点失望。

但是欣然并没有放弃，而是更加执着，经常到女孩工作的医院去找她，还时不时给她送花，买衣服等。可是不管他怎么努力，女孩始终不同意做她的女朋友。欣然觉得，或许是女孩在考验他。

这天，他去女孩工作的医院门口等她下班。不一会儿，女孩出来了，可是身边却多了一个男人，从女孩的表情中，欣然感觉到她特别喜欢那个男人。这一幕让欣然无法接受。他觉得天一下子塌了下来。

他跌跌撞撞地回到了家，一下子倒在了床上。可是几分钟之后，他从床上蹦起来，跑到附近的超市买了很多酒，回家便灌了起来，一边喝，一边号啕大哭。正在这个时候，他的一个朋友打电话进来了，从电话里听到欣然的哭声，迅速赶了过来。

朋友不停地安慰欣然，可是没有起到一点作用，反而让欣然更加痛苦。无奈之下，朋友打开了音响，一首舒缓的轻音乐缓缓地响了起来。慢慢的，欣然安静了下来。这时候，朋友冲了一杯浓浓的咖啡，放在了欣然的面前。

欣然长长地出了一口气，端起了咖啡。

从那以后，每当欣然想起这件事情，感觉到痛苦万分的时候，他就打开音响，听听音乐，让自己的心迅速地平静下来。

故事中的欣然得知自己喜欢的女孩喜欢上了别人，而感觉到痛苦万分，内心狂躁不安，在这个时候，他听到了舒缓的音乐，迅速地平静了下来，然后喝了咖啡，重新燃起了对生活的希望。在此后的日子里，每当心情浮躁的时候，他都会以这样的方式来陶冶自己，把一切看得淡然一些。那么，究竟如何才能做到全神贯注陶冶性情，消除浮躁呢？

(1)让音乐完全占据你的思维空间。人在狂躁不安的时候，往往心会跳动很快，脑子里胡思乱想。这时候要想让自己迅速平静下来，不妨打开音响，让音乐完全占据你的思维空间。这样你就不会胡思乱想。而且舒缓的音乐能迅速调整你的心跳，慢慢地你就会完全陶醉在音乐里，也就不会再感觉到烦躁不安了。

(2)像孩子一样看点漫画和动画片。孩子天真无邪，没有太多的欲念，也不会感觉到痛苦。因而，在你感觉到痛苦万分的时候，赶紧打开电视，看一部动画片，或者是看一本漫画，让孩子的童真影响你的心。慢慢地你在渴望能有孩子们一样的简单和快乐当中，消除欲念，获得快乐，你的心因此而得到了安宁。

(3)精心泡一杯清茶或者煮杯咖啡。不可否认，清茶和咖啡有让人神清气爽的功效。如果你被尘世的琐事弄得心烦意乱，不妨泡一杯清茶，或者是煮一杯浓浓的咖啡。当你喝完清茶和咖啡之后，你的痛苦会减少一半，而且清茶和咖啡能让你内心平静不少。

(4)看一本剖析人生得失的好书。人之所以痛苦，是因为看不透人生，放不下得失。当你用另外一个视角去理解和认识之后，你会觉得一切不过是过眼云烟。因而，在你痛苦烦躁的时候，不妨寻找一本剖析人生的好书来读。好的文字能拨云见日，让你的心超脱世俗，从烦躁和痛苦中跳出来，享受人生的那份真挚。

＊不扰杂念，用平常心做事

生活中，人们往往会受到各种各样的影响，从而导致心情浮躁。当心情浮躁的时候，如果不及时调整，那么很有可能因为冲动而做出一些极端的举动，从而破坏了自己平静的生活。事实上，如果我们能够及时冷静下来，理性思考，以一颗平常心对待生活，那么生活也许会为我们打开另一扇大门。

小王是一位高三学生，平时学习很努力，但是成绩总不见有提升，班主任也曾找过他谈话，对他说："我不指望你能上重点大学，但是你至少得考上一个本科。"

小王自己也很着急，一直学习到高考的前一天晚上，想着班主任的话，心中不免有些酸苦，心想：我高中三年也没有比别人少学半分钟，但是我的成绩却总提不上去，班主任的话明显有几分看不起我，我一定要在明天的考试中考出一个好成绩来给班主任瞧瞧。小王越想越难以入眠，心情十分浮躁。

于是，小王独自一人悄悄地走出宿舍楼，到静静的操场上散步，操场上空气很新鲜，漆黑一片，只有蟋蟀的叫声。

小王的心逐渐平静下来了，然后就回到寝室去睡觉。

第二天的考试，小王感觉很不错，基本上一气呵成。

考试后的第二天，班主任让大家填志愿，小王想报考重点大学，但是班主任担心他考不上而影响了班里的升学率，于是让小王填写了一个三本大学。

一个月以后，高考成绩公布了，小王考了六百多分，在班里是第四名，按照他的成绩，考一个名牌大学是没有问题的。此时，小王心里非常不平衡，为此，他很浮躁。

在查到成绩后的假期里，小王一直幻想着自己考上名校时候的情景：父母的微笑，老师的赞扬，同学们的羡慕……

于是，小王和父母商量后做出了一个惊人的决定：准备补习一年考清华

或者北大。

又是一年刻苦学习，小王终于熬到了高考。

在填志愿的时候，小王很自信地填报了清华大学，很多人都投来了羡慕的眼光。

一个月后，高考成绩公布了，小王的成绩只有五百九十多，比上一年要低。这时他才从梦中惊醒。此时家中已经没人支持他补习了。

小王的高考之路就此结束了。

在这个案例中，由于高考成绩与目标学校之间的落差造成小王心情的浮躁，但他没有及时冷静下来，理性思考自己的优缺点，导致做出了不理智的决定，最后导致高考之路的终结。所以，给浮躁的心情找个安静的角落是相当重要的。如何才能给浮躁的心情找一个安静的角落？

（1）心境要淡然。很多时候，我们浮躁，是由于放不下自身的名利，得到的时候，总想得寸进尺，失去的时候，总幻想假如没有失去该多好，浮躁往往在患得患失的心境中产生。要想克服这种患得患失的浮躁心境，不妨淡然一些，也许心境自然就平静了。

（2）踏实走好每一步。人之所以浮躁，是因为理想和现实之间有太大的差异，理想很美好，现实很残酷。这个时候如果能够冷静下来，走好你当前的每一步，你就会发现，自己也并非想象中的那么伟大，当前的每一步也并非你自己想象中的那么艰难。

（3）清晰认识自我。浮躁之人，往往缺乏清晰的自我认识，看不到自身的缺点，总觉得自己什么都能干，结果往往会失败而归，因此，浮躁的时候，一定要清晰地认识自我。具体来说，首先要多反思自己曾经失败的原因，其次要多听取周围人的建议。

（4）要懂得向生活妥协。每个人都希望自己成为生活的强者，但是很多时候往往事与愿违，这个时候我们不妨向生活妥协，承认自己不是那么伟大，也许心中放不下的名利此时也就不那么重要了，这样也许能够得到一个平静的心情。

＊内心专注，一步一个台阶

生活中，我们太渴望能拥有更多。因此看到别人的成功，总是想让自己也能获得和别人一样的高度，做不到便觉得痛苦无助。事实上，冰冻三尺非一日之寒，我们在看到别人的成就的同时，却没有看到别人付出的努力和经历的艰辛。因而，要想站得高，就要一步一个台阶，慢慢地往上爬。

肖辉和党宇是非常要好的朋友，这天，他去党宇家玩的时候，恰巧看到了党宇的爷爷在写毛笔字，于是凑上去观看。老人家的毛笔字如行云流水一般，变化莫测。而肖辉也很喜欢书法，可是一直以来总是写不好。

看到老人家的毛笔字写得这么好，再看看自己，肖辉觉得脸上火辣辣的。于是他暗暗下决心，一定要达到老人家一样的水平。从那之后，他每天都趴在桌子上练习书法，过了半个月，他觉得自己的水平还是没有半点提高，因而非常痛苦，为什么老人家都能做到的事情，自己一个二十多岁的小伙子却做不到呢？

在接着练习了半个月之后，肖辉不再练习了，他觉得自己根本不是那块料。为此，他每天唉声天气，闷闷不乐。党宇知道后，前来看望他。当他得知肖辉的痛苦之后，答应求爷爷帮助肖辉。

这天，党宇带着肖辉来找爷爷。老人家笑呵呵地说："年轻人，你有要练好书法的想法是好的，可是你现在不论如何努力，都不可能达到我这样的境界。"肖辉不解地问："为什么呢？难道您的功力是天生的？"老人家笑着说："我今年八十有三了，我从你那个年纪练起，整整练了六十多年，才有今天的成就，而你练习书法又练了几天呢？你凭什么觉得你应该有我这样的境界呢？"听了老人的话后，肖辉茅塞顿开。

故事中的肖辉在发现党宇的爷爷书法写得行云流水后，和自己进行了比较，看到了差距，所以非常痛苦。后来，在老人家的开导之下，他明白了其中的缘由。由此可见，做任何事情都需要一个过程，不可能一步到位。只有

一步一个台阶，不断地积累，才能爬得高看得远。那么，究竟如何才能做到一步一个台阶呢？

（1）要有清晰到位的认识。要想让你做事更加踏实，那么一定要有个清晰到位的认识，这是做好事情的前提。要知道究竟你在做什么事情，需要付出什么样的努力，这样做起事情来你才能有个心理准备。比如：小强想要练习打拳，想要赢得比赛的冠军，他明白需要付出巨大的牺牲，所以，他每天不和朋友们一起玩，而是一心一意地钻进拳击馆里勤学苦练，最终打败了对手赢得了冠军。

（2）做事的态度一定要端正。想不想做好事情是态度的问题，而能不能做好是能力的问题。如果能力不行，可以苦练，但是态度不端正，是无论如何也做不好事情的。因此，在做事情之前一定要端正你的态度。事实上，也只有端正了态度，你才能严肃认真地对待，才能真正意义上一步一个台阶。

（3）要有持之以恒的决心。任何事情都不是一朝一夕能做成的。你看到别人取得的辉煌，那是别人付出了艰辛的努力之后才得到的。因而，如果你也想和别人一样辉煌，那么你就要有持之以恒的决心，付出艰辛的努力。如果一遇到困难就想放弃，那么你是无论如何也不可能达到别人一样的高度的。

（4）要耐得住寂寞和无聊。要想取得辉煌，就要耐得住寂寞和无聊，因为别人在玩乐的时候，你在勤学苦练，这是个枯燥的过程，需要你独自面对和承受。如果你耐不住寂寞，那么你的心不能完全用到你的练习上，那样无论如何也不会得到你想要的结果。

✻一心一意，做好一件事

在生活中，我们总是过高地估计自己的能力，觉得自己这个也能行，那个也能干，可是最终一事无成。事实上，人的精力是有限的，如果不能一心一意，往往两件事情哪个也做不好。与其这样，不如专心致志做好一件事

情。而只有这样，才能把事情做到最好，才能收获你所渴望的成功。

晴晴和文文是非常要好的姐妹，她们都特别喜欢小提琴演奏。事实上，她们结识也是在小提琴演奏班里。相比之下，晴晴的天赋更高一些。可是在一次小提琴演奏比赛中，文文拿了奖，而晴晴却早早就被淘汰了。原因很简单，晴晴在学习小提琴演奏的过程中不能专心。

原来，晴晴今年已经满16岁了，出落得非常漂亮。所以身边总有一些小男生在追求她。尽管晴晴不予理睬，可是为了不伤害男生，所以有时候也会和他们出去吃饭，晚上也在煲电话粥。更要命的是在接触的过程中，晴晴喜欢上其中一个帅气阳光的男生。

那一段时间，晴晴练琴的时候总是走神，业余时间也很少碰琴，她的大部分时间都被恋爱占据了，非但没有进步，而且还退步了不少。为此，晴晴没有少挨老师的批评。而这个时候的文文，却每天专心致志地练习演奏，演奏技巧百尺竿头更进一步。

终于一年一度的小提琴演奏比赛开始了。晴晴和文文都报名参加了。晴晴觉得这个奖一定属于她。可是刚上台不久，她就觉得越来越吃力，很多以前练习得非常熟练的动作和技巧，一下子生疏了起来，演奏出来的音乐也非常难听。而文文的演奏却非常流畅，很明显，这个阶段她取得了巨大的进步。

演奏失败后，晴晴非常后悔。因为这个奖对于她们这个年龄的孩子来说非常重要，甚至直接决定着以后的演奏生涯。她认真做了检讨，重新一心一意投入到练习中去了。

故事中的晴晴，由于谈恋爱分心，致使她荒废了小提琴演奏的练习，结果造成了她与奖无缘的结果。而相反，资质稍差的文文却一心一意地刻苦练习，取得了巨大的成功。可见，做任何事情都不能三心二意，否则你什么事情都做不好。那么，究竟如何才能做到一心一意呢？

(1)看清楚目标。很多人在做事情之前很清楚自己的目标，可是在这个过程中，随着社会诱惑的增多，慢慢地让自己的目标模糊了。要想成功，就

要时时刻刻看清楚自己的目标，不要被社会的诱惑所俘虏。当然，这并不是一件容易的事情，因为并不是每个人都有毅力能经得住诱惑。

(2)要有坚定的信念。世上没有随随便便的成功。任何事情都不可能一帆风顺，因而，在做事情的时候，如果遇到困难和挫折，千万不要气馁，也不要动摇和放弃，一定要有坚定的信念，这些困难和挫折是必不可少的，而且也是能够克服的。只要你有了想要成功的坚定信念，相信你不会被困难和挫折所打败。

(3)不要和别人比较。每个人的社会关系不一样，能力不一样，因此，在走向成功的路上所付出的努力也是不一样的。因此，不要随便和你周围的人做比较。如果与比你强的人比较，会让你产生自卑的情绪；和比你弱的人比较，会让你产生骄傲自满的情绪，这样对你的进步没有任何的帮助，还会影响你前进的步伐。

(4)要做到心无杂念。思维决定着行动，当你的心里胡思乱想的时候，你的行为也会受到一定的影响。这无益于你最终走向辉煌，反而成为你前进路上的绊脚石。因而，要想做到一心一意，就要做到心无杂念。事实上，也只有这样，你做事情的动力才会最大，态度才会最好，才能真正大踏步前进。

＊坚定信念，藐视那些小困难

在我们的生活中，多多少少都会遇到困难，很多人在面对困难的时候，被困难吓倒。其实，不管是在生活的困境中还是在工作的挫折中，最大的困难并不是那些摆在面前的难题，而是我们自己的心。

现在的社会，竞争压力越来越大，人们的生活压力也随之增大，很多人一旦遇到自己解决不了的难题，就会自怨自艾，甚至有的人会选择轻生。面对这种情况，我们更要及时地进行自我调节，以此来使自己的精神状态保持在最好的层次上。越是在困难面前，我们越要学会调整自己的心态。

在面对困难的时候，要时常告诉自己，不就是个芝麻大小的事情嘛，有什么过不去的呢？当你有了这种积极的心态的时候，再大的困难在你面前也会变得渺小。

琼斯是一位新闻专业的学生，在学校里对自己的专业兴趣并不大，所以大学所修的课程也都是马马虎虎及格而已。大学毕业后，琼斯不想从事新闻工作，所以就打算找别的工作。自从毕业后，他也参加了很多面试和招聘，但都被人家以专业不符为由拒绝了。

无奈之下，他只好参加了当地报社的招聘，最后他考入当地的《明星报》担任记者。虽然自己不喜欢这份职业，但是为了生存，琼斯还是接受了。因为他明白，如果他放弃了这份工作，那他就会失去生存最基本的保障，毕竟现在就业压力很大，有很多人对他这份工作求之不得呢！

第一天上班，上司就交给了琼斯一个任务：采访大法官布兰代斯。当琼斯听到这个人名时，并不是欣喜若狂，反而是愁眉苦脸。因为这位布兰代斯是一位很有名气的人物，而且琼斯任职的报纸并不是当地的一流大报，更要命的是琼斯也只是一名刚刚出道、名不见经传的小记者，以这样的身份去采访这位大法官，他又怎么可能接受呢。

周围的同事们看到琼斯刚来上班，领导就交了这么重要的一项任务给他，觉得上司是很器重他的，对此，同事们也都很羡慕琼斯，可是琼斯不是这么想，他觉得是上司在故意刁难他。

看着同事们对自己的奉承，琼斯心里更是害怕完不成这份任务。他越想越害怕，甚至最后觉得自己根本就不是当记者的料。这时候，琼斯的同事史蒂芬在获悉了琼斯的苦恼后说："我很理解你。让我打个比方，你好比躲在阴暗的房子里，想象外面阳光多么炎热。其实外面究竟如何，最简单有效的办法就是向外跨出一步。"

听完史蒂芬的话，琼斯明白了：你把困难想象得有多大，那困难就会变成多大。琼斯决定先跟布兰代斯的秘书联系一下，于是，就拨通了对方的电话，并直接向对方说出了自己的要求，最终他很成功地约到了布兰代斯接受

采访。

自从这件事情后，琼斯在以后的工作中不管遇到多大的困难，都会时常暗示自己：“别让困难在你心中变大。”在这种心理暗示下，琼斯总是能够在面对困难时很好地调整自己，也总是能够以最积极的心态面对工作和生活。多年以后，昔日羞怯的琼斯成为了《明星报》台柱记者。

生活在现实中的人们，不可以让想象中的困难吓倒自己。就像上面我们说到的琼斯一样，他刚开始在面对上司交给自己的艰难任务时，总是胡思乱想，甚至开始怀疑自己。可在后来，经过同事的开导，他明白了：在困难面前，你越是害怕，困难就会越大。

在明白了这个道理之后，他开始自己进行调节，而且会时常暗示自己：“别让困难在自己心中变大。”以这种心理暗示的方法来调整自己，进而使自己的精神面貌调整到最好，使自己更有信心去战胜困难。

现在的我们，不管是在生活还是在工作中，做事情或是处理问题，都总是瞻前顾后，越是害怕就越是不敢去做。其实在面对困难时，我们要学会单刀直入的办法，有很多事情，开始很不容易解决，但是只要你戳中要害，那就可以轻松顺利地解决。

一般来说，第一次克服了畏怯心理，下一次就容易多了。所以我们在面对困难时，要学会对自己进行心理调节，不要将困难在想象中放大一百倍，而是要时常暗示自己：“别让困难在自己心中变大。”以这种心理暗示的方法来调节自己的心态，使自己能够更好地面对眼前的困难。

＊关注细节，细腻但不矫情

很多人说自己对待生活很淡然，可是在别人看来，他们却一点也没表现出淡然，反而过多在乎世间的名利，在是是非非中间纠结不已。还有一些人为了向别人表现自己多么淡定，多么懂生活，故意制造轰动效应，然后矫情作秀。事实上，这两种人都不是真正淡然对待生活的人。那么，究竟要怎样做才算淡然对待生活呢？那就是多关注细节，细腻但是不能矫情。

有两兄弟先后下海做生意，不长时间，哥哥赚了很多钱，买了豪车别墅。在别人看来他的生活可谓是名利双收，再幸福不过了。可是，哥哥却一点也感觉不到快乐开心，反而整天忧心忡忡。

弟弟尽管很努力地工作，可是整整三年，不但没有赚到钱，反而欠下了一屁股的债，不得不四处躲避，过着流浪的生活。他的苦痛或许只有自己知道。他除了每天哀叹命运的不公平之外，似乎没别的事可做。

这天，哥哥慕名前来，向一位智者求教如何让自己快乐起来。在智者的住处，他意外地碰到了弟弟。和他的想法一样，弟弟也是来向智者寻觅快乐的方法的。两人见面，都愣住了，他们觉得对方应该是快乐的。

智者对哥哥说："你的痛苦来源于拥有，你总是担心别人会夺取你的名利，总是在和别人尔虞我诈，因而小心提防着身边的每一个人，这样你在拒绝别人的时候，也同时拒绝了快乐。如果你想要获得快乐，那么不妨放弃名利，做一个简单的人。"

哥哥听了，慢慢离开了智者的家。他觉得智者是浪得虚名，根本不能解决他的问题。

智者对弟弟说："你之所以不快乐，是因为你对生活产生了绝望，你不再相信自己，破罐子破摔，生活里没有了希望，自然活着很痛苦。如果你想要快乐，那么要做的就是要重新找回自己。"

听了智者的话，弟弟也是将信将疑。

三个月后，哥哥再次找到了智者，告诉他自己不但没有获得快乐，反而越加痛苦。智者问道："你真的放弃名利了吗？"哥哥不解地问："这些东西是我经过努力才得来了，放弃了我活着还有什么意思呢？"智者笑着说："那你现在觉得活得有意思吗？"哥哥这才明白了智者的意思。回去后，把自己的大量财富捐给了社会，找了一个僻静的地方安静地生活去了。

同样，弟弟也在三个月之后又找到了智者，他说："我依然很痛苦。"智者破口大骂，语言非常难听，弟弟的自尊心受到了伤害，他愤怒地责骂了智者，

头也不回地走了。可是奇怪的是，回去之后，他找回了往日的自信。

故事里的两兄弟都不快乐，尽管他们不快乐的原因截然相反。在智者点拨之后，两人并没有从细节之处着手，而是空喊着口号，他们自然不能得到解脱。最后，在智者的帮助下，两兄弟一个放弃了社会的名利，过上了隐居的生活，另外一个则通过和智者吵架，找回了自信，也获得了快乐。可见，要想获得快乐，光有想法是不行的，关键还是要从细节上改变。那么，究竟如何才能做到这一点呢？

(1)从身边的小事做起。细节往往蕴藏在身边的小事中。可是，很多时候我们总是希望能在值得一提的事情上证明给别人看，却忽略了身边无关痛痒的小事情。事实上，越落实到不起眼的小事情上，越能说明你贯彻得透彻。小事情上都能体现，那么大事情上自然没得说。因此，要想让自己真正做到淡然，不妨从身边的小事情做起。如果你能做到，说明你真的“无所谓”了。

(2)把好想法落实下去。很多人想法很不错，可是却总是在喊口号，并没有真正地落实下去，那么他的诉求自然没有办法达到了。比如故事中的哥哥，尽管很想超凡脱俗，可是却始终放不下名利，所以后来还是觉得痛苦万分。最后他把自己想要出世的想法落实了下去，因此而得到了解脱，得到了真正的快乐和幸福。

(3)不要随便向人告白。我们强调淡定，就是说要有一颗平常心去对待生活的欢喜和痛苦。那么，既然你想要表现得淡然一些，就不要随便向别人说你很淡然。如果你真的淡然，别人自然会看得出来。对待生活淡然一些，获得解脱的是你，也没有必要让别人知道。事实上，这个过程本身就很淡然。如果你到处对人告白，那么你的淡然也是假的。

＊凝聚心神，放大客观因素

我们常常说：天才是百分之一的天赋加百分之九十九的努力，这告诉我们成功是必须要付出艰辛的努力的。也就是说客观的因素不是关键，关键

在于后天是否努力。这样的结果往往会让我们错误地认为，只要通过努力，就能得到自己想要的东西。因此，很多人非常努力，也非常辛苦，压力倍增，在艰辛努力的过程中失去了自我，成了生活的奴隶。因而，要想有一份淡然的心态来面对生活，不妨凝聚心神，放大客观条件。

最近，学习成绩平平的表妹突然做出了一个重大的决定：一定要考上北大，否则就不上大学。别人也没有当一回事，可是表妹却跟自己耗上了。

每天早上，天不亮她就爬了起来，拼命学习，连早饭都顾不得吃，即使在上学的路上，也在看书学习。在学校里就更不用说了，当别的同学在尽情享受业余时间时，表妹还在刻苦攻读，晚上一直学习到凌晨两点才睡。

她非常辛苦，也许期望太高的缘故，她的压力也非常的大，常常为一个不会做的数学题而号啕大哭，这在以前她完全不当回事的。两个月下来，她的学习不但没有进步，而且由于过度疲劳，她住进了医院。

姑妈得知表妹的心结，这天对她说："孩子，你知道北大多么有名吗？那是全国数一数二的学校啊，即使在我们县城，十多年了也没有一个学生能考进去的。你为啥要自己折磨自己呢？"

表妹不服气地说："照你这么说，北大都没人上了，那不是每年也有那么多的人考进去吗？"姑妈说："你说的没错，但是咱们也要看看自己的实力啊，远的不说，就说你们学校，比你学习好的人多的是吧，但是又有几个像你这样的啊？"

表妹若有所思，不再说话了。姑妈趁机说："你只要做原原本本的你，就完全可以了，没有必要把自己逼得跟疯子一样，家人看着心疼啊。"

表妹看着姑妈的眼，微笑着点了点头，这是她几个月以来第一次微笑，在那一刻，她觉得自己开心极了。

故事里的表妹有很大的抱负，想要考上北京大学。为此，她背负上了巨大的压力，失去了往日的快乐和幸福。后来，在姑妈的劝导之下，表妹认识到愿望和现实之间的巨大差异，而卸下了这个包袱，感觉到了生活的快乐。可见，放大客观因素，让我们清楚认识自己，从而和不切合实际的愿望决裂，

以淡然的心态来面对生活，这样，我们会快乐很多。那么，究竟如何才能做到这一点呢？

（1）不妨多“贬低”你的能力。通常，很多人之所以想要通过努力去实现自己的愿望，是因为他们对自己有较高的自信，甚至是自负。他们觉得自己了不起，所以对自己提出较高的愿望。事实上，他们能力平平，这些较高的愿望对他们来说就是痛苦。这时候，不妨多贬低对方，让他从自我崇拜中苏醒过来，看清楚真实的自己，这样他们便能淡然很多，而不去追求不切合实际的东西。

（2）用比较放大客观因素。很多时候，我们对自己将要实现的愿望并不了解，只是觉得是最好的便要去追寻。这时候你跟他说他不对是多么的不切合时机，未必会对他起到相应的作用。如果你能用对方周围的人去做比较，则能让他更清晰地认识到自己和期望之间的差距。这样，对方就不会盲目地去追求不适合自己的东西，而陷入深深的痛苦之中了。

（3）分析清楚客观情况的艰难。客观的情况究竟有多难？事实上，很多人在盲目追求的时候并不了解。如果你能清晰地帮助对方分析和认识，这在一定程度上也是对客观条件的放大。你的强调和否定在对方的心里造成认知的错觉，这能让他们放弃那些不切合实际的欲望，能把他们从心魔中拯救出来，让他们淡然地面对生活，轻松快乐地过好每一天。

第15章

心之淡定，随遇心安：人生无处不自在

人生在世，追名逐利似乎看起来也没有什么不对。但是我们慢慢地发现，生活中少了快乐，少了笑容，日子越过越没有激情，越活越累。这是因为追名逐利的过程中，我们无休止的欲望控制了我们的心，让我们生活在焦虑和痛苦之中。如果你想要获得解脱，那么就要淡泊名利，修身养德。你会慢慢寻找到生活中的乐趣。

＊欲壑难填，人心不足蛇吞象

俗话说："人心不足蛇吞象。"生活中，很多人都觉得如果自己能够怎么样，就什么都不奢求了。可是，当他们的愿望得到满足之后，又会产生更大的欲望。于是千方百计想要得到满足。如果满足不了，就会痛苦难耐。时间久了，他们便感觉不到生活的快乐。事实上，人的欲望是永远没有止境的，要学会知足常乐，以淡然的心态对待生活中的幸福和不如意。只有这样，你才能感受到生活的乐趣。

大学毕业之后，小青拿着简历四处寻找工作。可是整整忙碌了三个月，依然没有找到一份合适的工作。那时候，小青常常对自己说："我再也不奢求什么高职位高薪水，只要能找一份文员的工作，每个月能养活自己就心满意足了。"

说来也巧了，不久，就有一家企业通知小青去面试。最终，她得到了这份做文员的工作，尽管每个月的薪水不高，但是足以养活自己了。为此，小青非常高兴。尽管自己身上没太多钱，还是花了几百块和朋友们一起好好庆祝了一番。

工作了刚刚两个月，小青越来越不喜欢这份工作了。这份工作不但工资待遇低，而且要求还特别得多。她觉得自己更应该找一份薪水高，而且更加体面的工作。于是她毅然决然地递交了辞职信，开始了新的寻找。

也许是上天垂怜，在她刚刚辞职后一个星期，就找到了一份做行政文秘的工作，工资不但比之前高了很多，而且还受人尊敬，她觉得这才是她的位置。在总经理跟前工作了刚刚一个月，她又有了新的想法，她觉得与其这样伺候别人，不如自己跳出来单干。

于是，她再一次辞职了。这一次，她的运气有点背，辛辛苦苦借来了五万块钱，开了一个小门店，由于不善于经营，很快，便赔得血本无归，最终连房租都交不起。当再一次在街上流浪的时候，她痛苦万分，觉得生活失去了意义。

故事中的小青原本只是想找一份能解决温饱的工作，可是当她的这个愿望得到了满足之后，她又渴望薪水能多一点，能更体面。当她的愿望再次实现的时候，她又渴望能够当大老板。无休止的欲望最终让她迷失了自我。如果当初她能够淡定一些，认认真真做好本职工作，或许她不会再次沦落街头。可见，欲望往往是痛苦的根源。那么，在人生的选择当中，究竟如何才能克制自己的欲望呢？

(1)清晰地认识自己。很多人对自己的认识不清晰，在面临逆境的时候，感到自卑，因而无欲无求，可是一旦时来运转，便看不上眼前的好，而是在欲念的驱使下不断对自己提出更高的要求。可是，生活不可能总是让你心想事成。过高的欲望满足不了，往往让你痛不欲生。因此对自己很失望，很不快乐。不管做什么事情，都要对自己有个清晰的认识，不要被欲望所驱使，这样你就不会因为欲望得不到满足而苦恼了。

(2)学会珍惜现在。有些人总是在感怀过去，生活在回忆当中，而有的人又在渴望未来，生活在想象当中。在这个过程，唯独不珍惜的就是现在。我们总是相信自己一定能成就一番大事业，总是不满足于自己的现状。事实上，只有懂得珍惜现在的人才是会生活的人，他们随遇而安，不会被欲望驱使，因而快乐幸福。

(3)清楚自己要什么。很多痛苦的人往往都不知道自己究竟要什么，一味地盲目追求，最终被自己无止境的欲望所折磨，而痛苦万分。事实上，这时候你不妨静下心来，问问自己究竟想要什么，你竭尽全力想要得到的东西真的是你想要的吗？这些东西对你来说真的就那么重要吗？当你问清楚自己之后，或许就不会那么痛苦了。

(4)懂得知足常乐。任何人都有欲望，只不过有的人懂得知足，因而非常快乐，而有的人却不知足，不断让自己的欲望膨胀，结果到最后即使功成名就也不会感觉到快乐。生活的本质是快乐，这样你才会感觉到幸福。如果你总是被欲望所累，总是太在乎得失，那么你永远不会感觉到快乐，相反，时间久了，生活也会觉得没有意义。

(5)名利丰厚却没有幸福感。很多人在平日里都非常忙碌，忙着工作，忙着赚钱，很少有时间来思考，结果往往在他们名利双收之后才发现，自己并不需要这些，所以并不幸福。而在这个过程中却错过了真正需要的。这常常是最痛苦的时候。因为很多时候，有些东西失去了便不可能重来。因此，对于一个聪明的人来说，不要忙着去追求，而应该给自己留出一定的时间来思考。

大学毕业之后，邓娜并没有听父母的劝告回家去寻找一份稳定的工作。她觉得稳定就意味着平淡，自己还年轻，与其在一个平淡的岗位上虚耗时光，还不如努力去奋斗，去拼搏，去创造自己的天空。

于是，她留在了北京。可是整整 10 年过去了，她的职位是提升了，做了销售主管，工资待遇也提高了，每个月也有五六千。可是她的内心却非常空虚。这年回家，她突然发现爸爸妈妈脸上的皱纹多了很多，头发也白了很多。突然间，她感觉到心里特别难过，扑在妈妈的怀里哭了起来。

在家里的这段日子，邓娜每天晚上都睡不着觉。她翻来覆去地想了很多：自己究竟在追求什么呢？对于自己来说，这辈子活着究竟是为了什么呢？自己是不是真的错了呢？自己对父母是不是亏欠得太多了？她越想越难过，好几次偷偷地哭了。

过完年之后，邓娜回到北京，辞去了在别人看来得来不易的工作，毅然决然地回到了家里。她终于明白了，其实人这一辈子活着的时间也就那么多，父母的年龄一天天的大了，那就意味着自己和他们待在一起的时间越来越少了。作为女儿，她应该抓紧时间为父母做点事情。

回到家里之后，邓娜并没有追求所谓的高薪工作。而是在一个企业里找了一份工作。尽管很辛苦，但是却能跟爸爸妈妈生活在一起，每天看着他们的身影，听听他们的叨唠，还能亲自下厨为他们做上可口的饭菜，一家人团聚在一起，其乐融融。她觉得这才是她想要的。

没过多久，她找到了自己幸福的归宿。结婚的那天，她依偎在妈妈的怀里痛痛快快地大哭了一场。她要和爸爸妈妈分开了，心里是那么不舍。尽

管她嫁出去之后，离家并不远，但是却觉得是永别一样。

结婚后，邓娜依然经常回来和爸爸妈妈在一起生活，照顾他们的饮食起居，陪他们聊天。邓娜有了自己的归宿，也让爸爸妈妈了放心了很多。因此，老人的精神也好了。

故事里的邓娜在大学毕业之后，一直为了追求自己的梦想，而忽略了对父母的关怀。等她猛然间发现父母已经年老了的时候，感觉到心里很难过，随后，她给自己留了充足的时间去思考自己何去何从。最终她做出了决定，回到了家里，和父母生活在一起。可见，人有的时候，需要时间去思考，需要时间去审视自己。这样，才能让他们做出更为正确的决定，走更适合他们的路。人如何才能做到这一点呢？

（1）忙碌之余抽时间来面对自己。对于很多要强的人来说，为了比别人生活得好，往往每天都很忙碌，忙碌着挣钱，很少有时间面对自己。这样一来，他们根本没有时间来思考。无形之中，失去了自我。追求自我并没有错，但是也要抽时间来面对自己的心。看清楚你所追求的是否真的能实现自我的超越，是否真的如你想象的那样有价值、有意义。

（2）不妨给自己一些独处的时间。生活中，我们都在为了生存和发展不断拼搏着，白天面对同事、领导以及客户，晚上回家又是跟爱人、孩子相处。很多人根本没有独处的时间，自然没有工夫来思考。这样，时间久了，会让人偏离生活的坐标。因此在工作和生活之余要给自己留一些独处的时间，让自己去思考。

（3）时常对自己进行深刻的反思。对于每天忙忙碌碌的人来说，他认为自己所走的路、所做的努力都是正确的。但是，如果有时间，他们对自己进行深刻的反思之后，才发现或许并非如此。自己在追求所谓的梦想的同时，却失去了很多更为宝贵的东西，比如亲情、友谊。如果生活中没有了这些情感，那么活着还有意思吗？

（4）千万别拿自己当生活的机器。有很多人对待生活过于认真，每天都有自己的日程安排。为了生活，他们辛辛苦苦地奔波着。这样慢慢的，他们

就会变成生活的机器，为了生活而生活，为了工作而工作。而实际上，对于我们大多数的人来说，工作是为了更好地生活。如果失去了生活的本质，那么你的辛劳奔波便失去了意义和价值。

＊摒弃虚荣，别被蒙蔽双眼

大多数人都有很强的虚荣心，总是希望在别人面前表现得优越一些，因而常常追求很多虚荣的东西，而实际上这些虚荣对他们并没有多大实际的意义。在这样的虚荣之下，往往人戴着面具生活，活得非常累。对于我们来说，不妨斩掉虚荣，摘掉面具，生活得简单一些，真实一些，因为真实的人更容易被别人欣赏和接纳。

慧文结婚了，可是她的婚姻并不幸福。她和丈夫是经人介绍认识的，彼此之间并没有多少的感情。即使在结婚的时候谈的更多的也是物质与金钱。用慧文的话说，人就是活在现实之中，不谈现实，那么谈什么呢？

她是这么说的，也是这么做的。她的丈夫曾经承诺要给她买一辆车，可是结婚了之后却没有兑现之前的承诺。于是结婚之后，她便不停地和丈夫纠结此事，硬是逼着丈夫为她买了一辆车。

在外人看来她很风光，一出门便要开车，而且平时还带着朋友们四处兜风。可是她每个月的工资却只有2000块，每个月的油费都要花去一大半的工资，再加上自己要穿好吃好，每个月都要丈夫为她支付高昂的生活费。

时间一长，丈夫便受不了了。因为家里的开支已经让他焦头烂额了，而且有了小孩，花销更是大得惊人，又要照顾老人，又要照顾孩子，每个月的那点工资根本不够开销，慧文还要在车上花去一大笔。为此，两口子经常吵架、打架。

慧文拿出自己的撒手锏，动不动就撒泼，丈夫是个老实巴交的人，哪里是她的对手。经常纠结的丈夫便常常不回家。几个月之后，慧文得知丈夫在外面有了别的女人。这时候她才意识到自己活得多么的可悲。

为了维持婚姻，她不得不选择了妥协，在给丈夫真诚的道歉之后，她把用来炫耀的私家车卖掉了。这一下家里节省了很大的一笔开支。丈夫也回心转意，对她也比之前好多了。现在的慧文活得真实得多，每天按时上班，和丈夫一起经营婚姻，照顾孩子。

两口子感情得到了很大的弥补，生活也渐渐好了起来。丈夫时不时地还会带她和孩子出去旅游。这时候，她才真实地感觉到什么是幸福。

故事里的慧文为了满足自己的虚荣心，逼着丈夫为她买车，为她付生活费，结果把丈夫逼到了别的女人的怀里，危及了婚姻和家庭。后来，醒悟之后，她斩掉虚荣心，活得简单而又满足，挽回了丈夫的心，捍卫了自己的婚姻。对于我们来说，虚荣的东西其实无法与现实生活相融合。要想得到幸福，就要斩掉虚荣，做单纯而又真实的自己。那么，我们该如何做到这一点呢？

(1)想清楚你所追求的是什么。对于很多人来说，自己并不知道追求的是什么，只是希望自己绝对不能比别人差。见别人开好车，自己也要开，见别人穿名牌，自己也要穿。事实上，当你开上好车，穿上名牌之后，一定会感觉到快乐吗？那倒未必。相反你会因为追求虚荣，而生活在套子里，感觉到累和痛苦。所以，在你满足虚荣心的时候，一定要明白，你所追求的是什么。

(2)不妨真实地面对自己。人往往在追求虚荣的时候会迷失掉自己。尤其是女人，总是爱和别人攀比，别人有的东西，自己也要，可是实际上真的需要吗？当你生活在别人的生活里的时候，你会因为失去自我而感到痛苦。因此，在你追求虚荣的时候，不妨真实地面对自己，看清楚隐藏在面具后面的你是什么样子的。

(3)看清楚什么对你才最重要。一个人活着，要活得明明白白，弄清楚什么对自己才是最重要的。在婚姻中，在家庭中，在你的一生中，到底你在追求什么？是追求幸福还是追求物质呢？是为了捍卫家庭放弃虚荣呢？还是在虚荣心的驱使下，放弃婚姻呢？我想，你应该明白什么对你才是最重要的。

(4)在追求时别忘了你的能力。有的人虚荣心很强，总是活在比较中。可是，他们却忘了自己现实的经济实力。自己凭什么去跟别人攀比呢？因此，如果你聪明点，在追求虚荣的时候，别忘了看一看真实的你是什么样子的，有没有这个能力。如果没有，趁早打消你的那些不切合实际的念头。

*消解欲念，小心灼伤自己

欲望是一把双刃剑，一方面推动了人类的进步，一方面把人类带进了万劫不复的深渊。尤其在当代社会，人们心中的欲望达到了前所未有的地步。人们常常被欲望刺激得兴奋异常，每当看见有钱人挥金如土的生活就血脉贲张。人们幻想着得到金钱、美女、豪宅和权力，却不想着施舍、救济和放弃。可现实让我们贫穷，这个矛盾让人们感到忧愁和不安，人们生活得好累。

有两个樵夫非常贫穷，他们靠上山砍柴维持生计。一天，他们在山里发现了两大包棉花，心里非常高兴，因为棉花的价格高过柴薪数倍，将这两包棉花卖掉，则可保证家人在一个月内不用挨饿。两人当即各自背了一包棉花，赶路回家。

走着走着，其中一个樵夫发现山路上有一大捆布，走上前去仔细一看，竟是上等的细麻布，足足有10匹之多。他欣喜异常，和同伴商量，一同放下肩负的棉花，将这些布背回家去。

他的同伴却不愿意这么做，认为自己背着棉花已走了一大段路，如果现在把棉花丢掉，那自己先前的辛苦不是白费了吗？那个发现麻布的樵夫见同伴不听他的劝告，只得自己竭尽所能地背起麻布，继续前行。

又走了一段路后，背麻布的樵夫望见林中闪闪发光，赶忙走上前去，发现地上散落着数罐黄金，心里顿时乐开了花：这下我可发财了。赶忙邀同伴放下肩头的棉花，用扁担将这些黄金挑回家去。

他的同伴还是那一套观点：自己辛辛苦苦将棉花背到这里，说什么也不能扔掉。他甚至怀疑那些黄金不是真的，劝他不要白费力气，免得到头来空欢喜一场。

发现黄金的樵夫只好自己挑了两罐黄金，和背棉花的伙伴赶路回家。走到山下时，天空突然变得阴暗起来，接着就下了一场大雨，两人都被雨水淋了个透湿。更不幸的是，背棉花的樵夫肩上的大包棉花，被雨水淋湿后，变得更加沉重，已经超过了他的承受范围，无奈之下，樵夫只得丢下一路辛苦舍不得放弃的棉花，空着手和挑金的同伴回家去。

故事里背棉花的樵夫就是因为不肯放弃自己的欲望，结果不但失去了获得麻布的机会，甚至放弃了获得黄金的机会，最终在大雨中一无所获，两手空空回了家。如果当初他能及时放弃背负的棉花，或许他已经获得了黄金。可见，在生活中，我们一定要及时放下无法背负的欲望，轻松快乐地生活，说不定你会获得更有价值的东西。当然，这并不是一般人能够做到的。

各种各样的欲望摧残着人们的身心，为了赚钱人们放弃了睡眠，放弃了娱乐，放弃了一切感受生活美的时间；为了权力，人们投机行贿，行走在法律的边缘，甚至铤而走险，践踏生命。为了一切能达到的欲望，人们无所不为，甚至无恶不作，不惜一切代价。即使这些欲望得到了满足之后，还觉得痛苦难受。可能他们发现这些东西并不是自己想要的。欲望让人们迷失了本性，在追逐欲望的过程中，人们从来没得到过真正的快乐和满足，甚至会很痛苦。

人不能没有欲望，没有欲望就没有前进的动力，但是欲望太强，就会让人失去自我，被内心之中的心魔所控制，继而为了满足欲望而不择手段。贪得无厌的欲望是无休止的深渊，满足了一个欲望，又会产生新的欲望。这样你会永远生活在欲望的阴影之下，永远得不到快乐，也不会感觉到幸福。

适当放弃一些欲望，彻底摒弃贪欲才是快乐生活之道。贪婪是不幸的根源，要想获得幸福和快乐，就必须要控制贪欲，让自己在正确的价值观引

导下去努力和追求幸福。对付贪欲最有效的方法就是学会放弃，放弃一切让你感觉到不开心的欲念，放弃那些压力过大，而且不可能的追求。这样一来，你就有时间去追求自己喜欢的东西，过自己想要过的生活。

人的欲望是没有止境的，如果你不及时放弃一些想法，那么你的身上和心灵背负的东西一定越来越沉重，快乐就真的离你而去了，因此要学会放弃、自我解脱，保持一颗平常心。少一点欲望，就会多一些快乐。

＊弃掉名利，乐看云淡风轻

很多人觉得人活着就是追逐名利，有些人一辈子竭尽全力地追逐，都不一定能够得到。既然得到了，又怎么能轻易放弃呢？他们觉得，这样做的人是十足的傻瓜笨蛋。事实上，这不是笨，而是他们悟透了生命的意义，不想让自己被尘世所累。可以这么说，放弃名利，去过风轻云淡的日子是对自己最大的恩惠。

在大部分同学选择上大学的时候，程晨做出了惊人的抉择。她放弃了上重点大学的机会，选择了去下海做生意。说干就干，她跑遍了所有亲戚朋友的家，筹借了整整10万块钱，在市内的繁华区开了一家服装店。由于程晨眼光独到，她所进的衣服都非常流行，深得顾客的喜欢，所以，一度生意非常好。

不到一年的时间，她赚足了钱，不但注册了公司，而且还给自己买了一辆高档的小车，那时候的她可谓是名利双收，成为很多孩子效仿的榜样。可是她却一点也不快乐，相反，昔日的好朋友也渐渐和她拉远了关系。

不久，程晨认识了一个叫雨燕的女孩，是一个绘画专业毕业的大学生。雨燕常常带着画板坐在街角，为行人免费画像，引起了程晨的注意。这天，她走过去认真地看雨燕画画。雨燕看她观察得很投入，于是和她聊了起来。很快，她们成了无话不谈的朋友。

于是，程晨每天都去看雨燕画画，雨燕也给她说一些基本的绘画原理。

渐渐地程晨对画画产生了浓厚的兴趣。那段时间，她跟着雨燕去野外写生。慢慢地，她被大自然的美丽风景深深地吸引住了。而且，在雨燕的帮助下，她也学会了写生。

后来，她索性关闭了正在发展的公司，而且悄悄把自己的名贵车卖掉了，和雨燕一起四处旅游，过起了云清风淡的日子。期间，她把大部分的财富捐给了社会，从来没有向任何人提及，就连她的搭档雨燕也没有告诉。

故事里的程晨年龄不大，但是事业做得相当有规模，可以说是名利双收，但是她却一点也不快乐。后来在结识了雨燕之后，真正接触到了艺术，接触到了大自然，她才悟透了生命的意义，最终做出了决定，放弃名利，去过风轻云淡的日子。可见，放弃名利是获得快乐的不二法门。那么，在这个过程中要注意哪些方面的问题呢？

(1)看清楚名利后面的累。很多人穷其一生，在追求名利。他们在追求名利的过程中，无形之中也把很多烦恼和压力背负在自己的身上，常常感觉到劳累和痛苦，失去了生命最本质的快乐。如果你能看清楚这一点，不妨放弃名利，放弃麻烦、痛苦和压力，让自己过得简单一些，你会发现，你的生活顿时充满了阳光，一切是那么温暖。你也会发现，原来生活是那么的美好。

(2)完全悟透生命的真谛。生命本身并不复杂，简单也就会快乐。这也是为什么孩子会生活得那么开心。追名逐利，使我们背负了太多的压力和痛苦，让我们的生命不堪重负，而失去了原本的色彩。当你去零距离接触大自然，你会被生命的美丽所震撼。你会因为活着而幸福，会因为活着而开心快乐。等你领悟了生命的这些意义之后，你才会发现放弃名利是多么值得的一件事。

(3)遵从心的方向去选择。很多人向往过简单的生活，渴望跟大自然近距离接触。可是一想起自己这么多年的苦苦努力，他们便开始犹豫不决。因而，尽管渴望，但是却不肯放弃，不肯卸下身上的重负。这样，他们的内心更加痛苦。事实上，这时候，你应该遵从心的方向，想清楚你追求的是快乐

幸福还是虚名薄利。

(4)一定要有出世的心态。我们常常对那些出家人非常尊敬，因为他们对尘世的一切不再留恋，他们追求的更多的是精神上的解放。因而，要想让你的生命丰富多彩，不妨有出世的态度，不要留恋虚名，也不要舍不得名利，那些只不过是满足欲望的一种工具，而不是你活着的真正价值和意义。

＊急于求利，难止疲惫劳碌

快乐是什么，很多人只能在领到薪水的那一刻才能体会的到。当前仆后继的电费、水费、房租等账单摆在眼前时，心里留存的只有如何多赚些钱。个人的健康，与家人休闲娱乐的时间，个人兴趣与个性的张扬，全被一张张紧排的工作表所填满。这哪里是工作，分明是在拿自己的生命去换取名利。

一位爸爸下班回到家很晚了，很累并有点烦，发现他5岁的儿子靠在门旁等他。“爸，我可以问你一个问题吗?”

“什么问题?”“爸，你一小时可以赚多少钱?”“这与你无关，你为什么问这个问题?”父亲生气地说。

“我只是想知道，请告诉我，你一小时赚多少钱?”小孩央求。“假如你一定要知道的话，我一小时赚20美元。”

“喔，”小孩低下了头，接着又说，“爸，可以借我10美元吗?”父亲发怒了：“如果你问这问题只是要借钱去买毫无意义的玩具或东西的话，给我回到你的房间并上床睡觉。好好想想为什么你会那么自私。我每天长时间辛苦工作着，没时间和你玩小孩子的游戏。”

小孩安静地回自己的房间并关上门，父亲坐下来还是很生气。约一小时后，他平静下来了，开始想他可能对孩子太凶了——或许孩子真的很想买什么东西，再说他平时也很少要过钱。父亲走进小孩的房：“你睡了吗，孩子?”“爸，还没，我还醒着。”小孩回答。“我刚刚可能对你太凶了，”父亲说，

“这是你要的10美元。”

“爸，谢谢你。”小孩欢叫着从枕头下拿出一些被弄皱的钞票，慢慢地数着。

“为什么你已经有钱了还要，”父亲不解地说。

“因为这之前不够，但我现在足够了。”小孩回答，“爸，我现在有20美元了，我可以向你买一个小时的时间吗？明天请早一点回家——我想和你一起吃晚餐。”

故事里的爸爸由于整天忙着挣钱，而忽略了家人，小孩用20美元来买爸爸的一小时，目的只是为了能和爸爸在一起。急于求利往往把自己当作了机器，而失去了享受生活的权利。事实上，金钱并不是万能的，尤其买不来健康和情感。

工作是为了更好地生活，不管你赚钱多少，如果因为工作而失去了生活中的快乐，这是极其可悲的。生活压力大，我们又有很多需求，这些都是现实的问题，但如果因为这些，使得每天的生活充斥的只是枯燥，只是忙碌，那快乐何时都不会到来。

一个人的快乐，并不是因为他拥有的多，而是因为他计较的少。多是负担，是另一种失去；少非不足，是另一种有余。舍弃也不一定是失去，而是另一种更宽阔的拥有。美好的生活应该是时时拥有一颗轻松自在的心，不管外在的世界如何变化，自己都能有一片清静的天地。清静不在热闹繁杂中，更不在一颗追求太多的心中，放下欲念、开阔心胸，心里自然清静无忧。

过重的压力不仅会使自然界的事物弯折，对于人来说，同样如此。每日工作辛苦，缠绕在一大堆的文件和纷杂的事物中，难免心生疲惫，感到厌倦，每每这时，生活的压力是否会变得更重？

在现今社会中，人人都应学会如何舒解自己的精神压力，如此才能活出健康豁达的人生！当然，有一些压力是必需的，就像船，必须要有些东西去压船，才能航行。但是，如果压力太大，你的人生之舟航行起来，必定是艰难

辛苦的。

卸下这些负担，放下压力，选择适时地放松自己。既然你工作得很努力，那么休闲也应该很尽兴。工作之余，不妨找个时间好好散散心。尽可能地摆脱掉平日缠身的事情，自己想想有什么事能使你那一天过得很快乐。这样才会释放压力，给心灵更多的幸福感。

第16章

心之看开，取舍自得：做好人生加减法

生活中，人们常说，人生是一次艰难的航行，在这次航行中，绝不可能一帆风顺，让我们苦恼的，不仅仅是那些暴风雨，更有那些让我们为难的抉择，是“舍”还是“得”。“明者远见于未萌，智者避危于未形。”很多时候，没有果敢的放弃，就没有辉煌的选择。与其苦苦挣扎，拼得头破血流，不如潇洒地回头，果断地放弃。让心更加从容，让路更加清晰。

＊懂得取舍，拿得起还要放得下

人生当中注定有很多选择取舍的机会，“鱼与熊掌不可兼得”的时候，注定要学会放下，把精力放在更能实现自己价值的地方，只有这样才能够有更大的成就。

懂得取舍，是一个不容易做到的事情，尤其当一个非常好的机会来到身边的时候，要放下，要放弃眼前的诱惑，实在是需要很大的勇气。但是，唯有懂得取舍的人，才能最终实现自己的梦想，而那些舍不掉、放不下的人常常被自己的欲望所左右，顾此而失彼，更容易一无所得。曾有人说过，“人生最重要的不是努力，不是奋斗，而是‘抉择’。”由此可见，“取舍”对于成就自我多么重要。

一个成熟的人就是懂得在众多的机遇面前选择，懂得在不能继续下去的时候放弃，耐得住寂寞、经得起诱惑的人。这个世界上有太多的事情值得我们去做，可是在大多数时候，你要决定的不是要去做哪些事，而是绝不做哪些事，因为只有把精力集中于一点，才能有更高的成就。

爱因斯坦曾经被提名为以色列的总统候选人，但是被他拒绝了，这次取舍让他能够更专心于物理研究。1952 年 11 月，爱因斯坦的老朋友，以色列首任总统魏茨曼逝世，总理本·古里安正式提请爱因斯坦为以色列的总统候选人。但是，爱因斯坦回答记者时说：“我当不了总统。”虽然，总统的事务都是象征性的，但他仍然登报声明谢绝出任以色列总统。因为，在他看来，“当总统可不是一件容易的事。方程对我更重要些，因为政治是为当前，而方程却是一种永恒的东西。”他的这番话并不是推托之词，因为他懂得自己最擅长什么，不能解决什么问题，而这也是对以色列整个国家负责。

没有人是全才，更没有人可以应付所有的事务，懂得舍弃那些自己不擅长的事务，才能在专门的一个领域内钻研，也才能让自己更加精专。同

时，把不适合自己的机遇让给别人，也是一种胸襟，更是一种成熟。只有幼稚的孩子，才会同时霸占两个以上的玩具，而成人的世界则讲究拿得起放得下。

拿得起，是一种魄力；放得下，更需要一种勇气。因为，放得下，更多时候则意味着承认自己的失败，这本身就是一个痛苦的过程，然而只有通过痛苦的蜕变，人生才能变得更加美丽；只有放得下，才能卸下那些让自己的心灵和身体都不堪重负的累赘，以更轻松的姿态飞翔。在这一点上，杨澜这个传奇式的女人给了大家更多的启示。

2000年，杨澜和吴征创办了"阳光文化"。刚创办时，杨澜的身价曾一度暴涨到14亿港元。但创业不久，就遇到了全球经济不景气，杨澜立刻感觉到了压力。由于市场竞争的压力，杨澜将公司的成本锐减了差不多一半，并逐渐剥离了亏损严重的卫星电视与中国香港报纸出版业务，同时她还将自己的工资减了40%。2004年，在经历了长时间的亏损之后，杨澜不得不辞去了董事局主席的职务，全身心地投入到文化电视节目的制作中。

阳光卫视可以说是杨澜生命中最大的挫败，她曾在一次采访中无限感慨地说："在我职业生涯的前十五年，我都是一直在做加法，做了主持人，我就要求导演：'是不是我可以自己来写台词？'写了台词，就问导演：'可不可以我自己做一次编辑？'做完编辑，就问主任：'可不可以让我做一次制片人？'做了制片人，就想：'我能不能同时负责几个节目？'负责了几个节目后，就想能不能办个频道？人生中一直在做加法，加到阳光卫视时，我才知道，人生中，自己的优势可能只有一项或两项。"

人生真的就是这样，当你的判断在大方向上错误时，越努力、付出，你就会越痛苦。而只有学会放弃，学会战胜自己的感情，学会战胜自己的好胜心、虚荣心，才能更踏实地前进。承认失败，不是一件容易的事，但只有承认失败，才能甩掉心灵上的包袱。这就像炒股，股价一直下跌时，如果放不下，舍不得抛掉，那么你就会赔得非常惨，而那些及时放下的人，损失才会最小。

对于人生，人们常常讲坚持，但是如果这种坚持对于你来说，是一种无休止的折磨，那么放弃则是一种智慧，懂得取舍，能够放得下，你的人生才能有所收获。

*看开一点，莫要庸人自扰

有的人有点杞人忧天，面对生活中的得失就开始胡思乱想，最终，那些想象的事情把自己都吓坏了。这就是人们常说的庸人自扰，本来生活中并没有那么多的烦恼，但就是心中太计较得与失，凭空多出了许多的烦恼，使自己终日沉浸在焦虑之中，每天过得心惊胆战。其实，有时候，需要我们看开一些，把任何人任何事情都不要想得那么糟糕，即便是失去了所有，但却仍留一份快乐在心中，那样就会赢得整个人生。那些快乐的人，他们口袋里装满了祝福；而那些疲惫的人，他们口袋里装满了指责。一路上他们同行着，快乐的人会把那些得失带来的负担丢掉，而疲惫的人却选择了丢掉祝福，所以，快乐的人的行囊越来越轻松，而疲惫的人会感觉越来越累。生活中的我们在面对得失的时候，要选择做快乐的人，千万别庸人自扰。

地主张大富有千亩土地，两三座豪宅，还有很多很多数不清的财富，他平时没事的时候，就会选择在院子里散步，十分幸福安乐。有一次，一位朋友问他晚上睡觉豪宅土地金银怎么办，会不会被强盗偷走呢，结果那天晚上，他一直想着自己的土地豪宅金银，不知道该把自己的地契房契金银放在哪里才好。那些平常都不会担心的事情，怎么一在意就出问题了。在生活中，不止是张大富会有这样的烦恼，每一个普通人都会这样这样想，在得失面前，我们都成了庸人。人的天性里都比较敏感，因为有思想，所以也能思考，但想得太多，同时也把那些简单的事情复杂化了，从而给自己带来一些不必要的心理压力。当你太过在意去得到某件东西，反而会因为弄巧成拙失去了。反之，你用平常心来对待生活中的得失境遇，就会发现失去不过是微不足道的小事，而得到也没有什么必要可炫耀的。在桌面上有一张白纸，

上面有一个小黑点,如果就这样看,黑点根本没有影响到白纸的干净,但假设你戴上了放大镜,那白纸就显得很脏了。但值得讽刺的是,在实际生活中,绝大多数人会拿着放大镜去看人生中的境遇。面对得失,他们什么都看不开,也就成了庸人自扰了。

《新唐书·陆象先传》:“天下本无事,庸人扰之而烦耳。”

唐朝时候,陆象先是一个很有气量的人。当时,正值太平公主专权,宰相萧至忠、岑义等大臣在太平公主的笼络下都纷纷投靠她。而陆象先却选择洁身自好,从来不去巴结讨好太平公主。先天二年,太平公主事发被杀,萧至忠等被诛。受这件事牵连的人很多,象先暗中化解,救了许多人,那些人事后都不知道。

先天三年,象先出任剑南道按察使,一个司马向象先劝说:“希望明公采取些杖罚来树立威名。要不然,恐怕没人会听我们的。”象先说:“当政的人讲理就可以了,何必要讲严刑呢?这不是宽厚人的所为。”先天六年,象先出任蒲州刺史。当时,如果吏民有罪了,大多开导教育一番就放了。录事对象先说:“明公您不鞭打他们,哪里有威风!”象先说:“人情都差不多的,难道他们不明白我的话?如果要用刑,我看应该先从你开始。”录事惭愧地退了下去。象先常常说:“天下本来无事,都是人自己给自己找麻烦,才将事情越弄越糟。如果在开始就能清醒这一点,事情就简单多了。”

这就是“庸人自扰”的典故,庸人自扰之,那些自己让自己担忧的人只能被称之为庸人。他们既不是强者,也不是智者,所以被称为庸人,他们既痴迷于获得,也计较损失,所以,他们难以成就自我。也许有人会问,难道那些所谓的强者或智者就没有生活的烦恼吗?当然不是,强者或智者一样也有烦恼,有时候也会做庸人自扰的事情,但是,他们与庸人的区别在于:强者或智者会尽量化解那些烦恼,不让得与失的烦恼来困扰自己;而庸人则只会沉浸在自扰的旋涡中,不断地沉沦下去,在得与失中迷失了自己。不要做一个庸人,让自己成为生活的强者,成为人生中的智者。

庸人为什么会自扰呢?其实,理解起来很简单。他们在某些时候,把生活中的得失问题看得太严重，而把自己的快乐与幸福看得很轻，以为自己遇到了难以解决的问题，所以陷入了自扰。这无疑是自寻烦恼，即便是失去了一点鸡毛蒜皮的小利，往往也会担心自己将全部失去，不知道怎么办才好。每个人生活在这个世界，必然会面临着失去或得到，这是很正常的，关键是看你如何去对待，假如你以平常心对待，那失去就只是失去，失去了一切还有坦然的心境；如果你拿着放大镜去看，那就变成毁灭了。所以，无论你失去了什么，还是得到了什么，都要积极主动去面对，应该怀着信心，努力就好，不要对未来没有发生的事情而担忧。

＊得到太多，反会成为负担

我们都曾经是这样的孩子，穿着漂亮的衣服，眼里却盯着橱窗里的洋娃娃；荷包里是满满一袋子的糖果，还是被商店里的东西吸引住了目光；坐在宽敞明亮的教室读书，心里却想着同桌爸爸开的那辆新轿车。甚至，有的人坦言儿时的梦想：我长大了就想开一家商店，里面有各种好吃的，还有很多的玩具。也许，这是每个人小时候都会做的美梦。我们不难发现，小孩子是比较贪心的，他们总是希望把世界上所有的好东西都装进自己的口袋里。事实上，长大之后的我们，依然没有改变儿时的愿望，即使你住上了小洋房，眼睛却盯着邻居家新买的大别墅；当你开上了几万块钱的小轿车，却发现朋友早买了几十万的越野车；当你谈了不错的男朋友，却看见闺密带着一个钻石王老五。于是，心里的天平开始倾斜了，抱怨着自己的生活不幸福，因为自己总是没有挑选到更幸福的生活，没有得到更多的东西。是否得到的东西越多就越幸福呢？

其实，并不是这样，有的人穷得只剩下钱了，却叫嚣着自己不幸福，因为他们没有爱，没有自由；有的人住别墅、开轿车，却远没有一个住在贫民窟里的人感到幸福。幸福不是攀比，它只是一种感觉，不是得到越多就越幸福，相反，得到的越多，你的幸福感将越少。选择怎么样的一种生活，就决定着

你的幸福感，如果你选择外表光鲜亮丽的生活，那么你就会逐渐失去幸福感；如果你选择拥有幸福的生活，就要果断放弃心中的贪恋。在人生路上，择与弃决定了你幸福感的指数，也决定你一生的命运。

他是一位野心勃勃的政治家，不断地追逐权力与金钱，企图能够雄霸一方。在努力地拼搏下，他成功了，他连任了四年的国家总理。虽然，他在任职期间政绩斐然，但他并没有收获多少的幸福感，相反，他觉得满身疲惫，想找个地方好好休息一下。有一名记者好奇地问他心中的感受，他并没有正面回答记者的问题，而是请记者连续喝了四杯咖啡，当记者艰难地喝完第四杯咖啡之后，他才恍然大悟，原来每个人对同一事物的感受会随着境遇的不同而相差甚远。这就是一种选择，一种在面对欲望时所作出的选择，连续喝四杯咖啡与分阶段喝四种不同的东西相比较，想来应该是后者所体会的幸福感更多一些吧。也许，他在得知第一次当选为总理的时候，他心里一定洋溢着幸福之感的，但随着连任四任的总理，他早已经没有了当初那种幸福的感觉。曾经有一位好朋友告诉我们点菜的秘诀：假如你去吃烤鱼，三个人点两斤多分量的鱼，你第二天还会继续来吃；三个人点三斤多分量的鱼，已经觉得有点腻了，短时期不会来光顾；三个人点四斤以上分量的鱼，那么，你至少会一个月不会光顾这家店。不同的选择方式，就会获得不同的幸福感，如果你能在点菜的那一刹那放弃欲望，选择知足就会感到幸福无比。所以，并不是得到的越多，你就会感到越幸福，相反，幸福是一种知足。

他曾经一无所有，一家人住在狭小的房子里，过着拮据的生活。可是，突然有一天，他买彩票中奖了，一下子中了五百万，有了房子有了车子，有了身边的人所没有的一切。他看起来拥有着别人所没有的幸福，但是，不久之后，许多亲朋好友听说他中奖了，就纷纷跑到他家来哭穷借钱，如果他婉言拒绝，亲朋好友就会指着他的鼻子骂“见利忘义”。终于有一天，他无法承受这样的事情，选择了全家背井离乡到另一个完全陌生的地方，开始重新生活。

后来的日子里，虽然没有亲朋好友来借钱的烦恼，但他却要一切从零开

始。看着剩下的大部分资金，他开始犯愁了。该如何来投资呢？是存银行坐吃山空，还是用来投资股票、期货？放在家里万一被偷了怎么办？万一邻居发现自己是百万富翁怎么办？如果投资亏损了怎么办？放在银行贬值了怎么办？他整天为这些问题烦恼着，后来，他决定分两半来做：一半储存，一半投资。储存主要是为了后代的生计所准备的，投资的那部分则靠老天和运气来决定自己的输赢。以后的每一天，他都不敢过得太张扬了，只是过着普通的日子，像从前那样普通，但是却每天都提心吊胆，担忧自己的富裕在别人面前显露了。

渐渐地，儿子也长大了，他又担心这么多家产交给儿子会不会出事，儿子有没有能力把自己的家业发展壮大。但是，年龄总是不等人的，他还是把家产全部交给了儿子。儿子因为从小受父母的溺爱，又没有社会经验，家业在他手中慢慢败光了。这个中奖的人在临死前，想起了以前没有钱的日子，虽然普通简单，却是人生中最幸福的日子。现在有钱了，大半辈子都活在担惊受怕中，最后在痛苦里郁郁而终。

这个人的一生就像是南柯一梦，但梦却总是要醒的。得到的财富越来越多，又怎么样呢？整日只能活在担惊受怕中，生活也失去了往日的幸福与安乐，得到的只是焦虑不安的负担，结局就是郁郁而终。也许，现在你所拥有的比以前越来越多，朋友、金钱、经验、能力，感觉比以前强大了很多，但内心却反而越来越空虚，感觉不到幸福，如行尸走肉般，浑浑噩噩地过着日子。每个人都渴望得到的东西越来越多，所以不断地追求着，虽然我们对人生的追求是必需的，但我们应该在追求的过程中保持一颗平常心。必要的时候，放弃心中的贪念，选择安定的生活，幸福自然就会眷顾于你。当你得到的东西越来越多，就想想自己一无所有的时候，让心回归于平静。得到的越多，并不一定幸福，要保持平和的心态，这样你才会收获幸福。

幸福只是一种感觉，或许还跟困难沾点关系，也跟知足有点渊源。如果一个人不满足于现状，不断地索取，不断地获得，他所获得的东西会越来越多，但在追逐的过程中，他的眼里只有贪婪没有了幸福。因而，对于他来说，

欲望是填不满的沟壑,他只能麻木地享受所获得的一切,却感觉不到一点幸福。其实,不断地索取来源于心中的贪念,只要你能放弃心中的贪念,幸福就会降临。那些对这个世界不断索取的人是不会获得幸福的,至少他们已经远离了幸福。因为,当你的物质越来越丰富,精神却越来越匮乏,这个世界一直都是相对的。所以,放弃自己心中的欲望,选择平淡安定的生活,以知足常乐的心态来面对,这样对你来说获得幸福就是一件再容易不过的事情了。

*选择适合你的,而并非最好的

有人喜欢住最豪华的别墅,有人喜欢开最奢华的轿车,有人喜欢最优越的工作,有人喜欢拿最高的工资。每个人都渴望自己的生活是最好的,因为最好的总是颇显珍贵,而那些太过于平凡的则不会受到人们的欢迎。实际上,那些最好的往往却并不一定是适合自己的。或许,你住惯了小胡同,突然到了别墅里,吃饭睡觉都觉得极不自然;高级的轿车虽然很漂亮,但每次使用都要格外珍惜,好像一点也不适合性格大大咧咧的自己;优越的工作很不错,但压力太大了,自己也承受不了;最高的工资是总裁的工资,好像自己努力一辈子也达不到那个水准。所以,那些在我们眼里是最好的,在实际生活中根本不适合自己。有人说,我买东西通通都是最贵的,但是,很多东西买回来才发现华而不实,一直搁在那里没有使用。生活中的很多事实证明,最好的往往不适合自己。所以,当你面对选择的时候,一定要选择适合自己的,而不是最好的。

许多年轻人在选择爱情的时候,都会恪守一个原则:选择合适的而不是最好的。其实,在人生中有很多选择,也跟选择爱情是一样的道理,只有合适自己的才是最好的。在这个世界上,用什么来衡量是好还是坏呢?是人们的眼光还是自己亲身的经历,我想更多的人是觉得自己亲身经历才有说服力吧。那些在别人身上颇显珍贵的东西,在自己身上并不一定显示出

珍贵来，因为不适合。如果你选择了一份合适的工作，选择了一个合适的对象，买了一套合适的房子，那么你的生活是非常幸福的。任何人与事都需要合适不合适，简单的一句“不合适”，你就可以拒绝，因为不合适，强求来的只会是长久的痛苦与磨难。有多少人以“合适”来作为自己的标准呢？

汪先生是一个没有文化的人，年轻时靠着自己卖报纸挣了一些钱，然后在亲戚的帮助下开了一家小饭馆。他不怕吃苦，整天辛勤地工作，到处寻找成功的经验。小饭馆在他精心地管理下，生意蒸蒸日上，顾客由一些街坊邻居到了白领阶层，甚至还有许多商界中的成功人士也慕名而来。汪先生觉得很欣慰，特别是看着那些成功人士叼着名贵香烟、穿着满身名牌，不时从嘴里蹦出两句英语，这让汪先生羡慕不已，他希望自己有一天也能过着这样的生活。

日子一天天过去了，小饭馆变成了大酒楼，过了一两年，还开了分店，汪先生腰包也鼓起来了。他买了名车，买了洋房，把乡下的老婆孩子都接到了城里，过上了上流社会的生活。因为生意做得比较大，许多商家都慕名而来，自然少不了大大小小的应酬。刚开始的时候，汪先生觉得应酬很新鲜，认识那些有品位的人，说着一口纯正的普通话，在这里，他再也不是那个什么都不懂的乡巴佬，而是成了成功的企业家。但是，渐渐地，汪先生发现自己与这个圈子格格不入，自己常年干活的双手长起了老茧，经常被那些人笑话；有时候，面对满口英文的老外，他根本不知道说哪一句。内心朴实的他不能融入到这个圈子里，每天的应酬也会让自己很累。

没过多久，他就带着老婆回了乡下，酒楼的生意让儿子接管，因为儿子学的是商业管理，比自己更有能力。偶尔，他也会叼着旱烟，在酒楼里坐坐，十分惬意地享受着。

处处彰显着虚伪的应酬根本不适合内心朴实的汪先生，他自己也意识到了。年轻时候的梦想虽然实现了，但那种看似上层社会的生活，原来是不适合自己的。所以，汪先生选择了退隐乡下，种花养草，这才是自己的生活

情趣。

有人撞得头破血流，挤上了独木桥，踏上了考公务员的艰辛历程，当他终于经过了数次考试获得了正式的职位，却发现坐在办公室里看报纸、喝茶并不适合自己的个性；有的人抛弃了大学男友，毅然选择了有车有房的成功人士，结婚之后才发现他根本容忍不了自己的性格，于是含着泪水拿了离婚证书；有的人一路奔波，终于买了房子车子，跻身为上流社会的一员，却发现整天的应酬根本是自己的克星。爱情需要适合自己的，生活需要适合自己的，工作需要适合自己的，这样你才会赢得人生的幸福。

＊鸡头还是凤尾，你会倾向哪方

在人生的路途中，很多时候我们面临了艰难的选择。在升学阶段，有重点学校和普通学校的区别；在每一个学校里，有尖子班与平行班的差别；上了大学，有重点大学和普通大学的区分。等到我们进入了社会，开始到处奔波找工作，又遇到了这样的差别。有人曾经遇到过这样的选择：一个是微软公司里的一名普通职员，一个是名不见经传的小企业的一名经理，试问你会选择哪一份工作呢？当鸡头与凤尾摆在面前，你更倾向与哪一个呢？这样的抉择实在令人烦恼，许多人都不知道自己该如何来选择。而自古一来就有“宁做鸡头，不做凤尾”的说法，许多人认为鸡头虽然不怎么好听，也上不了台面，但毕竟是一个首领，而凤尾却总是跟随着别人的后面。但也有人说，鸡头再怎么也是不起眼的，而凤尾虽然落在了后面，但毕竟是凤身上的东西，自然比较珍贵。这真可谓婆说婆有理，公说公有理，谁也道不出哪个更有道理。其实，这本身就是一个极其困难的抉择，有人愿意当鸡头，有人愿意当凤尾，有人适合当鸡头，有人适合当凤尾，最恰当的是适合什么角色就当什么，最重要是合适自己。无论你处于什么样位置，都要付出努力才有可能成功。所以，做鸡头也好，做凤尾也罢，都需要无愧于自己的选择。

在人生的十字路口，有着这样或那样的选择，鸡头与凤尾算得上是最艰难的一次选择。鸡头有鸡头的好处，凤尾有凤尾的妙处，关键是看你抱着怎么样的一种心态。做鸡头可以拥有一个充分展示自己才能的舞台，使自己有一个用武之地，更能实现人生的价值，甚至有的人认为"与其在舒适环境中平凡地过一辈子，不如在艰苦环境中成就一番事业"。另外，为了今后的发展，做鸡头也更有发展的契机和环境，还有可能成为凤首。做鸡头更容易给自己带来成就感，有利于增强自信心；当然，做凤尾也可以变为凤首，而且一个良好的环境可以给自己提供学习的发展的空间，面对那些优秀的对手也可以激发奋进的精神。做凤尾可以不断地挑战自己，激烈的竞争会使人生更加丰富多彩。所以，当你完全了解了鸡头和凤尾，那么就应该结合自身的特点，选择出合适自己的位置。

大学毕业后，小王和小李一起参加了学校的工作分配。学校并没有依据什么关系来分配工作，而是为学生提供一些工作机会，让学生们自己选择。小王来自农村，他梦想着自己有一天能干出一番事业来，但是，这样的过程需要不断地奋斗，他认为趁着自己年轻时多吃点苦，没有什么坏事，所以，他选择了条件比较艰苦的西部地区。小李出身于工薪家庭，从小就被教育着找个铁饭碗，他认为城市的环境好得多，会让自己有很大的晋升空间，所以，他选择了一个城里比较好的单位。

小王到了西部地区，看着荒凉的山区，他并没有气馁，相反，正是这样艰苦的环境激发了他内心的梦想。他刚开始工作就出类拔萃，一年之后就被提为副职领导，两年后被提为正职。小李到了那个比较好的单位，因为单位里人才济济，刚去的他只能排后面，但他不甘于平庸。平时的时候，加紧学习自己的专业知识，也向身边优秀的同事请教，工作认真踏实的他很受领导的赏识。一年之后，他被提为经理助理，两年之后他被提升为副经理。

毕业后五年，班里举行了一次同学聚会，小王和小李都参加了。这时候，小王已经是小县城的一把手了，小李也自己开了一家公司，彼此的事业

都有了一番起色。两人坐在一起谈起了当年的选择，小王笑着举杯："如果时间倒流，我还是会做出这样的选择，因为这个位置适合我。"小李也笑着举起酒杯："是啊，当初我还不理解你呢，好不容易出了山沟沟还要回去，现在我明白了，每个人都有合适的位置，而这个位置才能体现你的价值，我也是一样，这个选择是不悔的选择，来，为我们的选择干一杯吧。"小王和小李脸上洋溢着满足，更多是喜悦。

在生活中我们也面临着这样的选择，一边是优越的条件，有着良好的环境；一边是艰苦的条件，有着较大的发展空间。你愿意做鸡头还是凤尾？其实，这里还有一层意思，那就是你能够做鸡头还是凤尾？其实，无论做鸡头还是凤尾，这都是一种选择，并没有绝对的好坏和正确错误的区分。重要在于你是否合适做鸡头还是凤尾，你是否能够胜任这样的角色。做鸡头，就不要忘记对别人的支持和贡献，努力成就自己的事业；做凤尾，就需要虚心学习，不断地充实自己，努力做出更出色的贡献。当然，无论你处于什么样的位置，都要做好自己的本职工作，这才是问题的关键所在。无论你是选择鸡头还是凤尾，都可以把"凤头"作为自己的最终目标，这样你才会有所成功。

✻权衡选择，鱼与熊掌不可兼得

生活总是给予我们这样艰难的抉择，当天平的两边都保持平衡的时候，而你站在中间，需要为此做一个选择，你会做出什么样的选择呢？两部分对于你来说都很重要，获得此岸意味着舍弃彼岸，这是你不忍割舍的，这时候，你备受内心的煎熬。但是，生活却总是喜欢这样来考验我们，让你站在十字路口，左右摇摆不定。当鱼和熊掌不能兼得的时候，你该如何来取舍呢？在实际生活中，常常出现这样的情况，忠孝难两全，于是，许多勇士毅然选择了效忠皇帝；爱情和面包哪个更重要，更是给现代的青年男女抛出了一个难题；个人爱好与现实工作出现了问题，许多人为了填饱肚子放弃了自己喜欢的工作。其实，在这时候，艰难的抉择就出来了，尤其是在现代，人们的价值观越来越薄弱，面对着金钱名利的诱惑、残酷的现实生活，让许多人不得不放弃珍贵的东西，投身到世俗生活中。也许，这是价值观的失准，或者是这个社会的悲哀。但是，在面对鱼与熊掌不可兼得的时候，无论你做出了什么样的选择，都希望是无悔的选择。

早在两千多年前，孟子就做出了选择：“鱼，我所欲也，熊掌，亦我所欲也；二者不可得兼，舍鱼而取熊掌者也。生亦我所欲也，义亦我所欲也；二者不可得兼，舍生而取义者也。”孟子把生命比作鱼，把义比作熊掌，他认为义比生命更珍贵，所以他舍鱼而取熊掌。孟子教导我们取舍的标准，生命固然重要，但义显得更加珍贵，这就告诉我们当你面对难以抉择的时候，不妨权衡谁比谁更珍贵，那么你就可以做出不悔的选择了。当然，这还需要依据你个人的价值取向，如果你是个淡泊名利、视金钱如粪土的人，那么你会更倾向于追求精神的境界；如果你是个爱慕虚荣、贪图荣华富贵的人，那么你就会陷入金钱、名利的旋涡之中。无论你做出了什么样的选择，都将是不悔的选择，多年以后，你还可以坦然地说：“如果生活重新来过，我还是会选择这样的生活。”那才是最真实的选择，所以，当你决定了该走哪条路的时候，应该仔细权衡孰轻孰重，更应该摸着自己的良心说，这就是无悔的选择。

小萌刚刚大学毕业，家里就给张罗了一个对象，对方有钱有势，更令人心动的是可以无条件地为小萌安排一个好工作，这对于正四处奔波找工作的小萌是一个致命的诱惑。可是，小萌心里很犯难，因为自己在大学时已经交了一个男朋友，双方在一起两三年了，感情十分深厚。大学男友是农村来的，家境不怎么好，但是成绩、人品、脾气都好的没话说，小萌不知道自己该怎么办？一方面是纯真的爱情，一方面是富裕的物质生活和美好的前程，这对于谁来说，都是一个艰难的抉择。

周末，小萌和几位死党说了困扰自己的事情，希望她们能为自己出出主意。几个死党纷纷说开了，“这很难说，爱情是人类的精神，而面包却有是人

生存不可缺少的东西，如果真的要我选择，我宁愿不选，也许我会选择逃避。”“有时候向往爱情却又不敢相信爱情。”“别傻了，还找爱情呢，你有过一次爱情就不错了，别那么贪心，找个经济好的男人吧，躺在一个经济好的男人旁边幻想爱情，总比躺在一个爱情的男人旁边幻想面包好吧？”“你可以找个会做面包的男人，那样什么问题都解决了……”小萌听着死党们的建议，天平忽左忽右，摇摆不定，她也不知道该怎么办了。这时候，一直没有开口的小万说道：“无论你做出什么样的选择，都不要后悔，做一个绝对无悔的选择吧。”小萌一愣，陷入了沉思。

思索了很久的小萌做出了决定，毅然和大学男友一起南下闯未来，父母规劝、朋友惋惜都挽回不了她那坚定的选择。因为她知道，如果现在选择了走另外一条路，多年之后，一定会后悔当初的选择。

面对爱情和面包，小萌坚定地选择了爱情，虽然这过程也有过挣扎，但是她最终的决定还是选择了爱情。因为她明白，面包是随处都有的，但爱情遇到了，就很难再遇上另一段深深的爱情。即便面包是生存所需的，但如果连自己的良心都丢失了，那么还何谈生存呢？在生活中，还有很多的十字路口在等着我们，下一次的抉择是什么？我们谁都无法预料，但可以肯定是那绝对是一个不悔的选择。

人生路上有很多十字路口，还有许多的弯道、岔道，什么样的选择就意味着什么样的历程，这是必然的。如果你不慎选择了一条痛苦的路，那也要咬牙走下去，因为自己选择的路，即使跪着也要走完，也许前面就是芳香四溢的花园，只有坚持到底，这样才会让你的人生更加完整。但是，更多的时候，希望在认真权衡之下，做一个不悔的选择。

＊优雅地妥协，智慧地索取

人类的历史就是一部斗争史，虽然这让人类取得了决定性的胜利，同时也向人类灌输了斗争的理念。那就是抗争到底，坚持不妥协，如果是在战争时期，这可以鼓舞士气，但在这和平年代，只会增加更多的矛盾和冲突。有人认为妥协就是认输，妥协就意味着失去，这是没有骨气的行为；有人认为宁可失败，都不可能妥协，宁愿争得头破血流也不愿失去自己那可怜的自尊，这似乎成了人们的一种信念，永远不低头的信念。当然，如果你能做到永不妥协，那自然是不错的，但残酷的现实却告诉我们这一点：永不妥协是不可能的。有时候，你要赢得更多，就必须选择丢掉颜面，以妥协的姿态存在。虽然人类在极力地拒绝妥协，但妥协却处处充满了我们的生活。森林中，绿意昂然，但你发现没有，树总是向着阳光倾斜，大树看上去失去了高姿态，却获得了更多的阳光；山间小溪淙淙，但那流水却总是沿着石壁的裂缝奔涌着，流水放低了姿态，却能够顺着岩壁流进了大海，它获得了自己存在的价值。妥协看似表面上的失去，却是为了更好地获得，因而它是一种高智慧、高艺术，更是一种人生的高境界。往往那些颇有内涵的人，才会懂得以妥协赢得更多，而不是选择抗争到底。

在中国的文化里，妥协似乎并不是一个好词儿，也不被大家所赞赏。如果有人无意中说了谁妥协了，那么身边只会发出一种“遗憾”的声音，眼里满是不屑。人们一致认为“妥协”就是失去了高姿态，是一种丢面子的行为。在过去的很多年里，我们被教导一定要抗争到底，坚持自己，一定不要向任何人妥协，即便是在临死的那一刻，也要为了获得自尊而拼命到底。可是，随着社会日新月异地发展，我们发现，不妥协是不可能的事情。这个世界是共通的，无论任何行业、任何职业、任何国家、任何种族，没有谁可以骄傲地说：“我可以脱离世界而独立存在。”所以，在这样的世界中，合作必定是存在的，这就需要双方做出让步，也就是妥协，好像双方都失去了原有的姿态，但却获得了双赢。最终，恰恰是这个低姿态促进了双赢，促使了双方的成功，这实在是一个伟大的举措。妥协，与竞争的实质是一样的，它符合生活的本质，当你想要有所获得的时候，就要懂得先失去一些东西，比如高高在上的姿态。当人学会了妥协，那么这个社会就注定了和谐，日子有了别样的味道，人与自然成了朋友。妥协在表面上看似乎是一种失去，但是，你失去的

代价就是即将要得到的东西，所以，妥协并不是一种失去，相反，它是一种智慧地索取。

苏敏是一家公司的员工，平时工作认真踏实，积极进取，深得老板的赏识。前不久，销售部的李姐因为出现了财务问题被降职了，所以她那部门经理的位置空缺了出来。许多人都梦想着坐上这个位置，在整个销售部门，苏敏与叶红的呼声最高，大家都知道，苏敏和叶红虽然是同窗好友，但是，到了同一个部门，同一个岗位，似乎每一次工作都暗中较劲，成为了竞争对手。老板也感到很为难，因为两个人都很优秀，他也不知道到底由谁来担任这个职位。

正在老板冥思苦想之际，苏敏推开了办公室的门，她微笑着向老板说："我觉得叶红挺优秀的，我希望她能来接任这个职位，我觉得自己能力尚缺，还需要继续努力。"苏敏的主动举荐，解决了老板的难题。叶红就在大家的羡慕中上任了，轻轻松松就打败了苏敏，她不禁有些自鸣得意。这时，却不知道谁传来了消息：苏敏主动向老板推荐了叶红，真是大肚量。叶红听了，气急败坏，冲到了苏敏面前大声地责问，苏敏只是笑着说："你真的想多了，我是真心地向老板推荐你，而且我们斗了那么多年，我也累了，不想再斗争下去了。"说完，就走了，只留下呆呆的叶红。

叶红总是感觉苏敏在故意奚落自己，她整天想着这些事情，脾气也越来越坏，有时候还故意为难苏敏，工作也难以开展。办公室里纷纷理论着苏敏与叶红的事情，大家把天平都往苏敏这边倒了，觉得苏敏既然已经妥协了，可叶红还是不罢休，这摆明了是叶红度量太小了。叶红虽然暂时还担任着部门经理的责任，但公司里没有谁愿意和她说话，这让她觉得自己真的失败了。

好朋友之间的暗暗较劲，演变成你争我斗的场面，这就是斗争理念的影响。当苏敏决定了向叶红妥协，主动向老板推荐了叶红，从表面上说是失去了高姿态，至少在叶红面前她先认输了。虽然，苏敏并没有获得部门经理的职位，但是她实际上已经得到了自己所想要的，那就是认真地审视与朋友之间的竞争，放下了心里的负担，也赢得了同事们的信任。所以，她的妥协实际上是一种智慧的索取，得到了心里的那份坦然。

其实，妥协是一种人生的高境界，适当的时候理智地选择妥协，你所失去的不过是表面上的东西，却不是永远地失去。相反，当你失去了某种姿态，却“以退为进”地获得了更为宝贵的东西。所以，你要想在生活中、工作中取得双赢，妥协是一种再好不过的方法。妥协是一种人生艺术，有内涵、懂得热爱生活的人才会妥协。如果你总是固执地抗争到底，或许你只得到了光鲜的表面，但很快就会被禁锢了自己的手脚，给自己带上无形的枷锁，那样只会让你痛苦不堪。在人生路上，不要过于计较得失，当你妥协了，你并没有失去什么，只是丢掉了心中沉重的负担，换来了平和的心境。

＊早一点放弃，反而少一些失去

在生活中，总是有着这样那样的诱惑，它们引诱着你，撕破你心中最后一道防线，让你痴迷其中，不可自拔。有人为功名利禄穷其一生，有人为荣华富贵而吞噬了良心，有人为追求个人幸福变得自私恶毒，那些致命的诱惑就像是一杯毒酒，小口小口地啜饮，深入骨髓，在痛苦中逐渐丢失了自己。那就如同一条错误的道路，越滑越远，离自己越来越远，最终在人生中迷失了方向，找不到自我。其实，在这时候，如果你选择主动放弃，就可以避免失去更多。刚开始的时候，也许你还良心未泯，心中还有点点善意，这时候主动放弃，回到最初的自己，你的人生还是一样的美丽。但是，在现实生活中，许多人贪恋着金钱带来的虚荣，权力带来的刺激，他们沉浸在荒淫中，踏上了一条不归路。于是，有人为此出卖了良心，有人丢掉了自尊，甚至有人付出了生命的代价。这时候，回忆当初如果在那时候选择了放弃，现在的自己是不是可以过得好一点，就不可能失去这么多了。也许，这是因为人的占有欲太强，不肯放弃自己手中的东西，所以，最终成为了命运的俘虏。在人生的某些时候，学会主动放弃，这样会避免你失去更多的东西，同时，这也是保

护自己的一种方式。

据说，在草原上，有一种动物叫做秃鹫，它是一种大鸟，驰骋于蓝天与白云之间，肆意展现着自己的勇猛和威武。但是，却有不少人让它成为自己手中的玩物，从天上到地上，无奈地等待死去，这是一个怎么样的过程。有人把装有沙子的动物的肠子丢在野外让秃鹫去叼，然后在后面追赶秃鹫，因为秃鹫不愿意放弃肠子，只能拖着装有沙子的肠子在草地上跑，这样，人很容易就捉住了秃鹫。也许，你会觉得好笑，秃鹫完全可以弃食而逃，为何偏偏陷入了人类的陷阱呢，但是，你发现没有，有时候，我们也成了那只秃鹫，坚持不放弃手中的东西，最终跌入了陷阱，损失了更多。因此，在人生的道路上，为了避免不失去更多的东西，必须选择果断地放弃。

老王是个樵夫，以砍柴为生。这天，老王又像往常一样到山上砍柴，因为最近樵夫特别多，所以他选择了一个相对来说比较僻静的地方。在树林里，他选择了一颗粗壮的大树，这样的话明天早上就能多卖点钱了。他先用斧头砍了一会儿，又用锯子锯，这样轮流干了一会，感到累极了，于是，他打算休息休息再继续。坐在地上，抽了几口旱烟，他又开始砍树。天色已经逐渐暗了下来，他不仅需要把这棵树砍倒，还需要扛回家里，劈成短柴。为了抓紧时间，老王没有再休息了，一直埋头砍树。眼看着大树就快倒下来了，老王有点高兴，站在那里看着那棵大树，却在这时，一阵狂风袭来，大树顺着老王所站的位置倒了下来。老王惊呆了，忘记了逃跑，大树正好压在他的小腿上，顿时鲜血流了出来，感觉很疼痛，老王心有余悸：如果现在不能及时脱身，那很有可能造成失血过多而死亡。

老王忍住疼痛，用尽力气，试图将腿上的大树推开。可是，用尽了全身的力气，还是无济于事，该怎么办呢？老王开始用尽力气呼救，可是喊破了喉咙，也没有人答应，因为天色已经很晚了，山上的人早已经回家去了。而且，他现在正处于山林深处，周围最近的人家都在十几里以外，根本不可能听到他的呼救声。

老王明白，自己拖得越久，危险性就越大，看了看旁边的锯子，他下定了决心，锯掉自己的小腿，才能离开这里。他狠下心来用锯子朝自己的腿上用力拉，钻心的疼痛让他差点昏死过去，但他明白自己不能这样晕过去，因为晕过去就意味着要在不知不觉中因为失血过多而死去。于是，他忍着剧烈的疼痛，毫不犹豫地锯断了压在大树下的小腿，然后用衣服包好伤口，艰难地爬到了有人居住的地方……

他的生命没有什么大碍了，可是那条腿却不可能再接上。不过医生说，如果不是他当时果断地锯掉压在树下的腿及时来到医院的话，他的生命就会因为拖延太长时间而难以保全。

在这个世界上，没有什么比生命更加宝贵，如果老王不能主动放弃了那被大树压住的小腿，就会因为失血过多而死亡。断了小腿的人还可以坚强地活下去，但是，没有生命的人是无法再看一眼这个世界了。所以，老王明白了取舍之后的孰轻孰重，他把眼光放得更远，因为“留得青山在，不愁没柴烧”，只要自己能够活下来，那么还可以做其他的工作来养活家人。活着才能体现一个人的价值，而死亡只会长眠于地下。

如果你了解登山这样的运动，你就会发现，虽然每一个登山爱好者把征服高山作为自己的最大的愿望，但他们在实际登山过程中，只会到此为止。当他到了一定的高度，就主动放弃了愿望，悠然下山了，可能你会觉得惋惜，但是他说：这已经是我攀登的极限高度了，如果我坚持登上山顶，便会永远埋在厚厚的积雪下面了。他主动放弃了成功和荣誉，避免失去自己宝贵的生命，这不得不说是一个明智的选择。

＊把握真实所需，避免无谓地寻觅

人生充满着一定的盲目性，它也让我们开始迷茫起来。每个人总是忙碌着，寻寻觅觅，但即便是获得了也未必是自己真正所需要的。我们在追寻的过程中迷失了自己，常常不知道自己真正想要的是什么。换句话说，我们在很多时候做出的选择都不是忠实于内心的选择，我们并没有按照真正所

需来选择与舍弃。许多人都有这样的经历，眼看着商场超市疯狂打折，就会参加到抢购之中，提着大包小包回家才发现那根本不是自己真正需要的，有的甚至只能当作家里的摆设品。这样一个每个人都会经历过的生活场景，却折射出取舍的大智慧，只有善于取舍才能够满足内心真正所需。而在这时候，我们首先就要明白自己真正需要什么，只有忠实于内心的选择才是最有价值的选择。若你只凭着头脑发热，一时的盲目冲动之下做出选择，那绝对是一个错误的选择。你所获得的并不是真正需要的，你所舍弃的可能才是最宝贵的东西，但是已经做出了选择就没有办法回头了。时过境迁，你会意识到当初的选择是错误的，你丢掉了真正所需要的东西，你现在所拥有的不过是一时的迷茫选择，对你来说，没有任何的实质性的意义。所以，当你面对选择的时候，需要的是明白自己真正需要的是什么，并以此为依据，这样你才会做出正确的选择，真正有利于你自己的选择。

任何时候，你都要明白，并没有谁逼你去做选择，你所要做的就是告诉自己，不要觉得自己是在为难，这样你心里就永远不明白自己真正需要的是什么。每一次选择，或者每一次舍弃，都是为了满足内心真正的需要，而绝对不是为了光环的头衔，也不是为了在他人面前逞威风。什么是真正的需要？它就是根植于你内心的东西，也许并不是最迫切的需要，却是最真实的需要。所以，有时候我们会受到其他因素的影响，让我们忽视了内心真正所需要的东西，而心存私心地选择了假面具，可能我们选择的东西可以带给我们暂时的荣耀，有可能那光鲜的外表可以让我们暂时的风光，但那并不是我们所真正需要的。可能你选择了丰厚的物质生活，但精神却十分贫瘠，这已经违背了内心的选择，最后还是要被我们舍弃。实际上，对于绝大多数人来说，内心所真正需要的是真挚的感情、心灵的慰藉、充分的尊重，并不是富裕的物质生活、光鲜的外表。可能大家都听过这样一句话：远路无轻物？也许，并不是每一个人都有过挑担的经历。但若你要负重前行，出发的时候往往很轻松，但越行越远的时候，你就显得不堪重负，甚至会抱怨自己为什么会选了那么多东西。仔细查看，发现里面有许多我们根本不需要的东西，人

生的沉重负荷并不在于你的担子，而是在于你选择了一些不需要的东西。因此，要想赢得轻轻松松的人生，就要学会选择自己真正需要的东西，舍弃那些超重的负荷。

曾经有个人，他总埋怨生活的压力太大，生活的担子太重，他试图放下担子。他觉得很累，压得他透不过气来。他听人说，哲人柏拉图可以帮助别人解决问题。于是，他便去请教柏拉图。柏拉图听完了他的故事，给了他一个空篓子，说："背起这个篓子，朝山顶去。可你每走一步，必须捡起一块石头放进篓子里。等你到了山顶的时候，你自然会知道解救你自己的方法。去吧！去找寻你的答案吧……"于是，年轻人开始了他寻找答案的旅程！

刚上道，他精力充沛，一路上蹦蹦跳跳，把自己认为最好的、最美的石头，都一个一个扔进篓子里。每扔进一个，便觉得自己拥有了一件世上最美丽的东西，很充实，很快乐。于是，他在欢笑嬉戏中走完了旅程的1/3。可是，空篓子里的东西多了起来，也渐渐重了起来。他开始感到，篓子在肩上越来越沉。但他很执著，仍一如既往地前进。

而最后1/3的旅程确实是让他吃尽了苦头。他已经无暇顾及那些世界上最美丽、最惹人怜爱的东西了。为了不让沉重的篓子变得更重，他毅然舍弃了这些，只是挑选了些非常轻的、非常需要的或是必不可少的东西放进篓子。他深知，这样的舍弃是必要的。然而，无论他挑多轻的东西放入篓子，篓子的重量也丝毫不会减少，它只会加重，再加重，直到他无力承受。但最后，他还是背着篓子，艰难地踏上了这最后的1/3旅程。

也许，当他走完了那艰难的路程，他已经明白了许多道理。刚开始的时候，他只挑选那些最美最好的石头放进篓子里，那时候，他有用不完的力气。可是，走了三分之二的路程之后，他发现自己举步维艰了，他已经不在乎捡到的是什么了，只希望捡一些轻巧的东西，他也已经麻木了。不管是美丽的，喜欢的，还是需要的，他都没有力气再去挑选了。如此看来，我们不过就是芸芸众生中的一员，所以才会这样负重前行。

人生就像是负重前行,随着我们年龄的不断增长,我们所承受的压力就越来越大,身上的担子也越来越重。因为在前进的路途中,能让我们感兴趣的东西在不断地变化,但你所能得到的东西就越来越少了。在路途中,我们会眷念身边迷人的事物,不顾一切只想得到,但是,你所拥有的东西越多,却未必是最好的,也未必是自己真正需要的东西。所以,在人生的路途中,我们要有所舍弃才能有所获得,选取自己真正需要的东西,舍弃那些超负荷的东西。

参考文献

[1] 宿春礼，熊永鑫. 性格决定命运全集[M]. 哈尔滨：黑龙江科学技术出版社，2007.

[2] 吴淡如. 性格决定幸福[M]. 南昌：21 世纪出版社，2008.

[3] 吴维库. 阳光心态[M]. 北京：机械工业出版社，2006.

[4] 李开复. 做最好的自己[M]. 北京：人民出版社，2005.

[5] 李欣频. 十四堂人生创意课[M]. 北京：电子工业出版社，2008.